高等学校计算机专业核心课

名师精品·系列教材

计算机网络实验教程

——基于华为eNSP

谢钧 缪志敏 **主编**

袁恩 岳淑贞 赵洪华 **副主编**

EXPERIMENT TEXTBOOK
FOR COMPUTER NETWORK

人民邮电出版社

北京

图书在版编目（CIP）数据

计算机网络实验教程 ：基于华为eNSP / 谢钧，缪志敏主编. -- 北京 ：人民邮电出版社，2023.3（2023.10重印）
高等学校计算机专业核心课名师精品系列教材
ISBN 978-7-115-60426-2

Ⅰ. ①计… Ⅱ. ①谢… ②缪… Ⅲ. ①计算机网络—实验—高等学校—教材 Ⅳ. ①TP393-33

中国版本图书馆CIP数据核字(2022)第211581号

内 容 提 要

本书是《计算机网络教程（第 6 版）（微课版）》配套的实验指导书。全书共 7 章，内容包括常用命令与实验工具、物理层实验、数据链路层实验、网络层实验、运输层实验、应用层实验和网络安全实验。本书中的实验与主教材《计算机网络教程（第 6 版）（微课版）》中的相关理论相互印证，实验步骤详尽，内容安排科学，能够帮助教师合理组织计算机网络实验教学，帮助读者更好地理解计算机网络的原理、掌握一定组网能力、为进一步学习打下坚实的基础。

本书可作为高等学校计算机、人工智能、大数据、电子信息等专业相关课程的教材，也可以作为计算机网络应用领域技术人员和科学研究工作者的参考资料。

◆ 主　　编　谢　钧　缪志敏
　副 主 编　袁　恩　岳淑贞　赵洪华
　责任编辑　孙　澍
　责任印制　王　郁　陈　犇
◆ 人民邮电出版社出版发行　　北京市丰台区成寿寺路 11 号
　邮编　100164　　电子邮件　315@ptpress.com.cn
　网址　https://www.ptpress.com.cn
　三河市兴达印务有限公司印刷
◆ 开本：787×1092　1/16
　印张：11.5　　2023 年 3 月第 1 版
　字数：269 千字　　2023 年 10 月河北第 3 次印刷

定价：49.80 元

读者服务热线：(010)81055256　印装质量热线：(010)81055316
反盗版热线：(010)81055315
广告经营许可证：京东市监广登字 20170147 号

FOREWORD 前言

计算机网络是高等学校计算机及电子信息等相关专业的核心课程。该课程内容庞杂，知识点之间的关系复杂。学生普遍反映计算机网络课程比较难学，网络原理比较抽象，理解起来比较困难。因此，利用计算机网络实验教学来帮助学生理解计算机网络的原理和相关知识，已成为广大教师的共识。目前，市场上有很多计算机网络方面的实验教程和实验指导书，但这些书在教学思路、实验内容、实验平台等方面差别较大，可谓是仁者见仁、智者见智。

本书作为配套的实验指导书，与主教材《计算机网络教程（第6版）（微课版）》内容结合紧密，适用于高等学校计算机网络课程的实验教学。

本书的主要特点如下。

（1）实验内容的设计紧密围绕计算机网络的原理和相关知识，在培养学生基本组网技能的同时，加深学生对计算机网络中各种协议和网络设备工作原理的理解。

（2）将网络设备配置操作与协议分析相结合，不仅教会学生基本的网络设备配置命令，更重要的是教会学生通过实验手段分析问题、运用所学知识解决问题的方法。

（3）强调以理论指导实践，用实践验证理论的教学思想。以问题为牵引，引导学生进行实验操作和结果分析。多数实验项目采用“配置→预测→测试→分析”的步骤。学生按要求配置网络后，先运用知识预测结果，再通过相关测试手段验证结果，最后总结分析实验结果。

（4）本书并未将所有操作命令都罗列出来，一些常用命令需要学生自己补全，学生不能通过简单、机械地照搬命令来完成实验任务。

（5）实验中设置了大量问题来启发学生思考，课后思考题有助于拓展学生思维。

（6）每个实验都由多个难度递进的任务和问题组成，教师可根据学生的具体情况，在实际教学中进行合理安排。

（7）实验环境以华为网络模拟器 eNSP 为主，这有利于国产网络设备的推广。

本书是编者团队多年实验教学经验的总结，感谢团队各成员的支持和帮助，感谢胡谷雨教授、金凤林教授和刘鹏副教授给出的重要参考意见。

由于编者水平有限，书中难免存在一些缺点和不足，殷切希望广大读者批评指正。

编　者

2023年2月于中国人民解放军陆军工程大学

CONTENTS 目录

目录 CONTENTS

第 1 章 常用命令与实验工具

1.1 常用网络命令

在网络实验中，经常需要在测试终端使用一些网络命令，本节介绍 Windows 操作系统中常用网络命令的用法。eNSP 中的终端模拟器也支持这些命令，但其中的参数选项略有不同或有所简化。

1.1.1 “命令提示符”窗口

在 Windows 操作系统中，执行网络命令需要进入“命令提示符”窗口（“命令行”窗口）。以 Windows 10 操作系统为例（其他类似），启动“命令提示符”窗口的一种方法是在系统任务栏的搜索框中输入“cmd”（command 的缩写）并按“Enter”键，打开“命令提示符”窗口，如图 1-1 所示。在该窗口内可输入并执行各种命令。

图 1-1 “命令提示符”窗口

1.1.2 “ipconfig”命令

1. 功能

“ipconfig”命令是经常使用的命令，用于显示、更新和释放主机网络地址设置，包括 IP 地址、子网掩码、默认网关、DNS 配置等。

2. 命令格式

“ipconfig”命令的格式如下。

```
ipconfig [/allcompartments] [/? | /all |
                              /renew [adapter] | /release [adapter] |
                              /renew6 [adapter] | /release6 [adapter] |
                              /flushdns | /displaydns | /registerdns |
                              /showclassid adapter |
                              /setclassid adapter [classid] |
                              /showclassid6 adapter |
                              /setclassid6 adapter [classid] ]
```

其中，adapter 为连接名称，允许使用通配符“*”和“?”，具体应用参见后面的示例。

“ipconfig”命令的参数选项如下。

/?：显示此命令的帮助消息。

/all：显示完整的配置信息。

/release：释放指定适配器的 IPv4 地址。

/release6：释放指定适配器的 IPv6 地址。

/renew：更新指定适配器的 IPv4 地址。

/renew6：更新指定适配器的 IPv6 地址。

/flushdns：清除 DNS 解析程序的缓存。

/registerdns：刷新所有 DHCP 租用并重新注册 DNS 名称。

/displaydns：显示 DNS 解析程序缓存的内容。

/showclassid：显示适配器允许的所有 DHCP 类 ID。

/setclassid：修改 DHCP 类 ID。

/showclassid6：显示适配器允许的所有 IPv6 DHCP 类 ID。

/setclassid6：修改 IPv6 DHCP 类 ID。

3. 常用方法示例

（1）ipconfig。

该命令用于显示主机所有网络适配器的基本 IP 配置信息，主要包括 IP 地址、子网掩码、默认网关等信息。示例如下。

```
C:\Users\xieju>ipconfig

Windows IP 配置

无线局域网适配器 WLAN:

   连接特定的 DNS 后缀 . . . . . . . :
   本地链接 IPv6 地址. . . . . . . . : fe80::44cb:fc3f:9997:10e1%15
```

```
   IPv4 地址 . . . . . . . . . . . . . : 172.18.39.131
   子网掩码  . . . . . . . . . . . . . : 255.255.255.192
   默认网关. . . . . . . . . . . . . . : 172.18.39.190
```

（2）ipconfig/all。

该命令用于显示主机所有网络适配器的详细 IP 配置信息，除了基本信息，还包括网络适配器描述、物理地址、DHCP 等信息。示例如下。

```
C:\Users\xieju>ipconfig /all

Windows IP 配置

   主机名  . . . . . . . . . . . . . : DESKTOP-TS1HSQK
   主 DNS 后缀 . . . . . . . . . . . :
   节点类型  . . . . . . . . . . . . : 混合
   IP 路由已启用 . . . . . . . . . . : 否
   WINS 代理已启用 . . . . . . . . . : 否

无线局域网适配器 WLAN:

   连接特定的 DNS 后缀 . . . . . . . :
   描述. . . . . . . . . . . . . . . : Intel(R) Dual Band Wireless-AC 8275
   物理地址. . . . . . . . . . . . . : F4-63-1F-E2-D2-20
   DHCP 已启用 . . . . . . . . . . . : 是
   自动配置已启用. . . . . . . . . . : 是
   本地链接 IPv6 地址. . . . . . . . : fe80::44cb:fc3f:9997:10e1%15(首选)
   IPv4 地址 . . . . . . . . . . . . : 172.18.39.131(首选)
   子网掩码  . . . . . . . . . . . . : 255.255.255.192
   获得租约的时间  . . . . . . . . . : 2022年2月18日 11:15:24
   租约过期的时间  . . . . . . . . . : 2022年2月19日 14:50:59
   默认网关. . . . . . . . . . . . . : 172.18.39.190
   DHCP 服务器 . . . . . . . . . . . : 172.18.39.190
   DHCPv6 IAID . . . . . . . . . . . : 150233887
   DHCPv6 客户端 DUID  . . . . . . . : 00-01-00-01-29-98-E8-E6-00-6F-00-00-0F-B9
   DNS 服务器  . . . . . . . . . . . : 58.193.152.3
   TCPIP 上的 NetBIOS  . . . . . . . : 已启用
```

（3）ipconfig/release。

执行该命令的主机会向 DHCP 服务器释放其所有网络适配器的 IPv4 地址。示例如下。

```
C:\Users\xieju>ipconfig /release

Windows IP 配置

无线局域网适配器 WLAN:

   连接特定的 DNS 后缀 . . . . . . . :
   本地链接 IPv6 地址. . . . . . . . : fe80::44cb:fc3f:9997:10e1%15
   默认网关. . . . . . . . . . . . . :
```

（4）ipconfig/renew。

执行该命令的主机会从 DHCP 服务器重新获取所有网络适配器的 IPv4 地址配置信息。

示例如下。

```
C:\Users\xieju>ipconfig /renew

Windows IP 配置

无线局域网适配器 WLAN:

   连接特定的 DNS 后缀 . . . . . . . . :
   本地链接 IPv6 地址. . . . . . . . : fe80::44cb:fc3f:9997:10e1%15
   IPv4 地址 . . . . . . . . . . . . : 172.18.39.131
   子网掩码 . . . . . . . . . . . . : 255.255.255.192
   默认网关 . . . . . . . . . . . . : 172.18.39.190
```

1.1.3 “ping”命令

1. 功能

“ping”命令是组网测试中最常使用的命令。“ping”是“Packet InterNet Groper”的缩写（PING），意为分组网间探测。该命令使用 ICMP 回送请求与应答报文来测试结点之间的连通性。

2. 命令格式

“ping”命令的格式如下。

```
ping [-t] [-a] [-n count] [-l size] [-f] [-i TTL] [-v TOS]
          [-r count] [-s count] [[-j host-list] | [-k host-list]]
          [-w timeout] [-R] [-S srcaddr] [-c compartment] [-p]
          [-4] [-6] target_name
```

“ping”命令常用的参数选项如下。

-t：连续对目标结点执行“ping”命令，按“Ctrl+C”组合键可中断命令的执行；若要查看统计信息并继续操作，请按“Ctrl+Break”组合键。

-a：将地址解析为主机名。

-n count：指定要发送的回送请求数 count。

-l size：指定发送的数据长度 size，默认为 32 字节。

-f：在分组中设置“不分片”标记（仅适用于 IPv4）。

-i TTL：将 IP 数据报的“生存时间”字段值设置为 TTL。

-v TOS：服务类型（已弃用）。

-r count：记录 count 跳的路由（仅适用于 IPv4）。

-s count：count 跳的时间戳（仅适用于 IPv4）。

-j host-list：与主机列表一起使用的松散源路由（仅适用于 IPv4）。

-k host-list：与主机列表一起使用的严格源路由（仅适用于 IPv4）。

-w timeout：等待每次回复的超时时间（以 ms 为单位）。

-R：测试反向路由（仅适用于 IPv6，已弃用）。

-S srcaddr：使用源地址 srcaddr。

-4：强制使用 IPv4。

-6：强制使用 IPv6。

3. 常用方法示例

（1）ping target_name。

该命令最常用于测试当前结点到目标结点的连通性（时延和丢包率），包括测试 4 次到目标结点的往返时延和统计信息。target_name 可以是 IP 地址，也可以是域名。示例如下。

```
C:\Users\xieju>ping www.sina.com

正在 Ping spool.grid.sinaedge.com [112.25.53.216] 具有 32 字节的数据:
来自 112.25.53.216 的回复: 字节=32 时间=9ms TTL=57
来自 112.25.53.216 的回复: 字节=32 时间=10ms TTL=57
来自 112.25.53.216 的回复: 字节=32 时间=10ms TTL=57
来自 112.25.53.216 的回复: 字节=32 时间=11ms TTL=57

112.25.53.216 的 Ping 统计信息:
    数据包: 已发送 = 4，已接收 = 4，丢失 = 0 (0% 丢失)，
往返行程的估计时间(以毫秒为单位):
    最短 = 9ms，最长 = 11ms，平均 = 10ms

C:\Users\xieju>ping 112.25.53.100

正在 Ping 112.25.53.100 具有 32 字节的数据:
请求超时。
请求超时。
请求超时。
请求超时。

112.25.53.100 的 Ping 统计信息:
    数据包: 已发送 = 4，已接收 = 0，丢失 = 4 (100% 丢失)，
```

请求超时表示在默认超时时间内没有收到应答分组，可能是目标结点不可达或分组在网络中丢失。

（2）ping -t target_name。

该命令用于连续对目标结点执行“ping”命令，按“Ctrl+C”组合键可中断命令的执行。示例如下。

```
C:\Users\xieju>ping -t 112.25.53.216

正在 Ping 112.25.53.216 具有 32 字节的数据:
来自 112.25.53.216 的回复: 字节=32 时间=7ms TTL=57
来自 112.25.53.216 的回复: 字节=32 时间=8ms TTL=57
来自 112.25.53.216 的回复: 字节=32 时间=10ms TTL=57
来自 112.25.53.216 的回复: 字节=32 时间=8ms TTL=57
来自 112.25.53.216 的回复: 字节=32 时间=9ms TTL=57
来自 112.25.53.216 的回复: 字节=32 时间=8ms TTL=57
来自 112.25.53.216 的回复: 字节=32 时间=7ms TTL=57
来自 112.25.53.216 的回复: 字节=32 时间=8ms TTL=57
来自 112.25.53.216 的回复: 字节=32 时间=8ms TTL=57
来自 112.25.53.216 的回复: 字节=32 时间=8ms TTL=57
```

```
来自 112.25.53.216 的回复: 字节=32 时间=8ms TTL=57

112.25.53.216 的 Ping 统计信息:
    数据包: 已发送 = 11, 已接收 = 11, 丢失 = 0 (0% 丢失),
往返行程的估计时间(以 ms 为单位):
    最短 = 7ms, 最长 = 10ms, 平均 = 8ms
Control-C
^C
C:\Users\xieju>
```

（3）ping -n count target_name。

该命令用于连续对目标结点执行 count 次“ping”命令。示例如下。

```
C:\Users\xieju>ping -n 2 112.25.53.216

正在 Ping 112.25.53.216 具有 32 字节的数据:
来自 112.25.53.216 的回复: 字节=32 时间=7ms TTL=57
来自 112.25.53.216 的回复: 字节=32 时间=9ms TTL=57

112.25.53.216 的 Ping 统计信息:
    数据包: 已发送 = 2, 已接收 = 2, 丢失 = 0 (0% 丢失),
往返行程的估计时间(以 ms 为单位):
    最短 = 7ms, 最长 = 9ms, 平均 = 8ms
```

（4）ping -l size target_name。

在默认情况下，Windows 操作系统的“ping”命令发送的数据分组大小为 32 字节，我们也可以自己定义它的大小，但其大小有限制，最多能发送 65500 字节。示例如下。

```
C:\Users\xieju>ping -n 1 -l 64 112.25.53.216

正在 Ping 112.25.53.216 具有 64 字节的数据:
来自 112.25.53.216 的回复: 字节=64 时间=7ms TTL=57

112.25.53.216 的 Ping 统计信息:
    数据包: 已发送 = 1, 已接收 = 1, 丢失 = 0 (0% 丢失),
往返行程的估计时间(以 ms 为单位):
    最短 = 7ms, 最长 = 7ms, 平均 = 7ms
```

（5）ping -i TTL target_name。

该命令用于将 IP 数据报的“生存时间”字段值设置为 TTL，可用来测试在 TTL 跳数内到目标结点的可达性。示例如下。

```
C:\Users\xieju>ping -n 1 -i 7 112.25.53.216

正在 Ping 112.25.53.216 具有 32 字节的数据:
请求超时。

112.25.53.216 的 Ping 统计信息:
    数据包: 已发送 = 1, 已接收 = 0, 丢失 = 1 (100% 丢失),

C:\Users\xieju>ping -n 1 -i 8 112.25.53.216
```

```
正在 Ping 112.25.53.216 具有 32 字节的数据:
来自 112.25.53.216 的回复: 字节=32 时间=8ms TTL=57

112.25.53.216 的 Ping 统计信息:
    数据包: 已发送 = 1, 已接收 = 1, 丢失 = 0 (0% 丢失),
往返行程的估计时间(以 ms 为单位):
    最短 = 8ms, 最长 = 8ms, 平均 = 8ms
```

以上测试结果说明到“112.25.53.216”的跳数为 8，即需要经过 7 个路由器。若 TTL 小于 8，则会导致请求超时。

（6）ping -4 target_name / ping -6 target_name。

当目标名称为域名时，“ping”命令默认优先使用 IPv6，但可通过参数“-4”和“-6”强制指定使用的协议。示例如下。

```
C:\Users\xieju>ping -n 1 www.sina.com

正在 Ping spool.grid.sinaedge.com [2409:8c20:a12:4ff::200:76] 具有 32 字节的数据:
来自 2409:8c20:a12:4ff::200:76 的回复: 时间=37ms

2409:8c20:a12:4ff::200:76 的 Ping 统计信息:
    数据包: 已发送 = 1, 已接收 = 1, 丢失 = 0 (0% 丢失),
往返行程的估计时间(以 ms 为单位):
    最短 = 37ms, 最长 = 37ms, 平均 = 37ms

C:\Users\xieju>ping -n 1 -4 www.sina.com

正在 Ping spool.grid.sinaedge.com [112.25.53.216] 具有 32 字节的数据:
来自 112.25.53.216 的回复: 字节=32 时间=37ms TTL=55

112.25.53.216 的 Ping 统计信息:
    数据包: 已发送 = 1, 已接收 = 1, 丢失 = 0 (0% 丢失),
往返行程的估计时间(以 ms 为单位):
    最短 = 37ms, 最长 = 37ms, 平均 = 37ms

C:\Users\xieju>ping -n 1 -6 www.sina.com

正在 Ping spool.grid.sinaedge.com [2409:8c20:a12:4ff::200:76] 具有 32 字节的数据:
来自 2409:8c20:a12:4ff::200:76 的回复: 时间=27ms

2409:8c20:a12:4ff::200:76 的 Ping 统计信息:
    数据包: 已发送 = 1, 已接收 = 1, 丢失 = 0 (0% 丢失),
往返行程的估计时间(以 ms 为单位):
    最短 = 27ms, 最长 = 27ms, 平均 = 27ms
```

1.1.4 “tracert”命令

1. 功能

“tracert”命令用于探测 IP 数据报从源结点转发到目标结点所经过的路由器的 IP 地址

序列。该命令在 UNIX 或 Linux 操作系统中的名称是“traceroute”，其中文意思是跟踪路由。这是排查网络连通性故障时常用的命令。

2. 命令格式

“tracert”命令的格式如下。

```
tracert [-d] [-h maximum_hops] [-j host-list] [-w timeout]
             [-R] [-S srcaddr] [-4] [-6] target_name
```

“tracert”命令常用的参数选项如下。

-d：不将地址解析成主机名。

-h maximum_hops：搜索目标的最大跃点数（跳数）。

-j host-list：与主机列表一起的松散源路由（仅适用于 IPv4）。

-w timeout：等待每个回复的超时时间（以 ms 为单位）。

-R：跟踪往返行程路径（仅适用于 IPv6）。

-S srcaddr：使用的源地址 srcaddr（仅适用于 IPv6）。

-4：强制使用 IPv4。

-6：强制使用 IPv6。

3. 常用方法示例

（1）tracert target_name。

该命令默认跟踪到目标结点不超过 30 跳的路由，每跳都发送 3 个探测分组。示例如下。

```
C:\Users\xieju>tracert 112.25.53.216

通过最多 30 个跃点跟踪到 112.25.53.216 的路由

  1     6 ms     4 ms     6 ms  192.168.43.1
  2     *        *        *     请求超时。
  3   102 ms    16 ms    39 ms  10.136.167.226
  4     *        *        *     请求超时。
  5    34 ms    17 ms    37 ms  183.207.222.1
  6    48 ms    36 ms    34 ms  183.207.25.205
  7    44 ms    39 ms    34 ms  112.25.56.246
  8    53 ms    31 ms    34 ms  112.25.56.198
  9     *        *        *     请求超时。
 10   101 ms    29 ms    37 ms  112.25.53.216
跟踪完成。
```

（2）tracert -h maximum_hops target_name。

该命令默认跟踪到目标结点不超过 maximum_hops 跳的路由。示例如下。

```
C:\Users\xieju>tracert -h 4 112.25.53.216

通过最多 4 个跃点跟踪到 112.25.53.216 的路由

  1    66 ms     3 ms     3 ms  192.168.43.1
  2     *        *        *     请求超时。
  3   100 ms    16 ms    38 ms  10.136.167.226
  4     *        *        *     请求超时。

跟踪完成。
```

1.1.5 “arp”命令

1. 功能

“arp”是“Address Resolution Protocol”（地址解析协议）的缩写（ARP）。arp 命令用来显示、设置和修改 ARP 表项，即 ARP 缓存中 IP 地址与物理地址之间的映射关系。若主机有多个网络接口（网络适配器），则每个网络接口都有一个独立的 ARP 表，当要对某个网络接口的 ARP 表进行操作时，要指定所操作的那个网络接口的 IP 地址。

2. 命令格式

“arp”命令的格式如下。

```
arp -s inet_addr eth_addr [if_addr]
arp -d inet_addr [if_addr]
arp -a [inet_addr] [-N if_addr] [-v]
```

“arp”命令常用的参数选项如下。

-a：显示当前 ARP 表项；如果指定 inet_addr，则只显示指定 IP 地址的表项；如果不止一个网络接口使用 ARP，则显示每个接口的 ARP 表项。

-g：与-a 相同，但一般用于 UNIX 操作系统中。

-v：在详细模式下显示当前 ARP 表项。

inet_addr：指定 IP 地址 inet_addr。

-N if_addr：显示 if_addr 指定的网络接口的 ARP 表项。

-d：删除 inet_addr 指定的表项。若 inet_addr 为通配符“*”，则删除所有表项。

-s：添加静态表项，将 IP 地址 inet_addr 与物理地址 eth_addr 相关联。物理地址是用连字符分隔的 6 个十六进制字节。

eth_addr：指定物理地址。

if_addr：如果其存在，则其指定地址转换表应修改的接口的 IP 地址。如果其不存在，则使用第一个适用的接口。

注意，在 Windows 10 操作系统中，只有以管理员身份打开“命令提示符”窗口，才能执行添加和删除 ARP 表项的命令。

3. 常用方法示例

（1）arp -a。

该命令用于显示所有接口的所有 ARP 表项。示例如下。

```
C:\Users\xieju>arp -a

接口: 192.168.43.69 --- 0xf
  Internet 地址         物理地址              类型
  192.168.43.1          02-d2-ca-89-6b-57     动态
  192.168.43.255        ff-ff-ff-ff-ff-ff     静态
  224.0.0.22            01-00-5e-00-00-16     静态
  224.0.0.251           01-00-5e-00-00-fb     静态
  224.0.0.252           01-00-5e-00-00-fc     静态
  239.255.255.250       01-00-5e-7f-ff-fa     静态
  255.255.255.255       ff-ff-ff-ff-ff-ff     静态
```

```
接口: 192.168.56.1 --- 0x26
  Internet 地址         物理地址              类型
  192.168.56.255        ff-ff-ff-ff-ff-ff     静态
  224.0.0.22            01-00-5e-00-00-16     静态
  224.0.0.251           01-00-5e-00-00-fb     静态
  224.0.0.252           01-00-5e-00-00-fc     静态
  239.255.255.250       01-00-5e-7f-ff-fa     静态
```

（2）arp -d inet_addr。

该命令用于删除 ARP 表项。以下是常用方法示例。

① 删除所有接口的所有 ARP 表项命令如下。（通配符“*”也可以省略）

```
C:\Users\xieju>arp -d *
```

② 删除所有接口的 ARP 表中 IP 地址为 192.168.56.255 的表项，命令如下。

```
C:\Users\xieju>arp -d 192.168.56.255
```

③ 删除 IP 地址为 192.168.43.69 的接口的 ARP 表项，命令如下。

```
C:\Users\xieju>arp -d * 192.168.43.69
```

（3）arp -s inet_addr eth_addr。

该命令用于添加 ARP 表项。例如，往 ARP 表中添加“192.168.43.3 02-d2-ca-88-66-55”表项，命令如下。

```
C:\Users\xieju>arp -s 192.168.43.3 02-d2-ca-88-66-55
```

1.2 网络协议分析器 Wireshark

Wireshark 是一款网络协议分组分析软件，能够通过网络接口捕获网络分组，并自动解析网络分组结构，向用户显示分组中各层协议数据单元的详细信息。Wireshark 可用于网络故障诊断和分析，以及网络协议的教学。本书很多实验需要使用 Wireshark 分析网络协议交互的过程和内容。

Wireshark 开源，可以运行在 Windows、Linux 等多种操作系统上。用户可以访问 Wireshark 的官方网站，根据自己的操作系统下载相应的软件包。本书使用的 Wireshark 版本为 1.4.3。

Wireshark 安装包中还包含 WinPcap 安装包。若当前系统没有安装 WinPcap，当安装 Wireshark 时，用户需选择安装 WinPcap，并让 WinPcap 在系统启动时运行。

1.2.1 Wireshark 主界面

Wireshark 主界面由主菜单条、工具条、过滤工具栏、捕获分组列表栏、分组详细信息栏、分组数据字节栏、状态栏组成。图 1-2 所示是捕获分组之前的初始主界面，没有显示捕获分组列表栏、分组详细信息栏和分组数据字节栏，该主界面内显示的是常用操作的快捷链接。

主菜单条包括 Wireshark 的主要功能。

File：打开或保存捕获分组的数据文件。

Edit：在捕获的分组列表中查找或标记分组。

View：设置查看、显示分组列表和分组详细信息的方式。

Go：跳转到特定的分组。

Capture：启动或停止捕获分组、设置捕获过滤器等。

Analyze：设置分析选项。

Statistics：设置和显示对捕获分组的各种统计信息。

Telephony：显示与电话业务相关的统计窗口。

Tools：启动各种在 Wireshark 中可用的工具。

Help：提供本地或在线帮助。

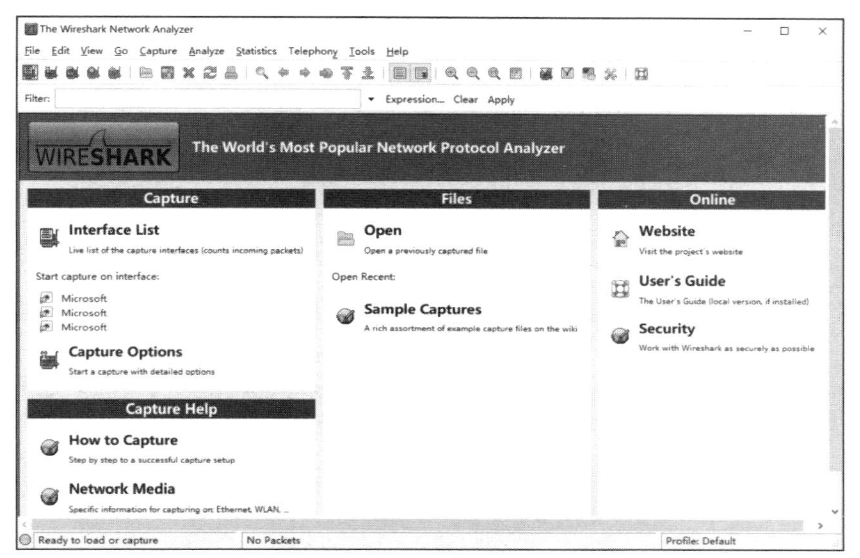

图 1-2　Wireshark 主界面

1.2.2　捕获分组

要分析网络协议，首先要捕获网络上的分组。使用 Wireshark 捕获分组时要先选择捕获分组的网络接口，然后才能启动捕获。Wireshark 提供了多种启动捕获的途径。

1. 选择捕获接口并启动捕获

最基本的方法就是选择“Capture/Interface...”菜单，弹出图 1-3 所示的“捕获接口”窗口。

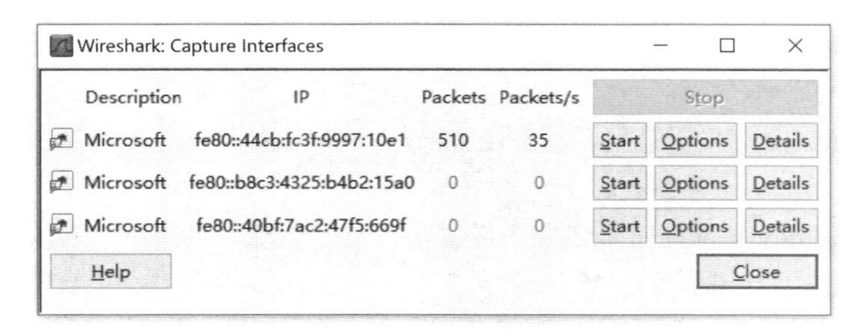

图 1-3　“捕获接口”窗口

该窗口列出了主机的所有网络接口及描述，并显示了接口的 IP 地址及相关统计信息。其中，“Packets”表示打开该窗口后从接口捕获到的分组数，而“Packets/s”表示最近 1s 捕获到的分组数。

在该窗口中选择希望捕获分组的网络接口，单击其右侧的“Start”按钮开始捕获分组。单击“Options”按钮可以对捕获分组进行更详细的设置。单击“Details”按钮可以显示该接口的详细信息。

2. 进行选项设置并启动捕获

要想对捕获分组进行更复杂的设置，可以单击“捕获接口”窗口中的“Options”按钮或选择“Capture/Options…”菜单，出现图 1-4 所示的“捕获选项”窗口。

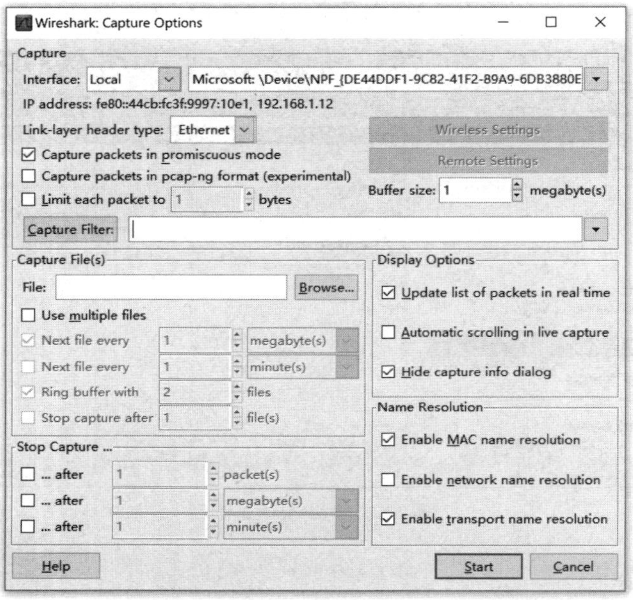

图 1-4 “捕获选项”窗口

该窗口中主要包括“Capture”“Capture File(s)”“Stop Capture …”“Display Options”“Name Resolution”选项组。

“Capture”选项组主要用于进行捕获接口、捕获缓存大小、捕获过滤器等的设置。

“Capture File(s)”选项组主要用于对保存分组捕获数据的踪迹（Trace）文件进行相关设置。将捕获的数据保存到踪迹文件中可方便以后进行离线分析。

“Stop Capture …”选项组主要用于设置捕获自动停止的条件，如捕获数据量达到一定的大小时停止捕获。

“Display Options”选项组主要用于设置捕获分组的显示方式，如实时自动滚动显示捕获的分组。

“Name Resolution”选项组主要用于设置是否自动将捕获分组中的 MAC 地址、网络地址或运输层地址解析为相应的名称。

设置好相关选项后，单击“Start”按钮，Wireshark 开始在指定的接口上捕获分组，并进行显示。

3. 使用前次选项设置启动捕获

如果不需要改变前次捕获时的选项设置，可直接选择“Capture/Start”菜单。

启动捕获后，选择“Capture/Stop”菜单可停止捕获分组，并将捕获的数据存入踪迹文件中。当需要再次捕获分组时，可选择“Capture/Start”菜单。

1.2.3 查看分组格式与内容

Wireshark 能够对捕获的数据或打开的踪迹文件中的分组信息（选择“File/Open”菜单可打开踪迹文件）进行分析。捕获分组的显示界面如图 1-5 所示。在捕获分组列表栏中，捕获分组按捕获的顺序依次排列，列表内容包括序号（No.）、时间（Time）、源地址（Source）、目的地址（Destination）、协议（Protocol）、信息（Info）等字段。分组详细信息栏中给出了所选分组中各层协议数据单元首部的详细内容。分组数据字节栏中是对应所选分组以十六进制数和 ASCII 字符形式显示的分组数据字节。

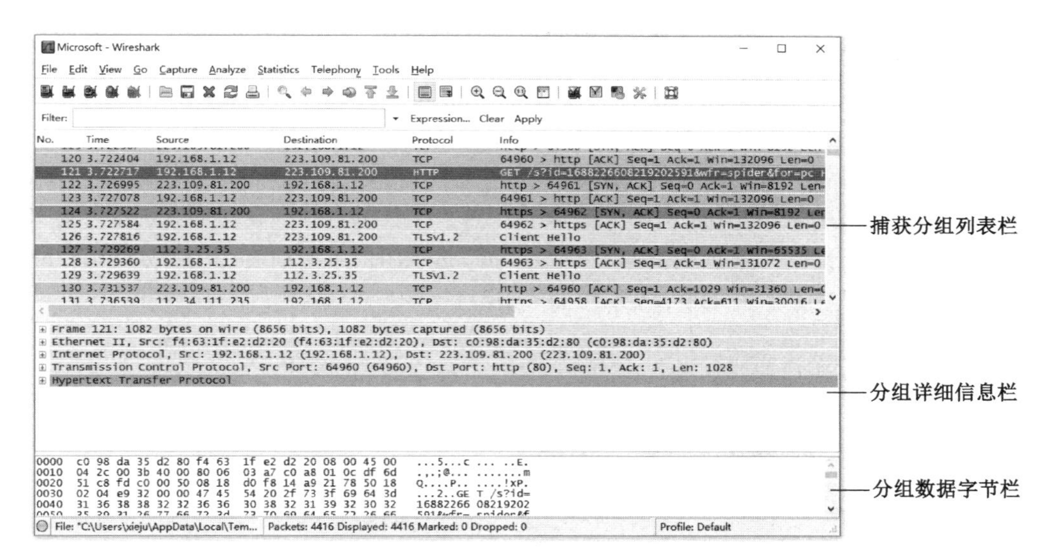

图 1-5 捕获分组的显示界面

下面选择其中的某个分组（如第 121 号分组）进行分析。从图 1-5 可以看出，该分组被捕获的时间为启动捕获后的 3.722717s，分组长度为 1082 字节，该分组的源 IP 地址为 192.168.1.12、源 MAC 地址为 f4:63:1f:e2:d2:20（在分组详细信息栏中可以看到），目的 IP 地址为 223.109.81.200、目的 MAC 地址为 c0:98:da:35:d2:80，从协议和信息字段中可以看到该分组是 HTTP 的 GET 请求报文。

在分组详细信息栏中可查看具体某层协议数据单元各字段的内容。例如，当选择图 1-5 的分组详细信息栏中的“Ethernet Ⅱ”时，可以看该分组的数据链路层协议数据单元 Ethernet Ⅱ帧首部的详细信息，如图 1-6 所示；还可以查看所选首部或首部字段在下方分组数据字节栏中对应的数据字节，左边是相应数据字节的十六进制表示，右边是相应数据字节的 ASCII 字符表示。Ethernet Ⅱ帧首部后面是 IP 数据报首部，然后是 TCP 报文段首部，最后是 HTTP 报文。我们可以打开各协议数据单元，根据在《计算机网络教程（第 6 版）（微课版)》中学习的各层协议的分组格式，分析和解释相应字段的含义。

```
⊞ Frame 121: 1082 bytes on wire (8656 bits), 1082 bytes captured (8656 bits)
⊟ Ethernet II, Src: f4:63:1f:e2:d2:20 (f4:63:1f:e2:d2:20), Dst: c0:98:da:35:d2:80 (c0:98:da:35:d2:80)
  ⊞ Destination: c0:98:da:35:d2:80 (c0:98:da:35:d2:80)
  ⊞ Source: f4:63:1f:e2:d2:20 (f4:63:1f:e2:d2:20)
    Type: IP (0x0800)
⊞ Internet Protocol, Src: 192.168.1.12 (192.168.1.12), Dst: 223.109.81.200 (223.109.81.200)
⊞ Transmission Control Protocol, Src Port: 64960 (64960), Dst Port: http (80), Seq: 1, Ack: 1, Len: 1028
⊞ Hypertext Transfer Protocol

0000  c0 98 da 35 d2 80 f4 63  1f e2 d2 20 08 00 45 00   ...5...c .... ..E.
0010  04 2c 00 3b 40 00 80 06  03 a7 c0 a8 01 0c df 6d   .,.;@... .......m
0020  51 c8 fd c0 00 50 08 18  d0 f8 14 a9 21 78 50 18   Q....P.. ....!xP.
0030  02 04 e9 32 00 00 47 45  54 20 2f 73 3f 69 64 3d   ...2..GE T /s?id=
0040  31 36 38 38 32 32 36 36  30 38 32 31 39 32 30 32   16882266 08219202

Ethernet (eth), 14 bytes    Packets: 4416 Displayed: 4416 Marked: 0 Dropped: 0    Profile: Default
```

图 1-6 捕获分组数据链路层协议数据单元 Ethernet Ⅱ帧首部的详细信息

1.2.4 分组过滤

在利用 Wireshark 捕获分组的过程中，可能会捕获到大量用户并不关心的分组，人工从这些分组中挑选出所需的分组是一项枯燥且单调的任务，Wireshark 的分组过滤功能能够解决这方面的问题。Wireshark 的分组过滤功能分为两种：捕获过滤（Capture Filter）和显示过滤（Display Filter）。

1. 捕获过滤

捕获过滤的作用是在捕获的过程中过滤掉不符合条件的分组，在“捕获选项”窗口中可设置捕获过滤条件。“捕获选项”窗口中“Capture”选项组的最下面有一个“Capture Filter:”按钮和一个过滤条件文本输入框，如图 1-7 所示。

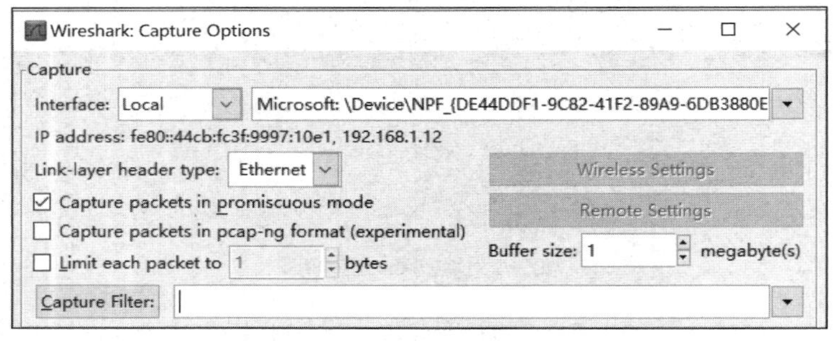

图 1-7 “捕获选项”窗口中的“Capture”选项组

在过滤条件文本输入框中，可按照 Wireshark 规定的语法输入捕获过滤条件。捕获过滤的语法为[not] primitive [and|or [not] primitive …]，其中常用的 primitive 包括以下 3 种：[src|dst] host <host>，如 src host 192.168.0.1 指定源地址为 192.168.0.1，host 192.168.0.1 指定 IP 地址为 192.168.0.1（源地址或目的地址）；[tcp|udp] [src|dst] port <port>，如 tcp dst port 80 表示目的端口为 80 的 TCP 报文，tcp port 80 表示源端口或者目的端口是 80 的 TCP 报文；<protocol>，如 ip 表示捕获 IP 报文，tcp 表示捕获 TCP 报文。

单击“捕获选项”窗口中的“Capture Filter:”按钮，弹出图 1-8 所示的窗口。在这个窗口里已经有不少预设过滤条件，可直接选择所需的预设过滤条件或在这些条件的基础上进行修改，获得符合需求的过滤条件。用户可以在该窗口中添加新的预设过滤条件或删除不需要的预设过滤条件。

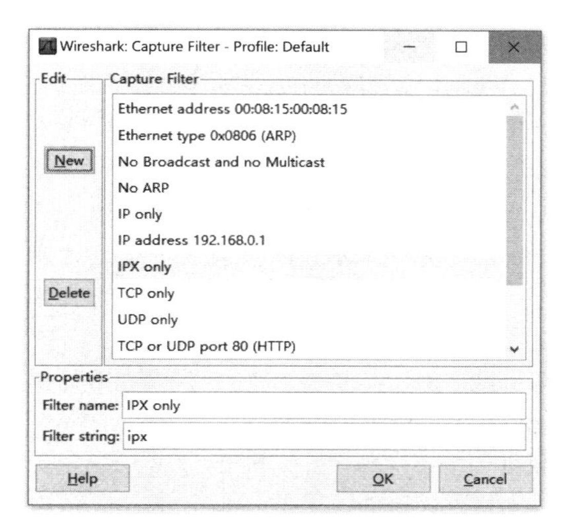

图 1-8　预设过滤条件

2. 显示过滤

显示过滤的作用是对已经捕获的分组进行过滤，即此时只显示符合过滤条件的分组。在 Wireshark 主界面的工具条下面有一个过滤工具栏，可在其中输入、清除和应用分组显示过滤条件。在过滤条件文本输入框中输入“arp”，然后单击“Apply”按钮，捕获分组列表栏中会只显示捕获的 ARP 分组，如图 1-9 所示。

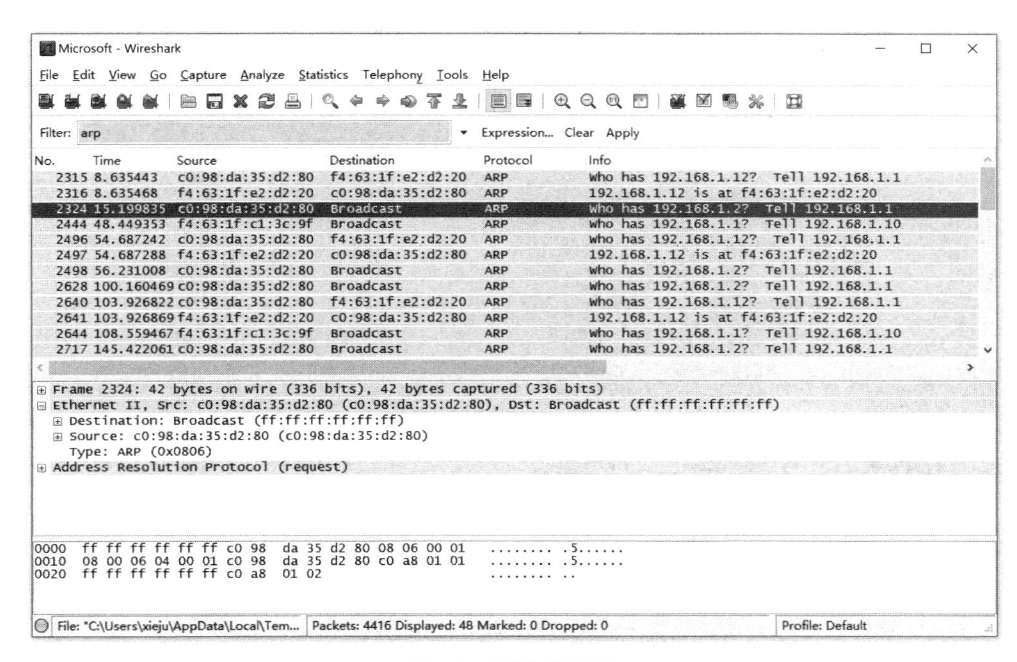

图 1-9　使用过滤工具栏

注意，显示过滤的过滤条件的语法与捕获过滤的过滤条件的语法不一样。Wireshark 提供了结构简单而功能强大的过滤语法，可以对分组各层协议数据单元各字段的值进行比较、匹配建立过滤表达式，并可通过逻辑运算符实现各种复杂的过滤功能。若输入的语法正确，则过滤条件文本输入框底色显示为绿色；否则显示为红色。

一些常用的过滤规则如下。

（1）按协议类型过滤。Wireshark 支持的协议非常多，包括 IP、TCP、UDP、ARP、ICMP、HTTP、DNS、SMTP、FTP、BOOTP 等。例如只查看 ARP，则在过滤条件文本输入框中输入“arp”，如图 1-9 所示。但请注意，输入的协议英文名称要使用小写字母。

（2）按 IP 地址过滤。若仅显示源 IP 地址为指定 IP 地址（如 192.168.0.1）的分组，则可输入“ip.src == 192.168.0.1”。若仅显示目的 IP 地址为指定 IP 地址（如 192.168.0.1）的分组，则可输入“ip.dst == 192.168.0.1”。若仅显示源或目的 IP 地址为指定 IP 地址（如 192.168.0.1）的分组，则可输入“ip.addr == 192.168.0.1”。

（3）按运输层端口号过滤。例如指定 TCP 端口号、TCP 目的端口号、UDP 源端口号，可分别输入“tcp.port == 80”“tcp.dstport == 80”“udp.srcport == 53”。

（4）采用逻辑运算符进行组合过滤。可以利用“&&”（与）、“||”（或）和“!”（非）将简单的过滤表达式组合成复杂的过滤表达式。例如“http && ip.dst == 192.168.0.123”表示仅显示目的 IP 地址为 192.168.0.123 的 HTTP 报文，而“!arp”表示不显示 ARP 分组。

可以单击“Expression...”按钮，使用“过滤表达式”窗口选择并生成合法的过滤表达式，如图 1-10 所示。

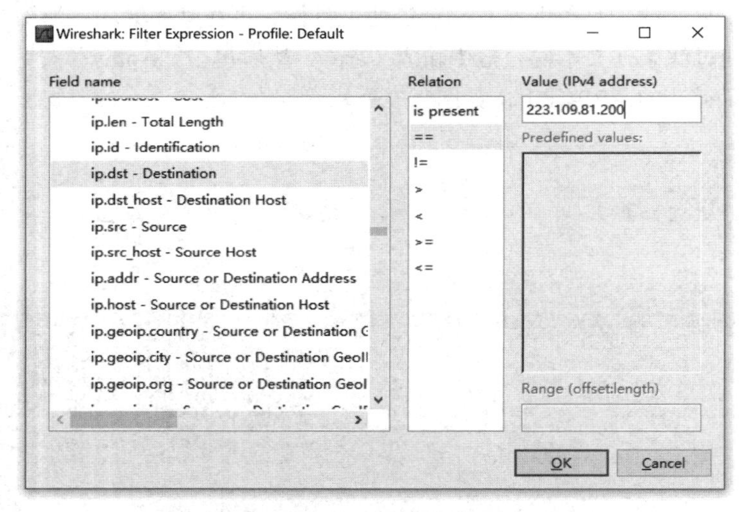

图 1-10 “过滤表达式”窗口

1.3 网络仿真平台 eNSP

eNSP（Enterprise Network Simulation Platform，企业网络仿真平台）由华为提供，具有免费、可扩展、图形化等特点，主要用于对企业网路由器、交换机、WLAN 等设备进行软件仿真，呈现真实设备部署情况。eNSP 支持大型网络模拟，让用户有机会在没有真实设备的情况下也能开展实验测试，学习网络技术。

eNSP 具有以下特色功能。

（1）图形化操作。eNSP 具有便捷的图形化操作界面，能让复杂的组网操作变得更简单，用户可以直观地看到设备形态。

（2）高仿真度。eNSP 按照真实设备支持特性情况进行模拟，模拟的设备形态多，支持的功能全面，模拟程度高。

（3）可与真实设备对接。eNSP 支持与真实网卡绑定，实现模拟设备与真实设备的对接，组网更灵活。

（4）分布式部署。eNSP 不仅支持单机部署，同时还支持 Server 端分布式部署在多台服务器上，分布式部署环境下能够支持更多设备组成复杂的大型网络。

（5）便于网络分组的捕获与分析。eNSP 可以利用第三方网络协议分析器 Wireshark，实现网络分组的捕获与分析。

本书所用的 eNSP 安装包版本为 V100R002C00B510。eNSP 的使用需要 WinPcap、Wireshark 和 VirtualBox 的支持，最新版本的 eNSP 安装包自带这 3 个软件的安装程序，若在安装 eNSP 之前没有安装这 3 个软件，可在安装 eNSP 时选择安装这 3 个软件。

1.3.1 eNSP 主界面

eNSP 主界面如图 1-11 所示。

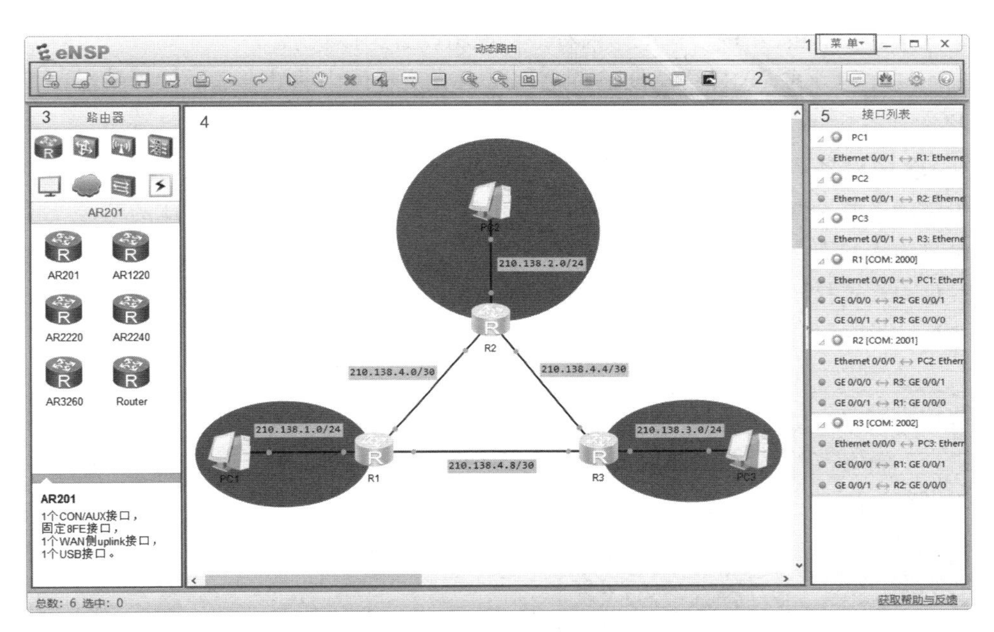

图 1-11 eNSP 主界面

软件的主菜单（见图 1-11 中方框 1）提供“文件”“编辑”“视图”“工具”“考试”“帮助”菜单。eNSP 的绝大多数功能都能通过选择相应的菜单项来完成。

工具栏（见图 1-11 中方框 2）提供“新建拓扑”“保存”“放大”“缩小”“启动设备”“停止设备”等常用工具按钮。eNSP 的基本功能都能通过单击相应的工具按钮完成，并且所有工具按钮都有对应的菜单项。

网络设备区（见图 1-11 中方框 3）提供交换机、路由器、终端等网络设备和设备连线。网络设备区又分为设备类别区（上部）、设备型号区（中部）和设备描述区（下部）。单击设备类别区中的设备图标，如路由器图标，设备型号区中会显示各种型号的路由器图标。单击设备型号区中某型号的设备图标，设备描述区中会出现该型号设备的描述信息。

界面的中部是工作区（见图 1-11 中方框 4），可以将网络设备区中的设备拖到此区域以创建网络拓扑。

接口列表（见图 1-11 中方框 5）显示网络拓扑中的设备和设备已连接的接口。

1.3.2 建立网络拓扑

要使用 eNSP 进行网络实验，先要建立网络拓扑。本小节以用一台交换机和两台 PC 组建一个小型网络拓扑为例，介绍如何建立网络拓扑。

1. 新建网络拓扑

启动 eNSP，单击工具栏中的“新建拓扑”按钮，或选择“文件/新建拓扑”菜单，在工作区新建网络拓扑。

2. 添加设备

先在设备类别区中单击交换机图标，再在设备型号区中单击具体的型号“S5700”，进入设备选择状态，然后在工作区中单击，新建一台 S5700 交换机，也可以直接将设备拖至工作区中。按“Esc”键或在工作区右击可退出设备选择状态。

采用同样的方式，选择终端设备中的 PC，并在工作区中两处合适的位置单击，可新建两台 PC。

3. 连接设备

先在设备类别区中单击设备连线图标，再在设备型号区中单击具体的型号“Auto”，进入设备连接状态，然后在工作区中依次单击交换机和一台 PC，完成交换机与 PC 的连接。当网线仅一端连接了设备并希望取消连接时，在工作区右击或者按“Esc”键即可。

选择“Auto”设备连接线，eNSP 会根据情况自动为用户选择设备连接线类型和设备接口。

若用户需要自己选择设备连接线类型和设备接口，如选择双绞线，则可在设备型号区中单击“Copper”，然后在工作区依次单击交换机和一台 PC，并选择连接网线的接口，如图 1-12 所示。

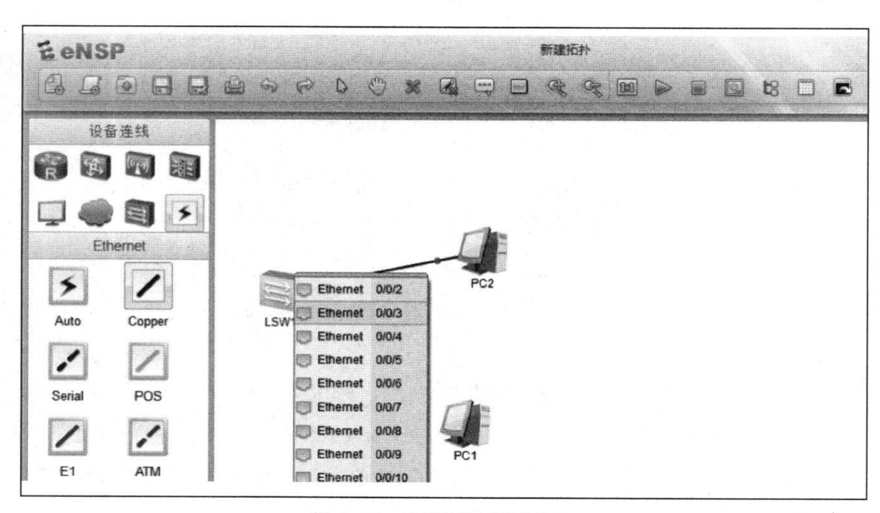

图 1-12 选择连接网线的接口

4. 配置接口卡

右击网络拓扑中的设备图标，在弹出的快捷菜单中选择“设置”命令，打开设备设置窗口，如图 1-13 所示，用户可以查看设备实际的视图。在“视图”选项卡中，可为某些网络设备增加或删除接口卡。

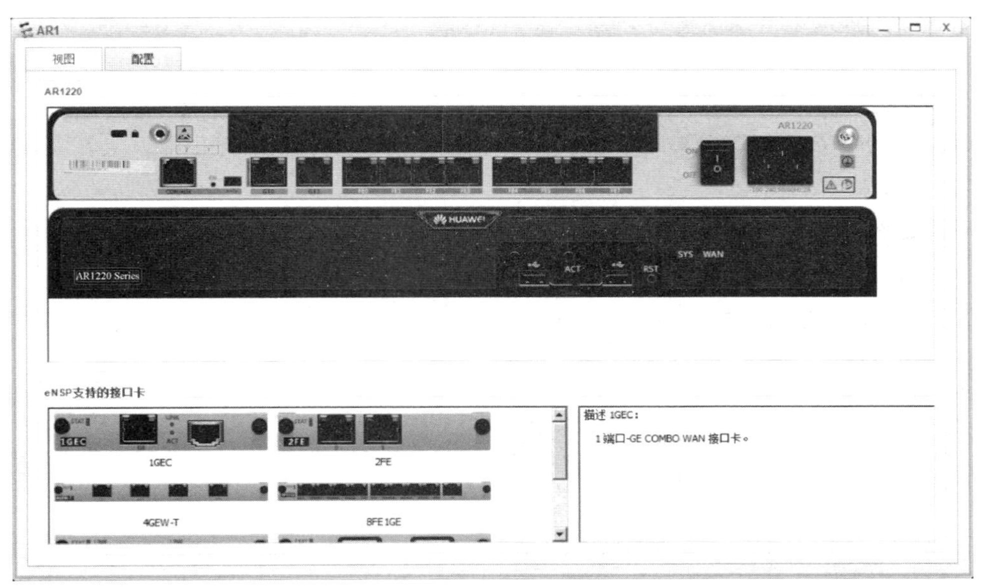

图 1-13 设备设置窗口

如果需要为设备增加接口卡，可以在“eNSP 支持的接口卡”选项组中选择合适的接口卡，并将其拖至上方的设备面板中空的接口插槽中。如果需要删除某个接口卡，直接将设备面板中的接口卡拖回“eNSP 支持的接口卡”选项组即可。注意，只有在设备关机状态下才能进行增加或删除接口卡的操作。

5. 添加文本与图形

在工作区添加的每台设备都带有默认的描述文本，可以通过单击对其进行修改。单击工具栏的“添加文本”按钮，可在网络拓扑中为设备任意添加描述。单击工具栏的“调试板”按钮，可向网络拓扑中添加图形。图 1-11 所示的网络拓扑就为各子网添加了椭圆图形和相应网络地址文本。

6. 保存及打开网络拓扑文件

建立好的网络拓扑可以保存在网络拓扑文件中（单击“保存”按钮），下次需要在该网络拓扑上进行实验时可以直接打开该网络拓扑文件（单击“打开”按钮），而不必重新建立网络拓扑。

1.3.3 配置和操作设备

建立好网络拓扑后就可以启动、配置和操作设备以进行各种网络实验了。

1. 启动与停止设备

要对网络设备进行操作，首先要启动设备，具体方法是右击设备，在弹出的快捷菜单中选择“启动”命令。也可以在工作区中按住鼠标左键选定一个区域，单击工具栏中的“启动设备”按钮，批量启动所选设备。启动设备后，关注连线指示灯颜色的变化，红色表示设备间未连通，绿色表示设备间已连通。再次单击工具栏中的“启动设备”按钮，可批量停止所选设备。

2. 使用命令行配置网络设备

右击网络拓扑中的交换机或路由器设备图标，在弹出的快捷菜单中选择“CLI”命令，或者直接双击设备图标，进入设备命令行界面，使用命令行配置设备。注意，只有启动了设备，才能使用命令行配置设备。eNSP 的网络设备，如交换机和路由器，主要的配置都是在命令行界面中进行的。

3. 配置与操作模拟 PC

右击网络拓扑中的模拟 PC 设备图标，在弹出的快捷菜单中选择“设置”命令，或者直接双击模拟 PC 设备图标，打开模拟 PC 的设置窗口。模拟 PC 的设置窗口中包含多个选项卡，常用的是“基础配置”“命令行”“UDP 发包工具”选项卡，如图 1-14 所示。

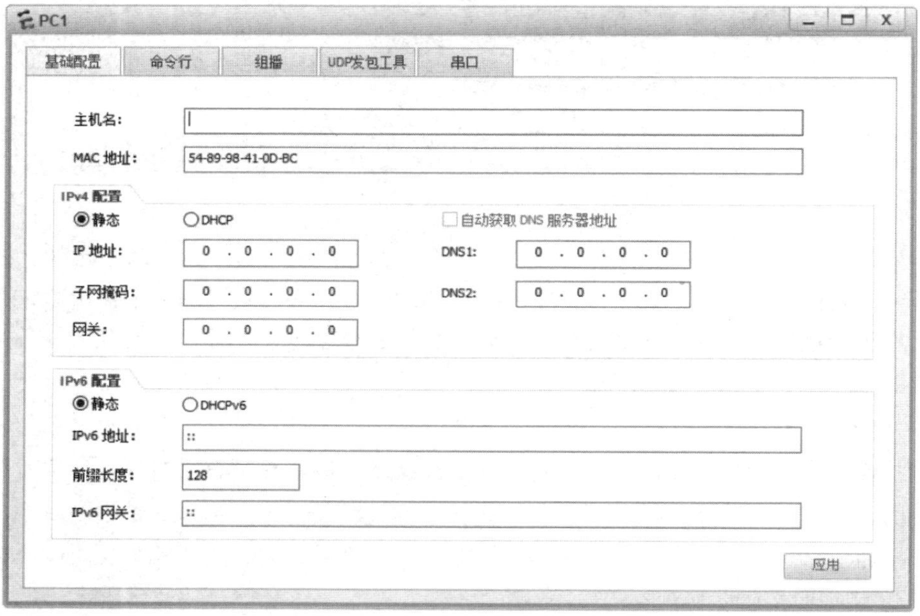

图 1-14 模拟 PC 的设置窗口

在“基础配置”选项卡中，可以配置 PC 的基础参数，如 IP 地址、子网掩码和 MAC 地址等。在“命令行”选项卡中，可以执行“ipconfig”“ping”“tracert”“arp”等网络命令，以进行网络实验。在“UDP 发包工具”选项卡中，可以配置 PC 发送大量 UDP 报文的相关参数。

1.3.4 在 eNSP 中启动分组捕获功能

eNSP 可以利用第三方网络协议分析器 Wireshark，实现网络分组的捕获与分析，前提是已安装 Wireshark。eNSP 提供多种便捷操作方式来启动分组捕获功能。

1. 指定设备接口启动分组捕获功能

右击交换机、路由器或模拟 PC 设备图标，在弹出的快捷菜单中选择“数据抓包”命令，再选择接口，即可启动网络协议分析器 Wireshark，如图 1-15 所示。

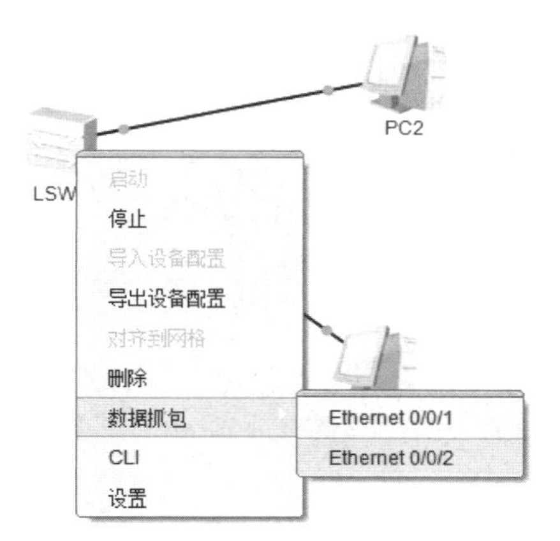

图 1-15　指定设备接口启动分组捕获功能

启动分组捕获功能后，该接口在网络拓扑及接口列表中的指示灯变为蓝色。

2. 利用工具栏中的按钮启动分组捕获功能

在工具栏中单击“数据抓包”按钮，打开“采集数据报文”对话框，选择捕获分组的设备和接口，单击“开始抓包”按钮，启动网络协议分析器 Wireshark，捕获分组，如图 1-16 所示。

3. 在接口列表中选择链路启动分组捕获功能

在接口列表中，右击需要捕获分组的链路，在弹出的快捷菜单中选择“开始数据抓包”命令，启动网络协议分析器 Wireshark，捕获分组，如图 1-17 所示。

图 1-16　利用工具栏中的按钮启动分组捕获功能

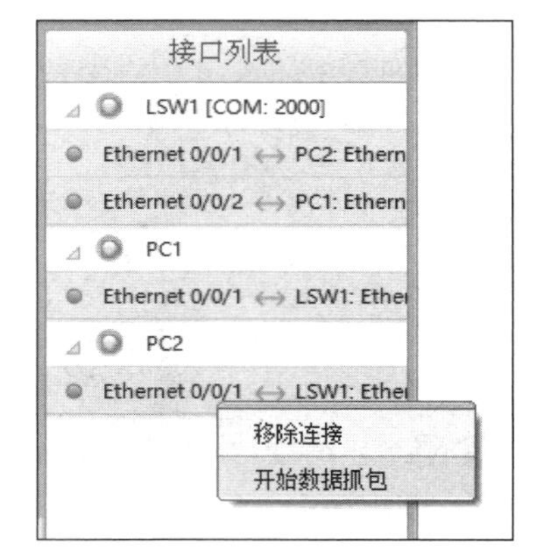

图 1-17　在接口列表中选择链路启动分组捕获功能

1.4　华为网络设备的 CLI

华为的交换机、路由器都支持通过命令行界面（Command Line Interface，CLI）进行配置操作。在实验中对网络设备进行的大多数操作都需要使用 CLI。这里简要介绍华为网络设备的 CLI。

1.4.1 命令行视图

华为网络设备的 CLI 为支持各种复杂功能，提供了丰富的配置和查询命令。为方便用户使用这些命令，华为网络设备按功能将命令分别注册在不同的命令行视图下。配置某一功能时，需先进入对应的命令行视图，然后执行相应的命令进行配置。常用的命令行视图包括用户视图、系统视图、接口视图等。

1. 用户视图

在 eNSP 中，交换机或路由器启动完成后，打开 CLI，按“Enter”键，进入的视图就是用户视图。

用户视图的默认提示符为：

```
<Huawei>
```

命令行提示符“Huawei”是默认的系统名称（Sysname）。可以通过提示符判断当前所处的视图，如“<>”表示用户视图、“[]”表示除用户视图以外的其他视图。

在用户视图下，用户主要进行查看运行状态和统计信息等操作。在任何视图下输入“?”可查看在该视图下可以执行的命令。例如，查看在用户视图下可执行的命令（以交换机 S3700 为例），如下所示。

```
<Huawei>?
User view commands:
  cd              Change current directory
  check           Check information
  clear           Clear information
  clock           Specify the system clock
  cluster         Run cluster command
  cluster-ftp     FTP command of cluster
  compare         Compare function
  configuration   Configuration interlock
  copy            Copy from one file to another
  debugging       Enable system debugging functions
  delete          Delete a file
  dir             List files on a file system
  display         Display current system information
  fixdisk         Recover lost chains in storage device
  format          Format the device
  ---- More ----
```

2. 系统视图

在用户视图下，输入“system-view”命令后按“Enter”键即可进入系统视图。

```
<Huawei>system-view
Enter system view, return user view with Ctrl+Z.
[Huawei]
```

在系统视图下，用户可以配置系统参数。

例如，可以在系统视图下修改系统名称，命令如下。

```
[Huawei]sysname router-1
[router-1]
```

该命令将系统默认名称“Huawei”改为了“router-1”。为每个设备起一个便于识别和记忆的名称可方便用户进行配置和管理。

在实验中经常需要配置接口 IP 地址、路由协议、VLAN 等，这需要从系统视图进入接口视图、路由协议视图、VLAN 视图等。

3. 接口视图

配置网络设备时，常需要为设备接口配置 IP 地址，这需要进入该设备接口的配置视图。

在系统视图下，输入“interface”命令并指定接口类型及接口编号即可进入相应的接口视图。命令的基本格式如下。

```
interface interface-type X/Y/Z
```

interface-type 表示接口类型，可以是“Ethernet”“gigabitethernet”，*X*/*Y*/*Z* 为需要配置的接口的编号，分别对应“槽位号/子卡号/接口序号”。设备的接口信息可以通过输入“display current-configuration”命令查看。接口类型和接口编号之间可以有空格，也可以没有空格。例如，进入以太网接口 0/0/1 的配置视图，命令如下。

```
[Huawei]interface Ethernet 0/0/1
[Huawei-Ethernet0/0/1]
```

在该视图下可对该接口进行各种配置操作。例如，执行关闭接口操作，命令如下。

```
[Huawei-Ethernet0/0/1]shutdown
```

4. 退出命令行视图

在任何命令行视图下执行“quit”命令，即可从当前视图退回到上一层视图。

例如，执行“quit”命令从接口视图退回到系统视图，再执行“quit”命令退回到用户视图。

```
[Huawei-Ethernet0/0/0]quit
[Huawei]quit
<Huawei>
```

如果需要从某个视图直接退回到用户视图，则可以在键盘上按“Ctrl+Z”组合键或者执行“return”命令。

按“Ctrl+Z”组合键直接退回到用户视图，如下所示。

```
[Huawei-Ethernet0/0/0]            #按“Ctrl+Z”组合键
<Huawei>
```

执行“return”命令直接退回到用户视图，如下所示。

```
[Huawei-Ethernet0/0/0]return
<Huawei>
```

1.4.2 常用的网络设备配置命令

下面简单介绍一些在实验中经常使用的华为网络设备配置命令。

1. 显示系统当前配置

在配置设备前通常需要查看系统当前的配置参数，包括接口、IP 地址、路由协议的当前配置等。“display current-configuration”命令可用来查看设备当前生效的配置参数。对于某些正在生效的配置参数，如果与默认的工作参数相同，则不显示。该命令可以在所有命令行视图中执行。示例如下。

```
<Huawei>display current-configuration
```

“display current-configuration”命令还有很多参数，通过在其右侧输入“?”可查看该命令的更多参数。示例如下。

```
<Huawei>display current-configuration ?
  all              All configuration including those of unavailable cards or
                   slots
  configuration The pre-positive and post-positive configuration information
  controller       Display controller configuration
  feature          Display feature configuration information
  filter           Display filter configuration information
  inactive         Configuration of unavailable cards or slots
  interface        The interface configuration information
  |                Matching output
  <cr>
```

若仅显示当前系统所有接口的配置参数，则可以使用 interface 参数。示例如下。

```
<Huawei>display current-configuration interface
```

2. ARP 相关命令

有时我们需要在路由器中查看或修改 ARP 映射表，但华为网络设备的 ARP 相关命令的语法与 Windows 操作系统不同。

（1）显示 ARP 映射表的内容。

实际上“display”命令可以用来查看很多系统信息，如路由器 ARP 映射表的内容。示例如下。

```
<Huawei>display arp
IP ADDRESS        MAC ADDRESS  EXPIRE(M)  TYPE   INTERFACE    VPN-INSTANCE
                                          VLAN/CEVLAN  PVC
------------------------------------------------------------------------------
210.138.2.254     5489-9881-4a13              I -          Eth0/0/0
210.138.4.5       5489-9881-4a15              I -          GE0/0/0
210.138.4.2       5489-9881-4a16              I -          GE0/0/1
------------------------------------------------------------------------------
Total:3           Dynamic:0    Static:0      Interface:3
```

（2）清除 ARP 映射表的内容。

使用“reset”命令可删除 ARP 映射表中的 ARP 表项，如下所示。

```
<Huawei>reset arp all              #清除动态表项和静态表项
<Huawei>reset arp dynamic          #清除动态表项
<Huawei>reset arp static           #清除静态表项
```

（3）配置静态 ARP 表项。

配置静态 ARP 表项需要进入系统视图。例如，配置一条静态 ARP 表项，其 IP 地址为 11.0.0.1，对应的 MAC 地址为 aaaa-fccc-1212，命令如下。

```
<Huawei>system-view
[Huawei]arp static 11.0.0.1 aaaa-fccc-1212
```

3. 修改系统名称

可以在系统视图下修改系统名称，命令如下。

```
[Huawei]sysname R1
[R1]
```

该命令将系统默认名称“Huawei”改为了“R1”。

4. 配置接口的 IP 地址

为路由器接口配置 IP 地址，首先要进入该接口的配置视图。示例如下。

```
[Huawei]interface Ethernet 0/0/1
[Huawei-Ethernet0/0/1]ip address 192.168.12.1 24
```

该命令将接口 Ethernet0/0/1 的 IP 地址配置为“192.168.12.1/24”，网络前缀为 24 位。也可以用子网掩码来指定网络前缀，命令如下。

```
[Huawei-Ethernet0/0/1]ip address 192.168.12.1 255.255.255.0
```

特别需要注意：很多华为路由器（如 AR201 等）的以太网接口在默认情况下工作在二层模式（Switch Port），而不是工作在三层模式（Router Port）。当需要为其以太网接口配置 IP 地址时，首先需要执行“undo portswitch”命令切换到三层模式，否则无法执行“ip”命令。示例如下。

```
[Huawei-Ethernet0/0/1]ip address 192.168.12.1 255.255.255.0
                          ^
Error: Unrecognized command found at '^' position.
[Huawei-Ethernet0/0/1]undo portswitch
[Huawei-Ethernet0/0/1]ip address 192.168.12.1 255.255.255.0
[Huawei-Ethernet0/0/1]
```

若该接口不支持执行“undo portswitch”命令，则说明该接口只能工作在二层模式，不能为该接口配置 IP 地址。

在任意视图下执行“display interface [*interface-type* [*interface-number*]]”命令，或在接口视图下执行“display this interface”命令，可查看接口当前运行状态信息。回显信息中出现“Switch Port”字段表示接口是二层接口；出现“Route Port”字段表示接口是三层接口。

5. 测试网络连通性

在所有视图下都可以执行“ping”命令来测试到目的结点的连通性，但参数与 Windows 操作系统中“ping”命令的参数不同。示例如下。

```
<Huawei>ping 210.138.2.1
  PING 210.138.2.1: 56  data bytes, press CTRL_C to break
    Reply from 210.138.2.1: bytes=56 Sequence=1 ttl=128 time=60 ms
    Reply from 210.138.2.1: bytes=56 Sequence=2 ttl=128 time=30 ms
    Reply from 210.138.2.1: bytes=56 Sequence=3 ttl=128 time=30 ms
    Reply from 210.138.2.1: bytes=56 Sequence=4 ttl=128 time=30 ms
    Reply from 210.138.2.1: bytes=56 Sequence=5 ttl=128 time=40 ms

  --- 210.138.2.1 ping statistics ---
    5 packet(s) transmitted
    5 packet(s) received
    0.00% packet loss
    round-trip min/avg/max = 30/38/60 ms
```

还可以执行“tracert”命令来探测到目的结点的路由信息，如下所示。

```
<Huawei>tracert 210.138.2.1
```

6. 使用 undo 命令行

在命令前加“undo”关键字的命令行，即为 undo 命令行。undo 命令行一般用来恢复默认设置、禁用或删除某项配置。几乎每条配置命令都有对应的 undo 命令行。

（1）使用 undo 命令行恢复默认设置。

使用 undo 命令行恢复默认系统名称，如下所示。

```
<Huawei>system-view
[Huawei]sysname router-1
[router-1]undo sysname
[Huawei]
```

（2）使用 undo 命令行删除某项设置。

删除对某接口的 IP 地址设置，如下所示。

```
[Huawei]interface Ethernet 0/0/1
[Huawei-Ethernet0/0/1]ip address 192.168.12.1 24
[Huawei-Ethernet0/0/1]undo ip address
```

7. 保存当前配置

用户可以通过命令行修改设备的当前配置，而这些配置是暂时的。如果要使当前配置在系统重启后仍然有效，则在重启系统前，需要将当前配置保存到配置文件中。

“save”命令用来将当前配置保存到系统默认的存储路径中。示例如下。

```
<Huawei>save
The current configuration will be written to the device.
  Are you sure to continue? (y/n)[n]:y
  It will take several minutes to save configuration file, please wait........
  Configuration file had been saved successfully
  Note: The configuration file will take effect after being activated
```

1.4.3 命令行的使用技巧

使用命令行配置网络设备需要用户记忆大量命令，并需要输入大量的字母，比较烦琐。掌握一些命令行的使用技巧可大大提高配置网络设备的效率。

1. 不完整关键字输入

系统支持不完整关键字输入，即在当前视图下，当输入的字符能够匹配唯一的关键字时，可以不输入完整的关键字。该功能提供了一种快捷的输入方式，有助于提高操作效率。

例如，输入“d cu”“di cu”“dis cu”等都可以执行“display current-configuration”命令，但不能输入“d c”或“dis c”等，因为以“d c”“dis c”开头的命令不唯一。

2. 使用“Tab”键补全关键字

输入不完整的关键字后按“Tab”键，系统会自动补全关键字。

（1）如果与之匹配的关键字唯一，则系统会用此完整的关键字替代原输入并换行显示，光标距词尾一空格。例如，在用户视图下输入“sy”，然后按“Tab”键，系统会自动进行补全得到“system-view”。

```
<Huawei>sy                      #按“Tab”键
<Huawei>system-view
```

（2）如果与之匹配的关键字不唯一，反复按“Tab”键可循环显示所有以输入字符开头的关键字，用户从中找到所需要的关键字，此时光标与词尾之间没有空格。

```
<Huawei>s                       #按“Tab”键
<Huawei>sslvpn                  #按“Tab”键
<Huawei>super                   #按“Tab”键
<Huawei>system-view             #按“Tab”键
<Huawei>schedule                #按“Tab”键
<Huawei>save                    #按“Tab”键
<Huawei>startup                 #按“Tab”键
<Huawei>screen-length           #按“Tab”键
<Huawei>send                    #按“Tab”键
<Huawei>set                     #按“Tab”键
<Huawei>start-script            #按“Tab”键
<Huawei>screen-width            #按“Tab”键
<Huawei>sslvpn                  #开始循环显示
```

（3）如果没有与之匹配的关键字，按“Tab”键后，换行显示，输入的关键字不变。例如，在用户视图中没有以“sx”开头的命令。

```
<Huawei>sx                      #按“Tab”键
<Huawei>sx                      #按“Tab”键
<Huawei>sx
```

3．使用在线帮助功能

用户在使用命令行时，可以使用在线帮助功能以获取实时帮助，从而无须记忆大量复杂的命令。

在输入命令行的过程中，用户可以随时输入“?”以获得在线帮助。在线帮助分为完全帮助和部分帮助。

（1）完全帮助。

当用户输入命令时，可以使用完全帮助来获取全部关键字和参数的提示。

例如，在任一命令行视图下，输入“?”来获取该命令行视图下所有的命令及其简单描述。

```
<Huawei> ?
User view commands:
  arp-ping         ARP-ping
  autosave         <Group> autosave command group
  backup          Backup  information
...
```

输入一条命令的部分关键字，后接以空格分隔的“?”，可获取该关键字和参数的提示。示例如下。

```
[Huawei-Ethernet0/0/0]ip address ?
  X.X.X.X        IP address
  bootp-alloc    IP address allocated by BOOTP
  dhcp-alloc     IP address allocated by DHCP
  unnumbered     Share an address with another interface
```

（2）部分帮助。

当用户输入命令时，如果只记得此命令关键字的开头一个或几个字符，则可以使用部分帮助来获取以该字符开头的所有关键字的提示。

例如，输入“d?”（之间无空格），可获取以“d”开头的所有关键字的提示。

```
<Huawei>d?
  debugging    <Group> debugging command group
  delete       Delete a file
  dialer       Dialer
  dir          List files on a filesystem
  display      Display information
<Huawei>d
```

4. 查看历史命令

设备能够自动保存用户输入过的命令。当用户需要输入之前执行过的命令时，可以调用设备保存的历史命令。默认情况下，系统会为每个登录用户保存10条历史命令。

可以采用以下方法查看历史命令。

（1）执行“display history-command”命令，可查看当前用户输入的历史命令。

（2）按向上方向键“↑”或按“Ctrl+P”组合键可访问上一条历史命令。

（3）按向下方向键“↓”或按“Ctrl+N”组合键可访问下一条历史命令。

第 2 章
物理层实验

2.1 双绞线制作及简单组网

实验目的

（1）掌握 RJ-45 双绞线的制作方法。

（2）掌握用以太网交换机将几台主机组成小型局域网的技能与方法。

（3）掌握基本网络连接属性的配置和测试网络连通性的基本方法。

实验内容

（1）制作 RJ-45 双绞线。

（2）用网线测试仪测试双绞线。

（3）连接交换机并配置主机 IP 地址。

（4）测试网络连通性。

2.1.1 相关知识

双绞线（Twist-Pair）是综合布线工程中最常用的一种传输媒体，由两根具有绝缘保护层的铜导线组成。把两根绝缘的铜导线按一定密度绞合在一起，可以降低信号干扰程度，一般绞合得越密，双绞线的抗干扰能力就越强。我们通常使用的网线是由 4 对双绞线绞合在一起并放在一个绝缘套管中的双绞线电缆。双绞线电缆的分类参见《计算机网络教程（第 6 版）（微课版）》2.3.1 小节。

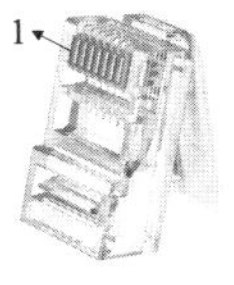

双绞线电缆两端需通过 RJ-45 连接器才能够连接到计算机或交换机的接口。RJ-45 连接器俗称 RJ-45 插头或 RJ-45 水晶头，如图 2-1 所示。

图 2-1 RJ-45 连接器

目前，常用的双绞线网线制作标准是 ANSI/EIA/TIA-568A（简称 T568A）和 ANSI/EIA/TIA-568B（简称 T568B）。这两个标准最主要的不同之处是芯线序列不同（图 2-1 中指示了连接器芯线起始序号 1 的位置）。

T568A：白绿、绿、白橙、蓝、白蓝、橙、白棕、棕。

T568B：白橙、橙、白绿、蓝、白蓝、绿、白棕、棕。

在实际的网络工程施工中通常采用 T568B 标准。

若制作的网线两端采用同一线序标准，即两端都是 T568A 或 T568B 标准，则该网线称为直通线（平行线），主要用于将计算机（路由器）连接到交换机。

若制作的网线两端采用不同线序标准，即一端是 T568A 标准、另一端是 T568B 标准，则该网线称为交叉线。由于交叉线实现了收发线对的交叉，因此主要用于连接同类设备接口，如交换机与交换机或计算机（路由器）与计算机（路由器）之间的连接。

现在大多数新的网络设备支持接口自动检测收发线对及自适应线序反转（一些老设备可能不支持），直通线和交叉线都能连通。由于必须使用交叉线的情况很少，因此通常只需要制作直通线。

2.1.2 制作 RJ-45 双绞线

按以下步骤制作符合 T568B 标准的具有 RJ-45 连接器的双绞线。

（1）选取长度合适的双绞线，然后用网线钳前部的剥线器剥除双绞线外皮 2～3cm，如图 2-2 所示。

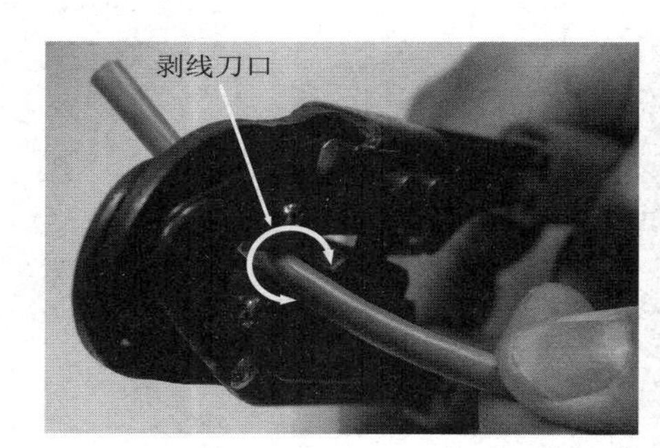

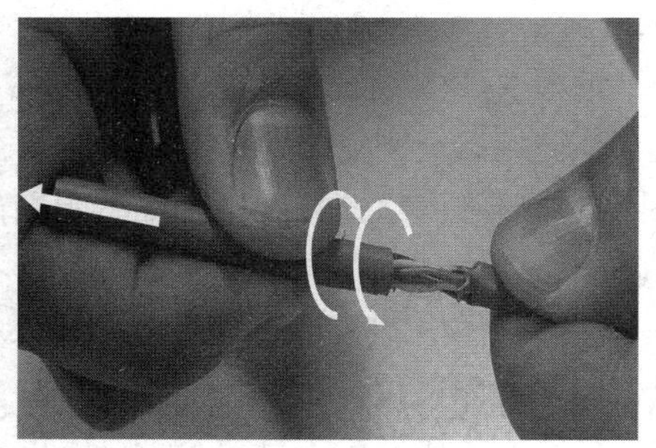

图 2-2 剥除双绞线外皮

（2）将线对自左向右按橙、蓝、绿、棕的顺序排列，如图 2-3 所示。

图 2-3 双绞线对的排列方式

（3）拆分每一个线对，将其弄直，并按照 T568B 标准线序（白橙、橙、白绿、蓝、白蓝、绿、白棕、棕）排列，如图 2-4 所示。

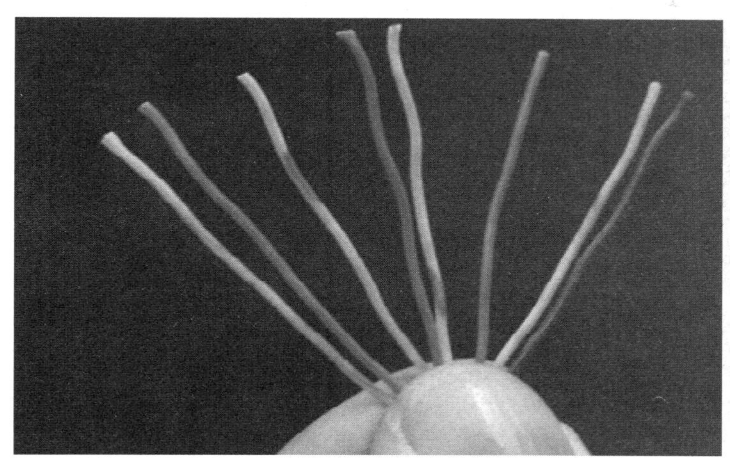
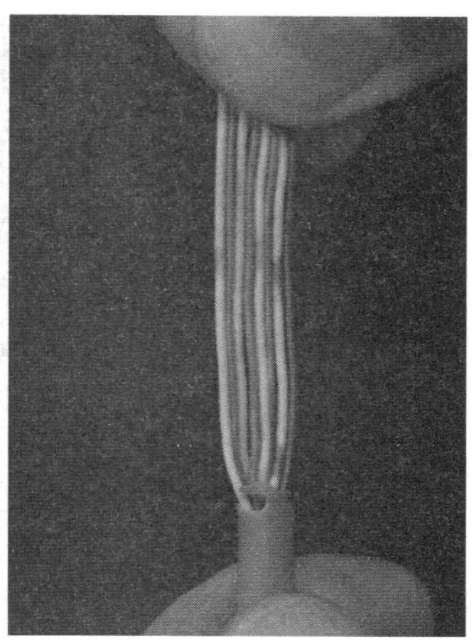

图 2-4　双绞线对拆分后的排列方式

（4）将网线用网线钳剪齐，长度约为 14mm（注意：不宜过长或过短），再将双绞线的每一根线依序放入 RJ-45 连接器的引脚，第一只引脚内放白橙线，如图 2-5 所示。

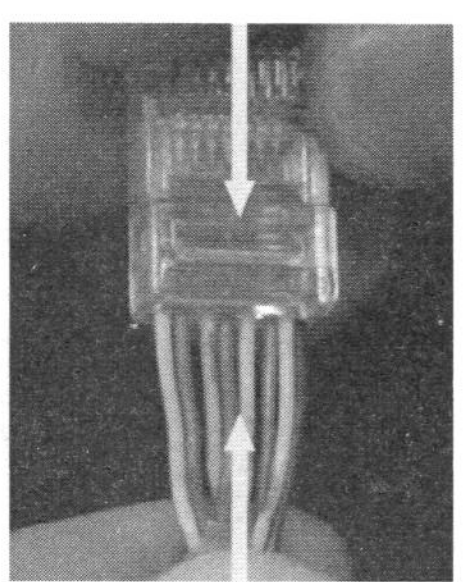

图 2-5　将双绞线剪齐后放入 RJ-45 连接器引脚

（5）从 RJ-45 连接器正面目视每根双绞线已放置正确并到达底部位置后，将 RJ-45 连接器放入网线钳的压头槽，用力按压 RJ-45 连接器，使 RJ-45 连接器内部的金属片恰好刺破双绞线的外层表皮并与内部金属线良好接触（通常会听到清脆的“咔”声），如图 2-6 所示。

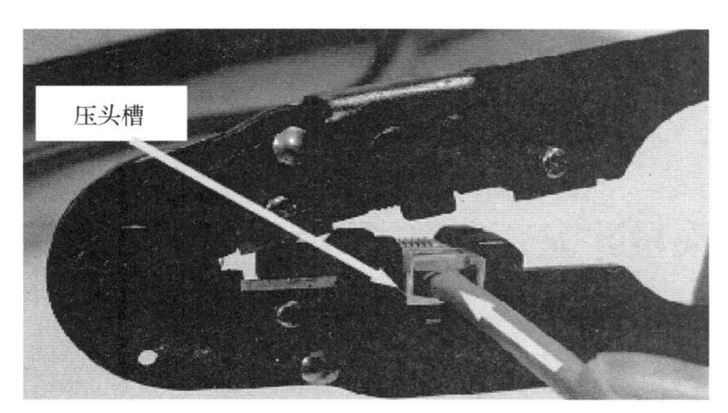

图 2-6　按压 RJ-45 连接器

（6）重复以上步骤，制作网线另一端的 RJ-45 连接器。做好的网线两端的 RJ-45 连接器如图 2-7 所示。

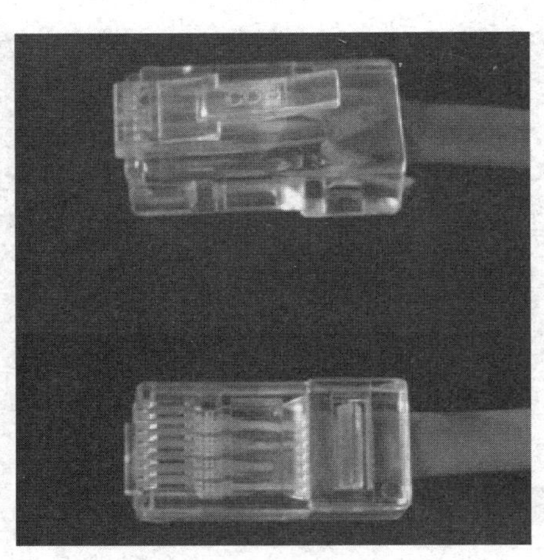

图 2-7　做好的网线两端的 RJ-45 连接器

2.1.3　用网线测试仪测试双绞线

网线测试仪如图 2-8 所示。用网线测试仪测试制作的双绞线是否可用的方法是：将网线两端分别插入测试仪主端和从端的接口，打开电源。若测试仪上两端的灯依次同时发光，则说明线路正常；如果某些灯不亮或次序不对，则说明线路有问题，需要重新制作。

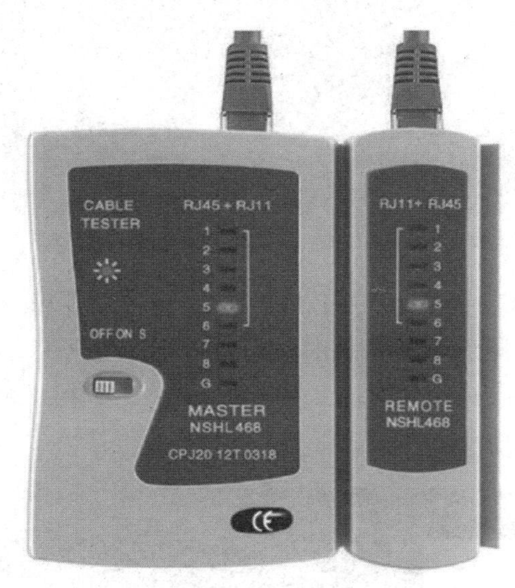

图 2-8　网线测试仪

2.1.4　连接交换机并配置主机 IP 地址

（1）用制作好的 RJ-45 双绞线将各主机连接到以太网交换机对应的端口上。交换机不需要人工配置即可实现组网，当端口收发分组时，对应的指示灯会闪烁。有的交换机端口会有两个指示灯，另一个表示线路连通。

（2）配置主机的 IP 地址。以 Windows 10 操作系统为例，首先在“开始”菜单中单击“设置”按钮，在“Windows 设置”窗口中选择“网络和 Internet”选项，在打开的窗口中选择“更改适配器选项”选项，打开“网络连接”窗口，如图 2-9 所示。选择物理网卡对应的图标（有的 PC 上可能存在多个物理网卡或虚拟网卡），右击，在弹出的快捷菜单中选择“属性”命令，打开网络连接的属性对话框。

图 2-9 “网络连接”窗口

在网络连接的属性对话框中选中“Internet 协议版本 4（TCP/IPv4）”复选框，单击右下方的“属性”按钮，打开“Internet 协议版本 4（TCP/IPv4）属性”对话框，如图 2-10 所示。

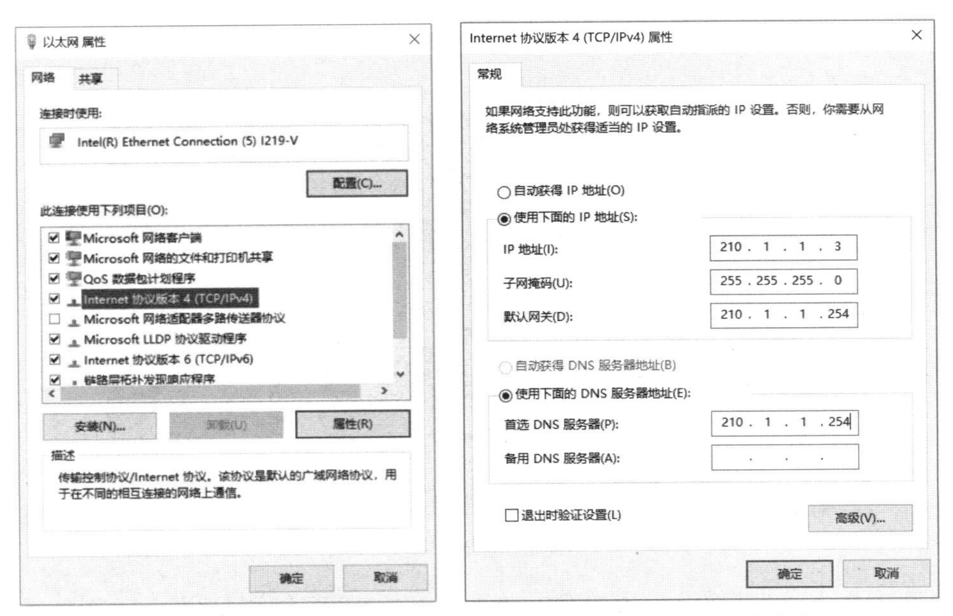

图 2-10 选中“Internet 协议版本 4（TCP/IPv4）”复选框并打开相应的对话框

在“Internet 协议版本 4（TCP/IPv4）属性”对话框中有两种配置 IP 地址的方法：自动获取和手动配置。其中，自动获取 IP 地址需要局域网中部署 DHCP 服务器。本实验选择手动配置，如图 2-10 所示。配置的要求是：每台主机有唯一的 IP 地址和相同的子网掩码。

下面学习使用“ipconfig”命令查看网络连接属性。为此，需要打开“命令提示符”窗口，如图 2-11 所示。

```
命令提示符
Microsoft Windows [版本 10.0.17763.1577]
(c) 2018 Microsoft Corporation。保留所有权利。

C:\Users\xieju>
```

图 2-11 “命令提示符”窗口

在“命令提示符”窗口中执行“ipconfig/?”命令查看“ipconfig”命令的用法。请分别执行“ipconfig”和“ipconfig/all”命令，比较它们返回结果的不同。

2.1.5 测试网络连通性

测试两台主机之间是否连通有多种方法，最常用的方法是使用“ping”命令。在“命令提示符”窗口中执行“ping”命令，结果如图 2-12 所示。

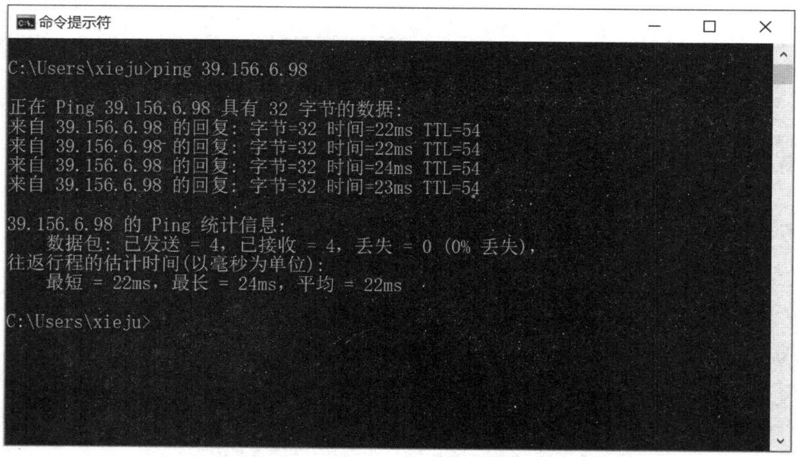

```
命令提示符
C:\Users\xieju>ping 39.156.6.98

正在 Ping 39.156.6.98 具有 32 字节的数据:
来自 39.156.6.98 的回复: 字节=32 时间=22ms TTL=54
来自 39.156.6.98 的回复: 字节=32 时间=22ms TTL=54
来自 39.156.6.98 的回复: 字节=32 时间=24ms TTL=54
来自 39.156.6.98 的回复: 字节=32 时间=23ms TTL=54

39.156.6.98 的 Ping 统计信息:
    数据包: 已发送 = 4，已接收 = 4，丢失 = 0 (0% 丢失)，
往返行程的估计时间(以毫秒为单位):
    最短 = 22ms，最长 = 24ms，平均 = 22ms

C:\Users\xieju>
```

图 2-12 “ping”命令的执行结果

如果“ping”命令的执行结果如图 2-12 所示，则表明两台主机之间是连通的。默认情况下，“ping”命令会向对方主机发送 4 次连通性测试分组，因此图中显示收到对方主机的 4 个回复。有关“ping”命令的更多信息见 1.1.3 小节。

若出现图2-13所示的结果，则说明没有收到对方主机的响应。可能是对方主机没有开机或网络没有连通，也有可能是防火墙禁止通过ICMP分组（在进行该实验时最好关闭主机的防火墙）。

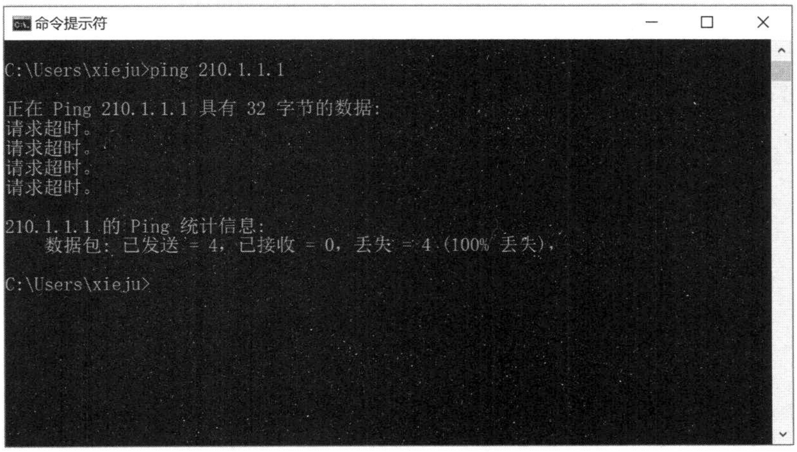

```
命令提示符

C:\Users\xieju>ping 210.1.1.1

正在 Ping 210.1.1.1 具有 32 字节的数据:
请求超时。
请求超时。
请求超时。
请求超时。

210.1.1.1 的 Ping 统计信息:
    数据包: 已发送 = 4，已接收 = 0，丢失 = 4 (100% 丢失)，

C:\Users\xieju>
```

图2-13 对方主机不响应“ping”命令的结果

2.1.6 实验小结

（1）本实验遵循的是T568B标准，线对一定要按“白橙、橙、白绿、蓝、白蓝、绿、白棕、棕”的顺序排列。若不按照标准顺序制作，则会影响通信质量。

（2）以太网交换机是一种即插即用的设备，无须配置即可连接多台主机组成一个局域网。

（3）“ping”命令用于测试本地主机到目的主机的连通性，是进行网络测试的常用命令。

2.1.7 思考题

制作的网线通过了测试仪的测试，是否就证明网线制作正确或成功？

2.2 使用控制台接口配置交换机

实验目的

（1）掌握通过控制台（Console）接口配置交换机的基本方法。

（2）掌握交换机的基本配置命令。

实验内容

（1）使用Console线连接交换机。

（2）通过终端管理软件登录交换机。

（3）使用交换机的基本配置命令。

2.2.1 相关知识

通常，交换机、路由器等网络设备的设备面板上都有一个专门用于配置和管理设备的接口，即控制台接口，常称为 Console 接口或 CON 接口。计算机使用专用的连接线缆与网络设备的 Console 接口连接后，就可以使用命令行界面（CLI）对网络设备进行配置和管理。这是在工程实施中最常用的设备配置和管理方法。

1. 认识 Console 接口

图 2-14 给出了华为 S2700 系列交换机的接口面板。通常交换机的 Console 接口都有明确的标识，比较容易识别。

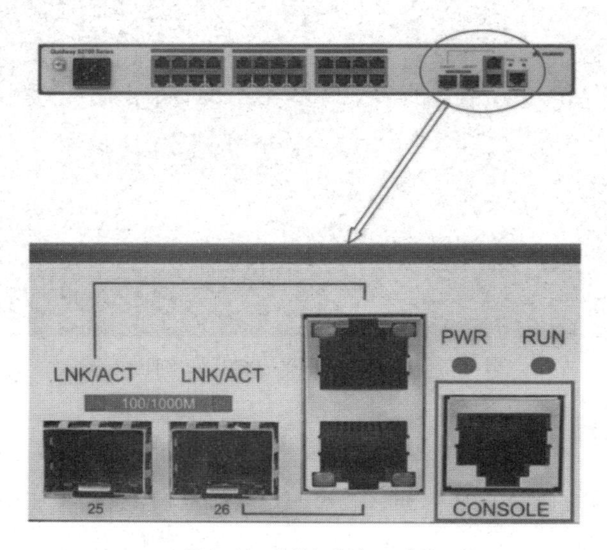

图 2-14　交换机的接口面板

2. 连接 Console 接口的线缆

计算机与交换机 Console 接口连接需要使用 Console 线（实际上就是串行线），典型的 Console 线如图 2-15 所示。通常台式计算机都具有 RS-232 接口，这时可以采用图 2-15（a）所示的 Console 线。该 Console 线一端为 RJ-45 接头，另一端为 RS-232 串口接头。RJ-45 接头用于连接交换机的 Console 接口，另一端的 RS-232 串口接头用于连接计算机。由于笔记本电脑上通常没有 RS-232 接口，因此笔记本电脑与交换机连接可以使用图 2-15（b）所示的 Console 线。该 Console 线一端为 RJ-45 接头，另一端为 USB 接口。虽然该 Console 线一端为 USB 接口，但实际上是 USB 转串口。

（a）RJ-45 转 RS-232

（b）RJ-45 转 USB

图 2-15　典型的 Console 线

2.2.2 使用 Console 线连接交换机

根据计算机的接口选择合适的 Console 线，利用 Console 线将交换机与计算机连接。Console 线的 RJ-45 接头与交换机的 Console 接口连接，Console 线的另一端与计算机连接，如图 2-16 所示。

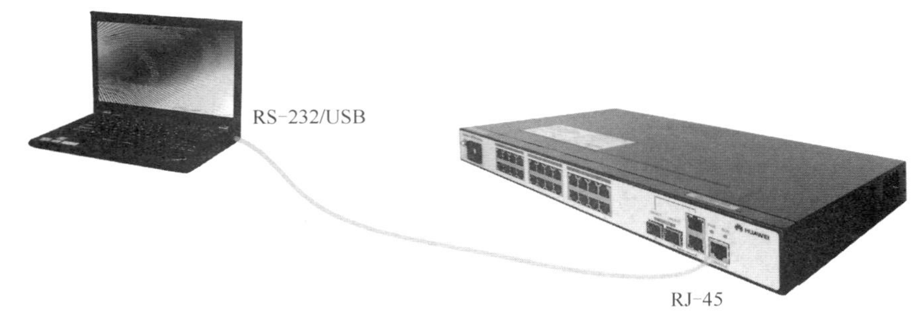

图 2-16 计算机与交换机连接示例

2.2.3 通过终端管理软件登录交换机

在计算机上，需要安装好终端管理软件，以管理和配置网络设备。例如，Windows 操作系统的超级终端、SecureCRT、Putty 等。由于 Windows 7、Windows 10 操作系统并不自带超级终端，因此需要额外配置。这里使用 SecureCRT 登录交换机。

下载 SecureCRT 软件，安装完成后运行该软件，这时弹出“连接”窗口，如图 2-17 所示。

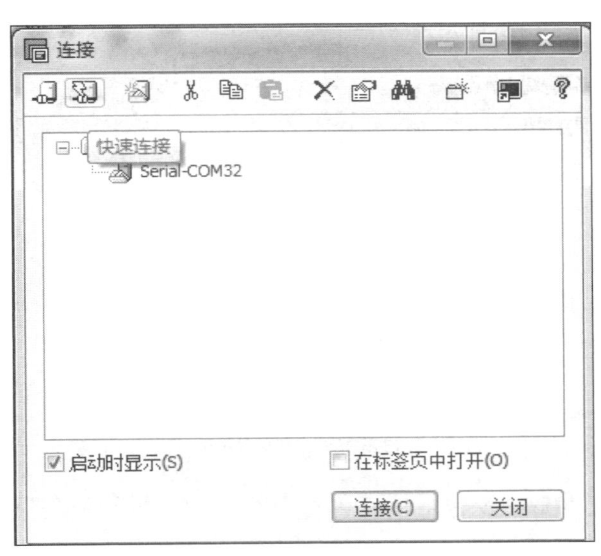

图 2-17 SecureCRT 软件的“连接”窗口

单击“快速连接”按钮，弹出“快速连接”对话框，如图 2-18 所示。在“快速连接”对话框中，默认的协议是 SSH2。在“协议”下拉列表中选择“Serial”选项，即选择串行传输协议。

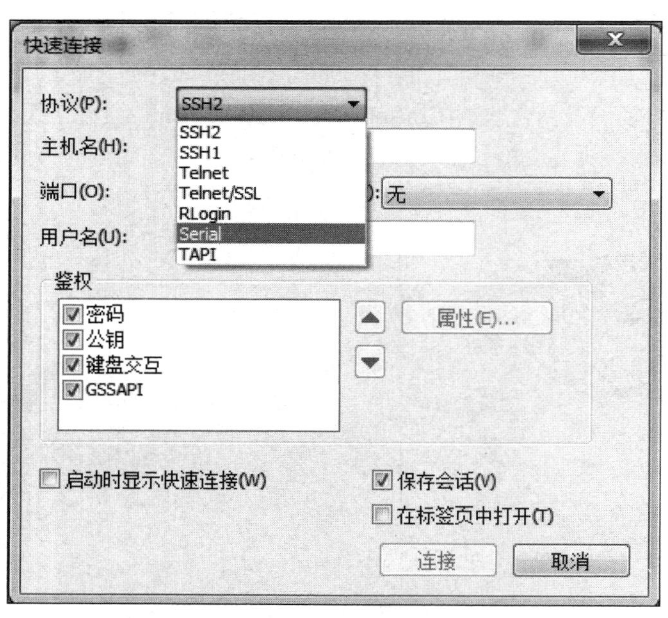

图 2-18　SecureCRT 软件的“快速连接”对话框

在弹出的参数配置界面中对串行传输协议参数进行配置，如图 2-19 所示。

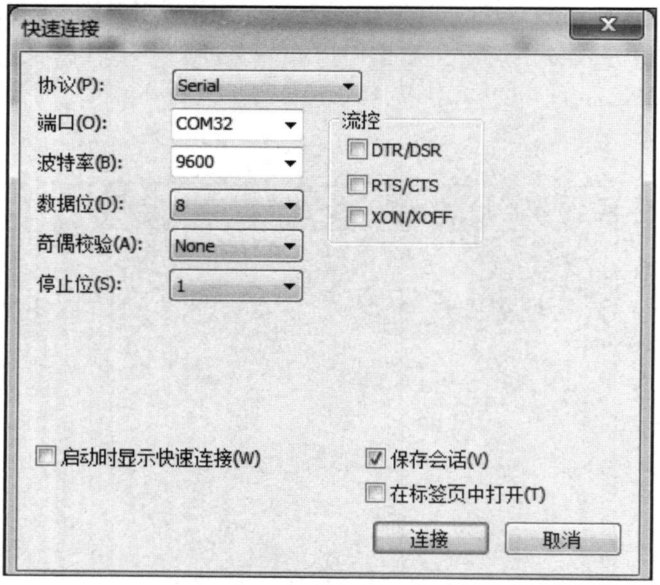

图 2-19　参数配置界面

这里需要设置的参数主要包括端口和波特率。端口需要根据具体情况进行选择。例如，当使用 RJ-45 转 USB 的 Console 线连接计算机时，可右击开始菜单，然后依次选择“计算机管理”→“设备管理器”→“端口（COM 和 LPT）”，即可看到相应的 COM 端口编号，如图 2-20 所示。波特率要根据交换机 Console 接口的默认参数而定，大部分路由器、交换机等网络设备的 Console 接口的波特率为 9600，其他参数通常按照图 2-19 所示进行设置。

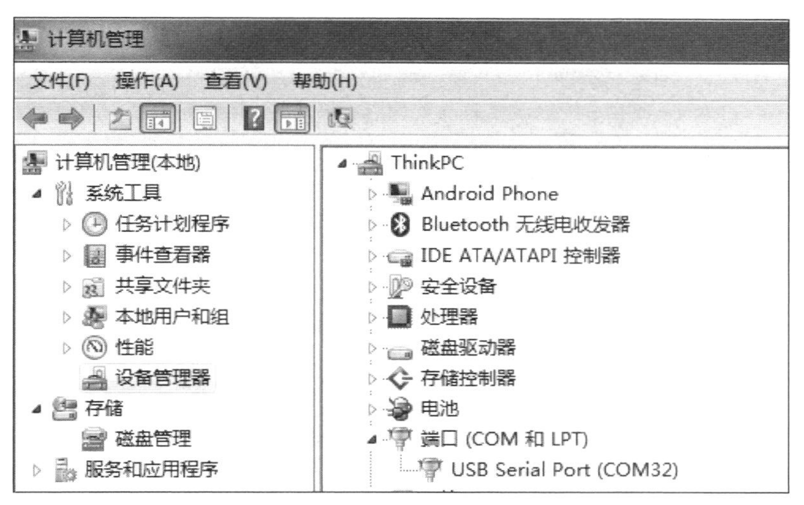

图 2-20 查看 COM 端口编号

设置完成后单击“连接”按钮即可登录设备并通过 CLI 配置网络设备。当然，只有第一次使用 Console 接口登录设备才需要依照上述步骤来操作，之后可使用上面已经创建好的连接方式快速登录。

2.2.4 使用交换机的基本配置命令

1. 用户视图与系统视图切换

华为的交换机和路由器等网络设备大都提供 CLI，关于华为网络设备的 CLI 可以参考 1.4 节。

登录交换机后，进入用户视图，这时命令行提示符中的“Huawei”是默认的系统名称（Sysname），提示符为“<>”。执行“system-view”命令切换到系统视图，这时提示符变为“[]”。在系统视图下执行“quit”命令，返回用户视图。

```
<Huawei>system-view
Enter system view, return user view with Ctrl+Z.
[Huawei]quit
<Huawei>
```

2. 设备名称修改

在系统视图下，可以利用“sysname”命令修改设备名称。

例如，在系统视图下执行“sysname SW1”命令将交换机的名称修改为“SW1”：

```
[Huawei]sysname SW1
[SW1]
```

能不能在用户视图下修改设备名称？请尝试在用户视图下修改交换机的名称并给出你的结论。

如果这个时候重新启动交换机，交换机的名称是什么？请验证你的判断。

3. 查看帮助信息

不同的视图支持不同的命令。在任意视图下输入“？”，可以获得该视图支持的所有命令及其简单描述。

例如，在系统视图下查看支持的命令，结果如下。

```
[SW1]?
System view commands:
  aaa                        AAA
  acl                        Specify ACL configuration information
  alarm                      Enter the alarm view
  …
```

请你自行查看用户视图支持的命令。

另外，也可以在输入一个命令后，空一格，再输入“？”，得到这个命令的相关帮助。例如，输入“interface?”，得到 interface 命令的相关帮助。

```
[SW1]interface ?
  Eth-Trunk                  Ethernet-Trunk interface
  Ethernet                   Ethernet interface
  GigabitEthernet            GigabitEthernet interface
  LoopBack                   LoopBack interface
  MEth                       MEth interface
  NULL                       NULL interface
  Tunnel                     Tunnel interface
  Vlanif                     Vlan interface
```

4. 查看配置信息

执行“display”命令可以查看交换机信息。

例如，执行“display version”命令，查看交换机的版本。

```
[SW1]display version
Huawei Versatile Routing Platform Software
VRP (R) software, Version 5.110 (S3700 V200R001C00)
Copyright (c) 2000-2011 HUAWEI TECH CO., LTD

Quidway S3700-26C-HI Routing Switch uptime is 0 week, 0 day, 1 hour, 48 minutes
```

执行“display current-configuration”命令，可查看当前配置。

```
[SW1]display current-configuration
#
sysname SW1
#
cluster enable
ntdp enable
ndp enable
…
```

请执行“display current-configuration”命令，查看你所连接的网络设备有多少个接口。

执行“display interface 接口名”命令，可查看某个接口的配置信息。例如，执行“display interface Ethernet 0/0/1”命令，查看接口 Ethernet 0/0/1 的配置信息。

```
[SW1]display interface Ethernet 0/0/1
Ethernet0/0/1 current state : DOWN
Line protocol current state : DOWN
Description:
…
```

在上面的例子里，“Ethernet0/0/1 current state : DOWN”代表什么意思？这个时候若将接口 Ethernet 0/0/1 通过双绞线与计算机连接，该接口的状态是什么？

5. 保存配置信息

设备内存中的配置信息称为设备的当前配置，它是设备当前正在运行的配置。设备断电后或设备重启时，内存中原有的所有信息（包括配置信息）都会消失。因此，对交换机进行配置后，如果不进行保存，那么交换机断电或重启后，所有的配置将无效。

将配置信息存入配置文件，当设备重启时，配置文件中的内容可以被重新加载到内存，成为新的当前配置。配置文件存在于设备的外部存储器中，文件名的格式一般为“*.cfg”或“*.zip ”。默认情况下，保存当前配置时，设备会将配置信息保存到名为“vrpcfg.zip”的配置文件中。

在用户视图下执行“save”命令，保存配置信息。

```
<SW1>save
The current configuration will be written to the device.
Are you sure to continue?[Y/N]y
Info: Please input the file name ( *.cfg, *.zip ) [vrpcfg.zip]:
Jun 21 2019 11:25:03-08:00 SW1 %%01CFM/4/SAVE(l)[0]:The user chose Y when
deciding whether to save the configuration to the device.
```

如果这个时候重启交换机，交换机的名称是什么？请验证你的判断。

2.2.5 实验小结

（1）交换机通常提供 Console 接口，利用 Console 接口可实现对交换机的管理与配置。根据计算机具有的接口选择合适的 Console 线连接交换机的 Console 接口，在计算机上运行终端管理软件登录交换机，利用交换机提供的 CLI 对交换机进行配置。

（2）华为网络设备的 CLI 提供不同的命令行视图，不同的命令行视图支持不同的命令，因此，使用命令时要清楚当前的命令行视图是否支持该命令。为防止交换机配置信息的丢失，需要将配置信息存入配置文件。

2.2.6 思考题

使用 Console 线连接网络设备时要设置串行传输协议参数，这属于计算机网络体系结构中哪一层协议的内容？若波特率设置与网络设备不一致，会导致什么结果？为什么？

第 3 章 数据链路层实验

3.1 PPP 基本配置与分析

实验目的

（1）掌握基于 PAP 鉴别的 PPP 配置方法。

（2）掌握基于 CHAP 鉴别的 PPP 配置方法。

（3）理解 PPP 的工作过程和报文格式。

实验内容

（1）基于 PAP 鉴别的 PPP 配置与分析。

（2）基于 CHAP 鉴别的 PPP 配置与分析。

3.1.1 相关知识

点对点协议（Point-to-Point Protocol，PPP）是目前广泛使用的点对点数据链路层协议。PPP 定义了 3 个协议组件：数据封装方式、链路控制协议（Link Control Protocol，LCP）、网络控制协议（Network Control Protocol，NCP）。

1. PPP 建立连接的过程

PPP 的状态图见《计算机网络教程（第 6 版）（微课版）》的图 3-20。其主要工作过程如下。

（1）初始“静止”阶段是没有进行任何连接的阶段，为不可用阶段，只有当两端检测到物理接口被激活时，才会从“静止”阶段转入“建立”阶段（也叫链路建立阶段）。

（2）在“建立”阶段，PPP 链路进行 LCP 参数协商。协商内容包括最大接收单元（Maximum Receive Unit，MRU）、鉴别方式、魔术字等。LCP 参数协商成功后可进入“鉴别”阶段（若不需要进行鉴别，可直接进入“网络”阶段）。

（3）在“鉴别”阶段，通信双方可互相鉴别身份，也可仅鉴别一方身份或不进行鉴别。鉴别成功即可进入“网络”阶段，鉴别失败则转入“终止”状态，结束已建立的 PPP 链路。

（4）在“网络”阶段，PPP 链路进行 NCP（典型的是 IPCP）协商，只有相应的网络层协议（如 IP）协商成功后，网络层协议才可以通过这条 PPP 链路发送数据分组。

（5）通信任何一方在不需要使用该链路时，都可以终止建立的 PPP 连接，最后回到“静止”阶段。

2. PPP 的鉴别方式

在“鉴别”阶段，PPP 支持口令鉴别协议（Password Authentication Protocol，PAP）和挑战握手鉴别协议（Challenge-Handshake Authentication Protocol，CHAP）。

PAP 有如下两次握手过程。

（1）被鉴别方将用户名和口令以明文方式发送给鉴别方。

（2）鉴别方根据本地配置的合法用户列表查看被鉴别方用户名及口令是否匹配。若匹配，则通过鉴别，发送鉴别确认帧；否则鉴别失败，发送鉴别否认帧。

CHAP 有如下 3 次握手过程。

（1）鉴别方向被鉴别方发送一串随机产生的数字（不重数），这串数字被称为“挑战（Challenge）”。

（2）被鉴别方用自己的用户密码对这串随机数字进行 MD5 加密（更严格地说是进行加密散列），并将用户名和生成的密文作为响应（Response）发送给鉴别方。

（3）鉴别方用本地配置的用户列表找到被鉴别方的密码，用其对之前产生的随机数字（不重数）进行 MD5 加密，并比较两个密文是否相同。若比较结果相同，则通过鉴别，并发送成功应答；否则鉴别失败，发送失败应答。

由于 CHAP 在鉴别过程中没有明文传输用户口令，因此安全性要比 PAP 高。

3. PPP 的基本配置

不带鉴别的 PPP 的基本配置非常简单，只需要进入接口视图，指定使用的链路层协议为 PPP，然后为接口配置 IP 地址。

其配置命令如下。

```
[Router]int Serial 0/0/1                          #进入 Serial 0/0/1 接口视图
[Router-Serial0/0/1]link-protocol ppp             #链路层协议使用 PPP
[Router-Serial0/0/1]ip address 10.1.1.1 24        #配置接口的 IP 地址
```

3.1.2 建立网络拓扑

网络拓扑如图 3-1 所示，该网络拓扑由两台路由器通过串行线互连构成。本实验选用 AR2240 路由器，因为该路由器只提供 GigabitEtherne 接口，所以需要增加一块 2SA 接口卡（拖入 4 号槽位），如图 3-2 所示。各设备的 IP 地址配置如表 3-1 所示。

图 3-1 网络拓扑

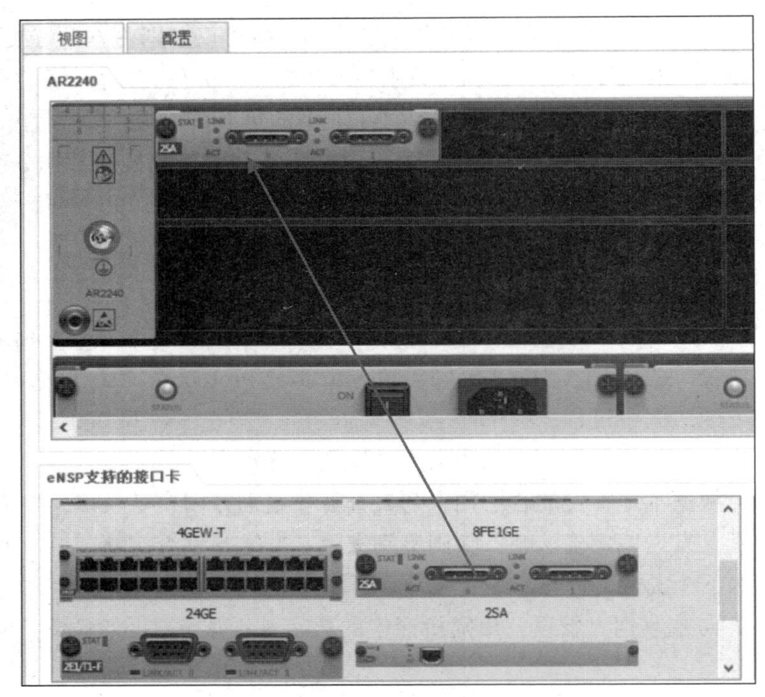

图 3-2　为 AR2240 路由器增加 2SA 接口卡

表 3-1　　各设备的 IP 地址配置

设备名称	接口	IP 地址
R1	Serial 4/0/0	10.1.1.0/31
R2	Serial 4/0/0	10.1.1.1/31

注意：为节省 IP 地址，这里的点对点链路使用“/31”网络前缀。

3.1.3　基于 PAP 鉴别的 PPP 配置与分析

1. 基于 PAP 鉴别的 PPP 配置

这里仅配置 R1 对 R2 进行单向鉴别。

R1 作为鉴别方的配置命令如下。

```
[R1]aaa
[R1-aaa]local-user R2 password cipher 222222  #创建用户 R2，密码为 222222
[R1-aaa]local-user R2 service-type ppp        #设置用户 R2 的业务类型为 PPP
[R1]int s4/0/0                                #进入 Serial4/0/0 接口视图
[R1-Serial4/0/0]link-protocol ppp             #链路层协议使用 PPP
[R1-Serial4/0/0]ppp authentication-mode pap   #设置鉴别方式为 PAP
[R1-Serial4/0/0]ip address 10.1.1.0 31        #配置接口 IP 地址
```

R2 作为被鉴别方的配置命令如下。

```
[R2]int s4/0/0
[R2-Serial4/0/0]link-protocol ppp
[R2-Serial4/0/0]ppp pap local-user R2 password cipher 222222 #提供用户名和密码
[R2-Serial4/0/0]ip address 10.1.1.1 31  #配置接口的 IP 地址
```

在 R1 的 Serial4/0/0 接口启动抓包，选择链路类型为 ppp。先执行“shutdown”命令关闭 R2 的 Serial4/0/0 接口，然后执行“undo shutdown”命令启动该接口，查看启动接口后捕获的分组，分析 PPP 的 LCP 协商过程、PAP 鉴别过程和 NCP 协商过程。

2. 分析 LCP 协商过程

在 LCP 建立链路阶段，通信双方通过互相发送 Configure-Request 帧和 Configure-Ack 帧协商链路参数。一些常见的配置参数包括 MRU、鉴别协议及魔术字。在华为设备上，MRU 参数使用接口上配置的最大传输单元（Maximum Transfer Unit，MTU）。LCP 使用魔术字（随机产生）检测链路环路和其他异常情况。

请分析 LCP 协商过程的 Configure-Request 帧，如图 3-3 所示，其中 MRU、鉴别协议、魔术字分别是什么？其 PPP 首部中“协议”字段的值为多少？代表什么意思？捕获的分组列表中为何源地址和目的地址都为空（N/A）？

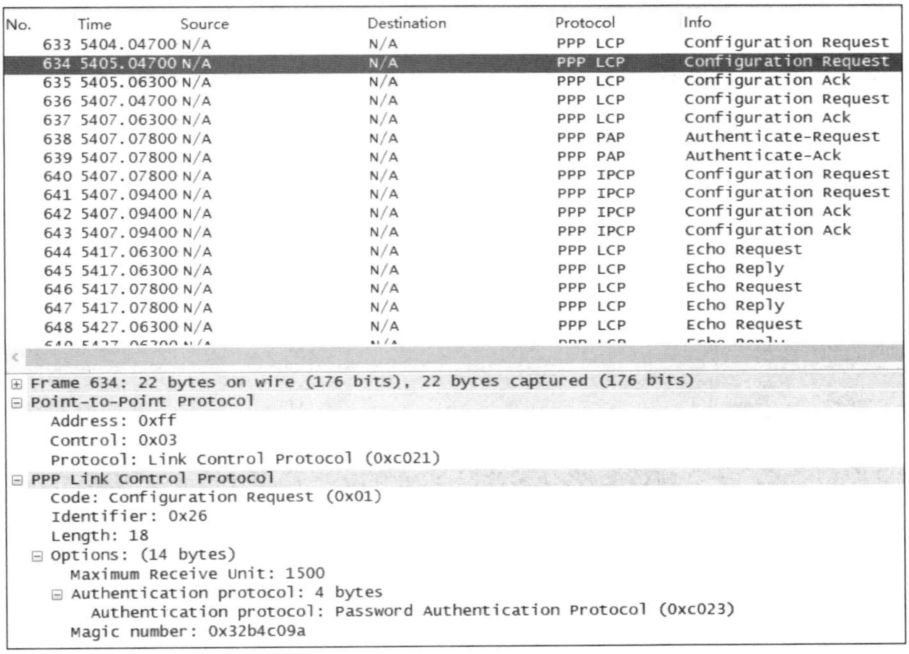

No.	Time	Source	Destination	Protocol	Info
633	5404.04700	N/A	N/A	PPP LCP	Configuration Request
634	5405.04700	N/A	N/A	PPP LCP	Configuration Request
635	5405.06300	N/A	N/A	PPP LCP	Configuration Ack
636	5407.04700	N/A	N/A	PPP LCP	Configuration Request
637	5407.06300	N/A	N/A	PPP LCP	Configuration Ack
638	5407.07800	N/A	N/A	PPP PAP	Authenticate-Request
639	5407.07800	N/A	N/A	PPP PAP	Authenticate-Ack
640	5407.07800	N/A	N/A	PPP IPCP	Configuration Request
641	5407.09400	N/A	N/A	PPP IPCP	Configuration Request
642	5407.09400	N/A	N/A	PPP IPCP	Configuration Ack
643	5407.09400	N/A	N/A	PPP IPCP	Configuration Ack
644	5417.06300	N/A	N/A	PPP LCP	Echo Request
645	5417.06300	N/A	N/A	PPP LCP	Echo Reply
646	5417.07800	N/A	N/A	PPP LCP	Echo Request
647	5417.07800	N/A	N/A	PPP LCP	Echo Reply
648	5427.06300	N/A	N/A	PPP LCP	Echo Request

```
⊞ Frame 634: 22 bytes on wire (176 bits), 22 bytes captured (176 bits)
⊟ Point-to-Point Protocol
    Address: 0xff
    Control: 0x03
    Protocol: Link Control Protocol (0xc021)
⊟ PPP Link Control Protocol
    Code: Configuration Request (0x01)
    Identifier: 0x26
    Length: 18
  ⊟ Options: (14 bytes)
      Maximum Receive Unit: 1500
    ⊟ Authentication protocol: 4 bytes
        Authentication protocol: Password Authentication Protocol (0xc023)
      Magic number: 0x32b4c09a
```

图 3-3　Configure-Request 帧

3. 分析 PAP 鉴别过程

LCP 协商成功后，进入 PAP 鉴别过程。被鉴别方发送 Authentication-Request 帧以提供用户名和密码（明文），如图 3-4 所示。鉴别方验证用户名和密码的正确性，若通过鉴别，则发送 Authentication-Ack 帧；否则发送 Authentication-Nak 帧。

在 PAP 鉴别请求帧的数据中能看到发送的用户名和密码吗？其 PPP 首部中“协议”字段的值为多少？代表什么意思？

4. 分析 NCP 协商过程

完成鉴别后进入 NCP 协商过程，如图 3-5 所示。IPCP 支持静态地址协商和动态地址协商。本实验使用静态地址协商，由通信双方互相发送 Configure-Request 帧告知对方自己的 IP 地址等信息，对方回复 Configure-Ack 帧表示同意。

NCP 协商阶段各帧 PPP 首部中“协议”字段的值为多少？代表什么意思？

No.	Time	Source	Destination	Protocol	Info
596	1673.01600	N/A	N/A	PPP LCP	Echo Reply
597	5288.76600	N/A	N/A	PPP LCP	Configuration Request
598	5288.78100	N/A	N/A	PPP LCP	Configuration Request
599	5288.78100	N/A	N/A	PPP LCP	Configuration Ack
600	5291.75000	N/A	N/A	PPP LCP	Configuration Request
601	5291.76600	N/A	N/A	PPP LCP	Configuration Ack
602	5291.76600	N/A	N/A	PPP PAP	Authenticate-Request
603	5291.76600	N/A	N/A	PPP PAP	Authenticate-Ack
604	5291.78100	N/A	N/A	PPP IPCP	Configuration Request
605	5291.78100	N/A	N/A	PPP IPCP	Configuration Request
606	5291.78100	N/A	N/A	PPP IPCP	Configuration Ack
607	5291.79700	N/A	N/A	PPP IPCP	Configuration Ack
608	5301.76600	N/A	N/A	PPP LCP	Echo Request
609	5301.78100	N/A	N/A	PPP LCP	Echo Reply

```
⊞ Frame 602: 18 bytes on wire (144 bits), 18 bytes captured (144 bits)
⊟ Point-to-Point Protocol
    Address: 0xff
    Control: 0x03
    Protocol: Password Authentication Protocol (0xc023)
⊟ PPP Password Authentication Protocol
    Code: Authenticate-Request (0x01)
    Identifier: 0x01
    Length: 14
  ⊟ Data (10 bytes)
    ⊟ Peer ID length: 2 bytes
        Peer-ID (2 bytes)
    ⊟ Password length: 6 bytes
        Password (6 bytes)

0000  ff 03 c0 23 01 01 00 0e  02 52 32 06 32 32 32 32   ...#.... .R2.2222
0010  32 32                                              22
```

图 3-4　Authentication-Request 帧

Filter: ▾ Expression... Clear Apply

No.	Time	Source	Destination	Protocol	Info
633	5404.04700	N/A	N/A	PPP LCP	Configuration Request
634	5405.04700	N/A	N/A	PPP LCP	Configuration Request
635	5405.06300	N/A	N/A	PPP LCP	Configuration Ack
636	5407.04700	N/A	N/A	PPP LCP	Configuration Request
637	5407.06300	N/A	N/A	PPP LCP	Configuration Ack
638	5407.07800	N/A	N/A	PPP PAP	Authenticate-Request
639	5407.07800	N/A	N/A	PPP PAP	Authenticate-Ack
640	5407.07800	N/A	N/A	PPP IPCP	Configuration Request
641	5407.09400	N/A	N/A	PPP IPCP	Configuration Request
642	5407.09400	N/A	N/A	PPP IPCP	Configuration Ack
643	5407.09400	N/A	N/A	PPP IPCP	Configuration Ack
644	5417.06300	N/A	N/A	PPP LCP	Echo Request
645	5417.06300	N/A	N/A	PPP LCP	Echo Reply
646	5417.07800	N/A	N/A	PPP LCP	Echo Request
647	5417.07800	N/A	N/A	PPP LCP	Echo Reply
648	5427.06300	N/A	N/A	PPP LCP	Echo Request

```
⊞ Frame 640: 14 bytes on wire (112 bits), 14 bytes captured (112 bits)
⊟ Point-to-Point Protocol
    Address: 0xff
    Control: 0x03
    Protocol: IP Control Protocol (0x8021)
⊟ PPP IP Control Protocol
    Code: Configuration Request (0x01)
    Identifier: 0x01
    Length: 10
  ⊟ Options: (6 bytes)
      IP address: 10.1.1.0
```

图 3-5　NCP 协商过程

5. 分析 LCP 链路检测过程

为了及时检测链路的连接状态，完成 LCP 配置后，LCP 会定时发送 Echo-Request 帧，若链路状态正常，对方会以 Echo-Reply 帧进行应答。

分析捕获的分组，LCP 发送 Echo-Request 帧的周期是多少秒？

6. **测试连通性**

NCP 协商成功后，通信双方即可通过该链路传输数据了。在路由器 R1 中执行“ping”命令测试到 R2 的连通性，并分析捕获的 ICMP 分组，如图 3-6 所示。

这些 ICMP 分组的数据链路层协议是什么？其 PPP 首部中“协议”字段的值为多少？代表什么意思？

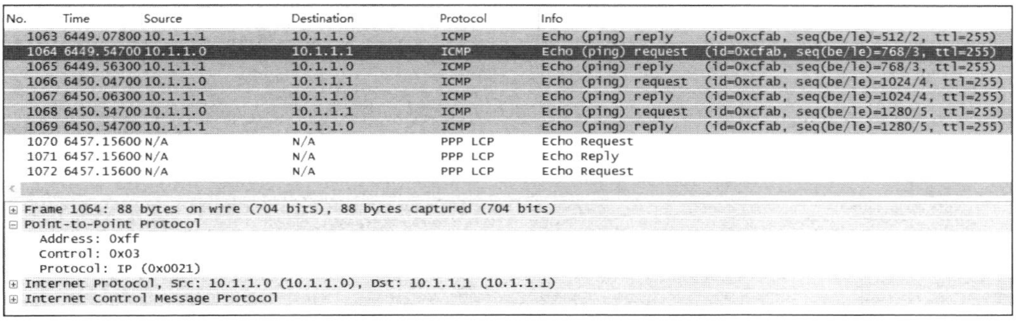

No.	Time	Source	Destination	Protocol	Info
1063	6449.07800	10.1.1.1	10.1.1.0	ICMP	Echo (ping) reply (id=0xcfab, seq(be/le)=512/2, ttl=255)
1064	6449.54700	10.1.1.0	10.1.1.1	ICMP	Echo (ping) request (id=0xcfab, seq(be/le)=768/3, ttl=255)
1065	6449.56300	10.1.1.1	10.1.1.0	ICMP	Echo (ping) reply (id=0xcfab, seq(be/le)=768/3, ttl=255)
1066	6450.04700	10.1.1.0	10.1.1.1	ICMP	Echo (ping) request (id=0xcfab, seq(be/le)=1024/4, ttl=255)
1067	6450.06300	10.1.1.1	10.1.1.0	ICMP	Echo (ping) reply (id=0xcfab, seq(be/le)=1024/4, ttl=255)
1068	6450.54700	10.1.1.0	10.1.1.1	ICMP	Echo (ping) request (id=0xcfab, seq(be/le)=1280/5, ttl=255)
1069	6450.54700	10.1.1.1	10.1.1.0	ICMP	Echo (ping) reply (id=0xcfab, seq(be/le)=1280/5, ttl=255)
1070	6457.15600	N/A	N/A	PPP LCP	Echo Request
1071	6457.15600	N/A	N/A	PPP LCP	Echo Reply
1072	6457.15600	N/A	N/A	PPP LCP	Echo Request

```
⊞ Frame 1064: 88 bytes on wire (704 bits), 88 bytes captured (704 bits)
⊟ Point-to-Point Protocol
    Address: 0xff
    Control: 0x03
    Protocol: IP (0x0021)
⊞ Internet Protocol, Src: 10.1.1.0 (10.1.1.0), Dst: 10.1.1.1 (10.1.1.1)
⊞ Internet Control Message Protocol
```

图 3-6　捕获的 ICMP 分组

3.1.4 基于 CHAP 鉴别的 PPP 配置与分析

1. 基于 CHAP 鉴别的 PPP 配置

这里仅配置 R1 对 R2 进行单向鉴别，并为 R2 动态配置 IP 地址。

先清除 R1 和 R2 的 PPP 配置，命令如下。

```
[R1]interface s4/0/0
[R1-Serial4/0/0]undo ppp authentication-mode
[R1-Serial4/0/0]undo ip address 10.1.1.0 31

[R2]interface s4/0/0
[R2-Serial4/0/0]undo ppp pap local-user
[R2-Serial4/0/0]undo ip address 10.1.1.1 31
```

R1 作为鉴别方的配置命令如下。

```
[R1]aaa
[R1-aaa]local-user R2 password cipher 222222        #创建用户 R2，密码为 222222
[R1-aaa]local-user R2 service-type ppp              #设置用户 R2 的业务类型为 PPP
[R1]int s4/0/0                                      #进入 Serial4/0/0 接口视图
[R1-Serial4/0/0]link-protocol ppp                   #链路层协议使用 PPP
[R1-Serial4/0/0]ppp authentication-mode chap        #设置鉴别方式为 CHAP
[R1-Serial4/0/0]ip address 10.1.1.0 31              #配置本地接口的 IP 地址
[R1-Serial4/0/0]remote address 10.1.1.1             #为对端分配 IP 地址 10.1.1.1
```

R2 作为被鉴别方的配置命令如下。

```
[R2]int s4/0/0
[R2-Serial4/0/0]link-protocol ppp
[R2-Serial4/0/0]ppp pap local-user R2 password cipher 222222 #提供用户名和密码
[R2-Serial4/0/0]ppp chap user R2                    #提供 CHAP 用户
[R2-Serial4/0/0]ppp chap password cipher 222222     #提供 CHAP 用户密码
[R2-Serial4/0/0]ip address ppp-negotiate            #通过 PPP 协商获取 IP 地址
```

在 R1 的 Serial4/0/0 接口启动抓包，选择链路类型为 ppp。先执行“shutdown”命令关闭 R2 的 Serial4/0/0 接口，然后执行“undo shutdown”命令启动该接口，查看启动接口后捕获的分组，分析 PPP 的 LCP 配置过程、CHAP 鉴别过程和 NCP（IPCP）协商过程。

2. 分析 LCP 配置过程

Configure-Request 帧如图 3-7 所示，其中协商的鉴别协议是什么？

```
No.  Time        Source  Destination  Protocol  Info
423  571.735000  N/A     N/A          PPP LCP   Configuration Request
424  571.891000  N/A     N/A          PPP LCP   Configuration Request
425  571.891000  N/A     N/A          PPP LCP   Configuration Ack
426  574.735000  N/A     N/A          PPP LCP   Configuration Request
427  574.735000  N/A     N/A          PPP LCP   Configuration Ack
428  574.750000  N/A     N/A          PPP CHAP  Challenge (NAME='', VALUE=0x8daf01b614d73346550e051dba843eac)
429  574.782000  N/A     N/A          PPP CHAP  Response (NAME='R2', VALUE=0x81c5a2b66061eed9f6bcc516aed0f60d)
430  574.782000  N/A     N/A          PPP CHAP  Success (MESSAGE='Welcome to .')
431  574.782000  N/A     N/A          PPP IPCP  Configuration Request
432  574.797000  N/A     N/A          PPP IPCP  Configuration Request
433  574.797000  N/A     N/A          PPP IPCP  Configuration Ack
434  574.797000  N/A     N/A          PPP IPCP  Configuration Nak
435  574.813000  N/A     N/A          PPP IPCP  Configuration Request
436  574.829000  N/A     N/A          PPP IPCP  Configuration Ack
437  584.735000  N/A     N/A          PPP LCP   Echo Request
438  584.750000  N/A     N/A          PPP LCP   Echo Reply
439  584.750000  N/A     N/A          PPP LCP   Echo Request
440  584.766000  N/A     N/A          PPP LCP   Echo Reply

⊞ Frame 423: 23 bytes on wire (184 bits), 23 bytes captured (184 bits)
⊟ Point-to-Point Protocol
    Address: 0xff
    Control: 0x03
    Protocol: Link Control Protocol (0xc021)
⊟ PPP Link Control Protocol
    Code: Configuration Request (0x01)
    Identifier: 0x28
    Length: 19
  ⊟ Options: (15 bytes)
      Maximum Receive Unit: 1500
    ⊟ Authentication protocol: 5 bytes
        Authentication protocol: Challenge Handshake Authentication Protocol (0xc223)
        Algorithm: CHAP with MD5 (0x05)
      Magic number: 0x3361da00
```

图 3-7　Configure-Request 帧

3. 分析 CHAP 鉴别过程

捕获的 CHAP 鉴别过程中的相关分组如图 3-8～图 3-10 所示。请分析 CHAP 鉴别过程的 3 次握手过程，并指出每个 CHAP 帧的作用。在这些帧的数据中能看出 R2 发送的用户名和密码吗？

```
No.  Time        Source  Destination  Protocol  Info
423  571.735000  N/A     N/A          PPP LCP   Configuration Request
424  571.891000  N/A     N/A          PPP LCP   Configuration Request
425  571.891000  N/A     N/A          PPP LCP   Configuration Ack
426  574.735000  N/A     N/A          PPP LCP   Configuration Request
427  574.735000  N/A     N/A          PPP LCP   Configuration Ack
428  574.750000  N/A     N/A          PPP CHAP  Challenge (NAME='', VALUE=0x8daf01b614d73346550e051dba843eac)
429  574.782000  N/A     N/A          PPP CHAP  Response (NAME='R2', VALUE=0x81c5a2b66061eed9f6bcc516aed0f60d)
430  574.782000  N/A     N/A          PPP CHAP  Success (MESSAGE='Welcome to .')
431  574.782000  N/A     N/A          PPP IPCP  Configuration Request
432  574.797000  N/A     N/A          PPP IPCP  Configuration Request
433  574.797000  N/A     N/A          PPP IPCP  Configuration Ack
434  574.797000  N/A     N/A          PPP IPCP  Configuration Nak
435  574.813000  N/A     N/A          PPP IPCP  Configuration Request
436  574.829000  N/A     N/A          PPP IPCP  Configuration Ack
437  584.735000  N/A     N/A          PPP LCP   Echo Request
438  584.750000  N/A     N/A          PPP LCP   Echo Reply
439  584.750000  N/A     N/A          PPP LCP   Echo Request
440  584.766000  N/A     N/A          PPP LCP   Echo Reply

⊞ Frame 428: 25 bytes on wire (200 bits), 25 bytes captured (200 bits)
⊟ Point-to-Point Protocol
    Address: 0xff
    Control: 0x03
    Protocol: Challenge Handshake Authentication Protocol (0xc223)
⊟ PPP Challenge Handshake Authentication Protocol
    Code: Challenge (1)
    Identifier: 1
    Length: 21
  ⊟ Data (17 bytes)
      Value Size: 16
      Value: 8daf01b614d73346550e051dba843eac

0000  ff 03 c2 23 01 01 00 15  10 8d af 01 b6 14 d7 33   ...#.... ......3
0010  46 55 0e 05 1d ba 84 3e  ac                        FU.....> .
```

图 3-8　CHAP 鉴别过程中的 Challenge 帧

```
No.  Time        Source  Destination  Protocol  Info
423 571.735000 N/A     N/A          PPP LCP   Configuration Request
424 571.891000 N/A     N/A          PPP LCP   Configuration Request
425 571.891000 N/A     N/A          PPP LCP   Configuration Ack
426 574.735000 N/A     N/A          PPP LCP   Configuration Request
427 574.735000 N/A     N/A          PPP LCP   Configuration Ack
428 574.750000 N/A     N/A          PPP CHAP  Challenge (NAME='', VALUE=0x8daf01b614d73346550e051dba843eac)
429 574.782000 N/A     N/A          PPP CHAP  Response (NAME='R2', VALUE=0x81c5a2b66061eed9f6bcc516aed0f60d)
430 574.782000 N/A     N/A          PPP CHAP  Success (MESSAGE='Welcome to .')
431 574.782000 N/A     N/A          PPP IPCP  Configuration Request
432 574.797000 N/A     N/A          PPP IPCP  Configuration Request
433 574.797000 N/A     N/A          PPP IPCP  Configuration Ack
434 574.797000 N/A     N/A          PPP IPCP  Configuration Nak
435 574.813000 N/A     N/A          PPP IPCP  Configuration Request
436 574.829000 N/A     N/A          PPP IPCP  Configuration Ack
437 584.735000 N/A     N/A          PPP LCP   Echo Request
438 584.750000 N/A     N/A          PPP LCP   Echo Reply
439 584.750000 N/A     N/A          PPP LCP   Echo Request
440 584.766000 N/A     N/A          PPP LCP   Echo Reply

⊞ Frame 429: 27 bytes on wire (216 bits), 27 bytes captured (216 bits)
⊟ Point-to-Point Protocol
    Address: 0xff
    Control: 0x03
    Protocol: Challenge Handshake Authentication Protocol (0xc223)
⊟ PPP Challenge Handshake Authentication Protocol
    Code: Response (2)
    Identifier: 1
    Length: 23
  ⊟ Data (19 bytes)
      Value Size: 16
      Value: 81c5a2b66061eed9f6bcc516aed0f60d

0000  ff 03 c2 23 02 01 00 17  10 81 c5 a2 b6 60 61 ee   ...#.... .....`a.
0010  d9 f6 bc c5 16 ae d0 f6  0d 52 32                  ........ .R2
```

图 3-9 CHAP 鉴别过程中的 Response 帧

```
No.  Time        Source  Destination  Protocol  Info
423 571.735000 N/A     N/A          PPP LCP   Configuration Request
424 571.891000 N/A     N/A          PPP LCP   Configuration Request
425 571.891000 N/A     N/A          PPP LCP   Configuration Ack
426 574.735000 N/A     N/A          PPP LCP   Configuration Request
427 574.735000 N/A     N/A          PPP LCP   Configuration Ack
428 574.750000 N/A     N/A          PPP CHAP  Challenge (NAME='', VALUE=0x8daf01b614d73346550e051dba843eac)
429 574.782000 N/A     N/A          PPP CHAP  Response (NAME='R2', VALUE=0x81c5a2b66061eed9f6bcc516aed0f60d)
430 574.782000 N/A     N/A          PPP CHAP  Success (MESSAGE='Welcome to .')
431 574.782000 N/A     N/A          PPP IPCP  Configuration Request
432 574.797000 N/A     N/A          PPP IPCP  Configuration Request
433 574.797000 N/A     N/A          PPP IPCP  Configuration Ack
434 574.797000 N/A     N/A          PPP IPCP  Configuration Nak
435 574.813000 N/A     N/A          PPP IPCP  Configuration Request
436 574.829000 N/A     N/A          PPP IPCP  Configuration Ack
437 584.735000 N/A     N/A          PPP LCP   Echo Request
438 584.750000 N/A     N/A          PPP LCP   Echo Reply
439 584.750000 N/A     N/A          PPP LCP   Echo Request
440 584.766000 N/A     N/A          PPP LCP   Echo Reply

⊞ Frame 430: 20 bytes on wire (160 bits), 20 bytes captured (160 bits)
⊟ Point-to-Point Protocol
    Address: 0xff
    Control: 0x03
    Protocol: Challenge Handshake Authentication Protocol (0xc223)
⊟ PPP Challenge Handshake Authentication Protocol
    Code: Success (3)
    Identifier: 1
    Length: 16
    Message: Welcome to .
```

图 3-10 CHAP 鉴别过程中的 Success 帧

4. 分析 NCP 协商过程

PPP 通过鉴别后进入 NCP 协商过程，下面分析动态分配地址的 IPCP 协商过程。IPCP 协商过程中的相关分组如图 3-11 所示，R2 通过 IPCP 从 R1 动态获取 IP 地址。R2 会先发送 Configure-Request 帧，请求配置的 IP 地址为空（0.0.0.0），R1 会应答 Configure-Nak 帧，并给 R2 指派一个 IP 地址（10.1.1.1）。R2 收到后会再次发送一个 Configure-Request 帧，请求配置该 IP 地址（10.1.1.1），R1 应答 Configure-Ack 帧进行确认。这期间，R1 也会发送 Configure-Request 帧进行静态地址协商，R2 会用 Configure-Ack 帧进行确认（注意这个过程可能会与前面的动态地址协商同步进行）。

从捕获的分组中找到 R2 向 R1 动态请求 IP 地址过程所有交互的帧（不包括静态地址协商帧），并指出各帧的作用。

No.	Time	Source	Destination	Protocol	Info
423	571.735000	N/A	N/A	PPP LCP	Configuration Request
424	571.891000	N/A	N/A	PPP LCP	Configuration Request
425	571.891000	N/A	N/A	PPP LCP	Configuration Ack
426	574.735000	N/A	N/A	PPP LCP	Configuration Request
427	574.735000	N/A	N/A	PPP LCP	Configuration Ack
428	574.750000	N/A	N/A	PPP CHAP	Challenge (NAME='', VALUE=0x8daf01b614d73346550e051dba843eac)
429	574.782000	N/A	N/A	PPP CHAP	Response (NAME='R2', VALUE=0x81c5a2b66061eed9f6bcc516aed0f60d)
430	574.782000	N/A	N/A	PPP CHAP	Success (MESSAGE='Welcome to .')
431	574.782000	N/A	N/A	PPP IPCP	Configuration Request
432	574.797000	N/A	N/A	PPP IPCP	Configuration Request
433	574.797000	N/A	N/A	PPP IPCP	Configuration Ack
434	574.797000	N/A	N/A	PPP IPCP	Configuration Nak
435	574.813000	N/A	N/A	PPP IPCP	Configuration Request
436	574.829000	N/A	N/A	PPP IPCP	Configuration Ack
437	584.735000	N/A	N/A	PPP LCP	Echo Request
438	584.750000	N/A	N/A	PPP LCP	Echo Reply
439	584.750000	N/A	N/A	PPP LCP	Echo Request
440	584.766000	N/A	N/A	PPP LCP	Echo Reply

图 3-11　IPCP 协商过程中的相关分组

3.1.5　实验小结

（1）PPP 是一种用于点对点链路的数据链路层协议。

（2）PPP 支持 PAP、CHAP 两种鉴别协议，在建立数据链路的过程中，通信双方可进行身份鉴别。CHAP 的安全性高于 PAP。

（3）PPP 具有静态和动态两种配置地址的能力，动态地址配置允许在建立连接时协商 IP 地址。

3.1.6　思考题

（1）若采用双向 PAP 鉴别，请分别写出 R1 和 R2 的配置命令。

（2）若采用双向 CHAP 鉴别，请分别写出 R1 和 R2 的配置命令。

3.2　交换机原理分析

实验目的

（1）理解交换机的工作原理。

（2）理解交换机与集线器的区别。

实验内容

（1）分析交换机的工作原理。

（2）分析交换机 MAC 地址表的老化时间。

（3）比较交换机与集线器的功能。

3.2.1　相关知识

集线器（Hub）采用大规模集成电路来模拟总线，使传统总线型以太网更加可靠。集线器的工作过程非常简单：结点发送信号到线路，集线器接收该信号，因信号在电缆中传输时有衰减，故集线器接收信号后将衰减的信号整形放大，并将放大的信号广播转发给其他所有端口。集线器只能识别电磁信号，工作在物理层。集线器所组建的网络同属于一个冲突域和广播域。

交换机是目前局域网中最常用的组网设备，它工作在数据链路层，所以常被称为二层交换机。实际上，交换机也有工作在三层或三层以上的型号设备，为了表述方便，这里的交换机仅指二层交换机。

交换机实质上就是一个多接口的网桥（对于交换机，人们更喜欢将接口称为“端口”），每个交换机维护一个 MAC 地址表，并在数据链路层根据帧中的目的 MAC 地址转发帧。此外，交换机的每个接口可以直接连接计算机，也可以连接一个集线器或另一个交换机。当交换机直接与计算机或交换机连接时，它可以工作在全双工方式下，并能同时连通许多对接口，使每一对相互通信的计算机都能像独占传输介质那样无冲突地传输数据，这时已无须使用 CSMA/CD 协议了。当交换机的接口连接共享传输介质的集线器时，仍需要工作在半双工方式下并使用 CSMA/CD 协议。现在的交换机接口和计算机网卡都能自动识别这两种情况并切换到相应的方式。交换机和透明网桥一样，也是一种即插即用设备，其内部的 MAC 地址表也是通过自学习算法自动地逐渐建立起来的。交换机由于使用了专用的交换结构芯片，并能实现多对接口的高速并行交换，因此可以大大提高网络性能。在逻辑上，我们认为网桥和交换机是等价的。

3.2.2 建立网络拓扑

本实验的网络拓扑采用《计算机网络教程（第 6 版）（微课版）》第 3 章习题 3-41 中的拓扑结构，如图 3-12 所示，该网络拓扑由两台交换机（本实验选用 S3700 交换机）、6 台主机构成。各设备的 IP 地址等配置如表 3-2 所示。为了便于查看 MAC 地址与主机的对应关系，建议在各主机中设置表 3-2 所示的 MAC 地址。

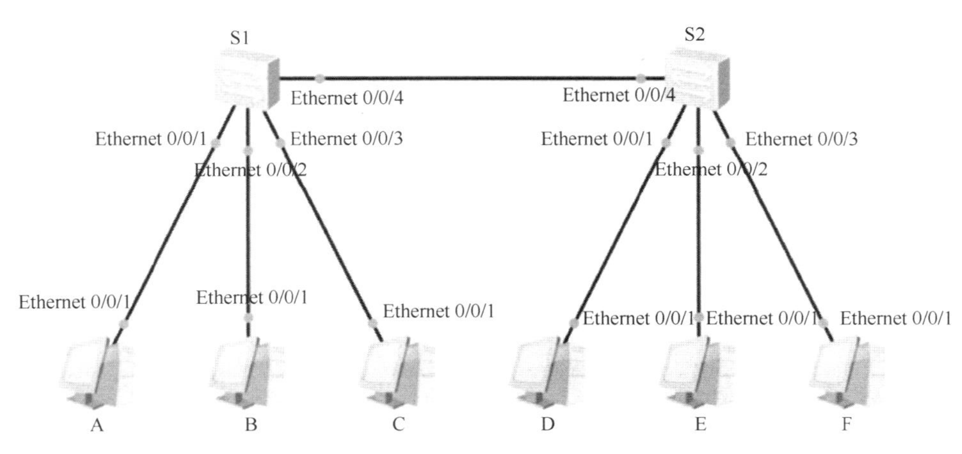

图 3-12 网络拓扑

表 3-2 **设备的 IP 地址等配置**

设备名称	接口	IP 地址	子网掩码	MAC 地址
A	Ethernet 0/0/1	192.168.1.1	255.255.255.0	54-89-98-6E-3A-AA
B	Ethernet 0/0/1	192.168.1.2	255.255.255.0	54-89-98-6E-3A-BB
C	Ethernet 0/0/1	192.168.1.3	255.255.255.0	54-89-98-6E-3A-CC
D	Ethernet 0/0/1	192.168.1.4	255.255.255.0	54-89-98-6E-3A-DD
E	Ethernet 0/0/1	192.168.1.5	255.255.255.0	54-89-98-6E-3A-EE
F	Ethernet 0/0/1	192.168.1.6	255.255.255.0	54-89-98-6E-3A-FF

3.2.3 分析交换机的工作原理

按照习题 3-41 的要求依次在不同主机间发送帧：A→D，E→F，D→A，F→E。查看交换机 S1 和交换机 S2 的 MAC 地址表，以及主机 C、D、F 的接口捕获的分组，分析交换机 MAC 地址表的自学习过程。

本实验采用 eNSP 模拟 PC 的 UDP 发包工具来发送数据（产生以太网帧），UDP 发包工具配置如图 3-13 所示。注意，要正确配置源 MAC 地址、目的 MAC 地址、源 IP 地址、目的 IP 地址，这里 UDP “源端口号” 和 “目的端口号” 都设为 “555”。为了避免操作时间较长导致 MAC 地址表项超时，建议把所有主机的 UDP 发包工具都配置好后再进行下面的实验步骤。

图 3-13 UDP 发包工具配置

（1）清空交换机 S1 和 S2 的 MAC 地址表，并查看执行结果，命令如下。

```
[S1]undo mac-address
[S1]display mac-address
[S2]undo mac-address
[S2]display mac-address
```

（2）在主机 C、D、F 的接口启动抓包，将分组显示过滤器设置为仅显示 UDP 分组。

（3）主机 A 向主机 D 发送数据。查看交换机 S1 和交换机 S2 的 MAC 地址表，如图 3-14、图 3-15 所示。查看主机 C 的接口能否捕获该分组，并解释实验结果。

（4）主机 E 向主机 F 发送数据。查看交换机 S1 和交换机 S2 的 MAC 地址表，如图 3-16、图 3-17 所示。查看主机 C 的接口能否捕获该分组，并解释实验结果。

```
[S1]display mac-address
MAC address table of slot 0:
-------------------------------------------------------------------------------
MAC Address    VLAN/       PEVLAN CEVLAN Port            Type      LSP/LSR-ID
               VSI/SI                                              MAC-Tunnel
-------------------------------------------------------------------------------
5489-986e-3aaa 1           -      -      Eth0/0/1        dynamic   0/-
-------------------------------------------------------------------------------
Total matching items on slot 0 displayed = 1
```

图 3-14　交换机 S1 的 MAC 地址表（1）

```
[S2]display mac-address
MAC address table of slot 0:
-------------------------------------------------------------------------------
MAC Address    VLAN/       PEVLAN CEVLAN Port            Type      LSP/LSR-ID
               VSI/SI                                              MAC-Tunnel
-------------------------------------------------------------------------------
5489-986e-3aaa 1           -      -      Eth0/0/4        dynamic   0/-
-------------------------------------------------------------------------------
Total matching items on slot 0 displayed = 1
```

图 3-15　交换机 S2 的 MAC 地址表（1）

```
[S1]display mac-address
MAC address table of slot 0:
-------------------------------------------------------------------------------
MAC Address    VLAN/       PEVLAN CEVLAN Port            Type      LSP/LSR-ID
               VSI/SI                                              MAC-Tunnel
-------------------------------------------------------------------------------
5489-986e-3aaa 1           -      -      Eth0/0/1        dynamic   0/-
5489-986e-3aee 1           -      -      Eth0/0/4        dynamic   0/-
-------------------------------------------------------------------------------
Total matching items on slot 0 displayed = 2
```

图 3-16　交换机 S1 的 MAC 地址表（2）

```
[S2]display mac-address
MAC address table of slot 0:
-------------------------------------------------------------------------------
MAC Address    VLAN/       PEVLAN CEVLAN Port            Type      LSP/LSR-ID
               VSI/SI                                              MAC-Tunnel
-------------------------------------------------------------------------------
5489-986e-3aaa 1           -      -      Eth0/0/4        dynamic   0/-
5489-986e-3aee 1           -      -      Eth0/0/2        dynamic   0/-
-------------------------------------------------------------------------------
Total matching items on slot 0 displayed = 2
```

图 3-17　交换机 S2 的 MAC 地址表（2）

（5）主机 D 向主机 A 发送数据。查看交换机 S1 和交换机 S2 的 MAC 地址表，如图 3-18、图 3-19 所示。查看主机 C 的接口能否捕获该分组，并解释实验结果。

```
[S1]display mac-address
MAC address table of slot 0:
-------------------------------------------------------------------------------
MAC Address    VLAN/       PEVLAN CEVLAN Port            Type      LSP/LSR-ID
               VSI/SI                                              MAC-Tunnel
-------------------------------------------------------------------------------
5489-986e-3aaa 1           -      -      Eth0/0/1        dynamic   0/-
5489-986e-3aee 1           -      -      Eth0/0/4        dynamic   0/-
5489-986e-3add 1           -      -      Eth0/0/4        dynamic   0/-
-------------------------------------------------------------------------------
Total matching items on slot 0 displayed = 3
```

图 3-18　交换机 S1 的 MAC 地址表（3）

```
[S2]display mac-address
MAC address table of slot 0:
-------------------------------------------------------------------------------
MAC Address    VLAN/       PEVLAN CEVLAN Port            Type      LSP/LSR-ID
               VSI/SI                                              MAC-Tunnel
-------------------------------------------------------------------------------
5489-986e-3aaa 1           -      -      Eth0/0/4        dynamic   0/-
5489-986e-3add 1           -      -      Eth0/0/1        dynamic   0/-
5489-986e-3aee 1           -      -      Eth0/0/2        dynamic   0/-
-------------------------------------------------------------------------------
Total matching items on slot 0 displayed = 3
```

图 3-19　交换机 S2 的 MAC 地址表（3）

（6）主机 F 向主机 E 发送数据。查看交换机 S1 和交换机 S2 的 MAC 地址表，如图 3-20、图 3-21 所示。查看主机 C 的接口能否捕获该分组，并解释实验结果。

```
[S1]display mac-address
MAC address table of slot 0:
-------------------------------------------------------------------------------
MAC Address    VLAN/       PEVLAN CEVLAN Port            Type      LSP/LSR-ID
               VSI/SI                                              MAC-Tunnel
-------------------------------------------------------------------------------
5489-986e-3aaa 1           -      -      Eth0/0/1        dynamic   0/-
5489-986e-3aee 1           -      -      Eth0/0/4        dynamic   0/-
5489-986e-3add 1           -      -      Eth0/0/4        dynamic   0/-
-------------------------------------------------------------------------------
Total matching items on slot 0 displayed = 3
```

图 3-20　交换机 S1 的 MAC 地址表（4）

```
[S2]display mac-address
MAC address table of slot 0:
-------------------------------------------------------------------------------
MAC Address    VLAN/       PEVLAN CEVLAN Port            Type      LSP/LSR-ID
               VSI/SI                                              MAC-Tunnel
-------------------------------------------------------------------------------
5489-986e-3aaa 1           -      -      Eth0/0/4        dynamic   0/-
5489-986e-3add 1           -      -      Eth0/0/1        dynamic   0/-
5489-986e-3aee 1           -      -      Eth0/0/2        dynamic   0/-
5489-986e-3aff 1           -      -      Eth0/0/3        dynamic   0/-
-------------------------------------------------------------------------------
Total matching items on slot 0 displayed = 4
```

图 3-21　交换机 S2 的 MAC 地址表（4）

（7）比较主机 C、D、F 的接口捕获的分组列表（见图 3-22～图 3-24）有何不同。请解释各主机的接口捕获的分组列表不同的原因。

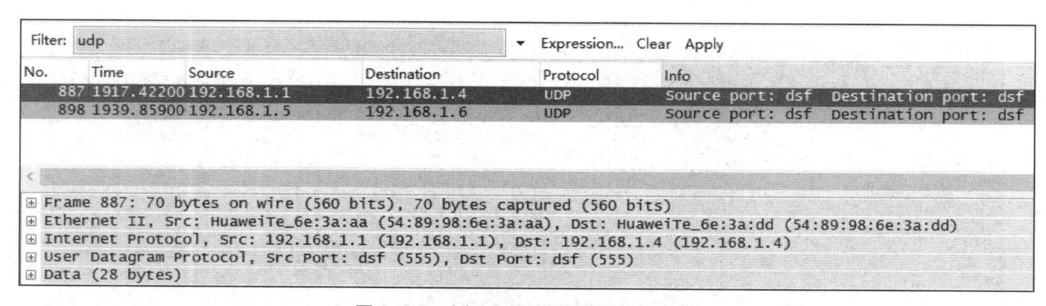

图 3-22　主机 C 的接口捕获的分组列表

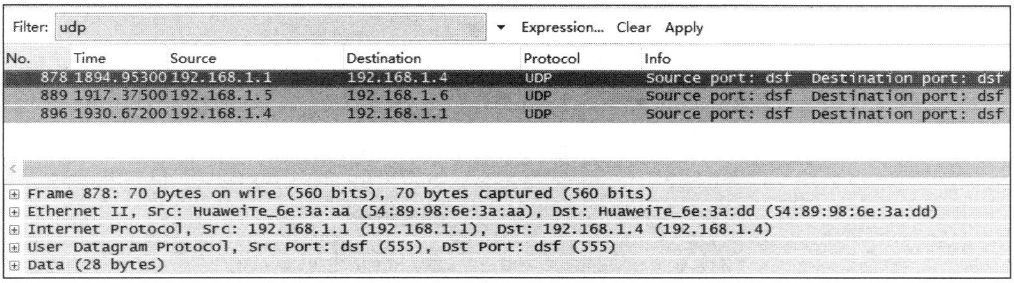

```
Filter: udp                                   ▾ Expression... Clear Apply
No.  Time           Source        Destination   Protocol  Info
 878 1894.95300 192.168.1.1   192.168.1.4   UDP       Source port: dsf  Destination port: dsf
 889 1917.37500 192.168.1.5   192.168.1.6   UDP       Source port: dsf  Destination port: dsf
 896 1930.67200 192.168.1.4   192.168.1.1   UDP       Source port: dsf  Destination port: dsf

⊞ Frame 878: 70 bytes on wire (560 bits), 70 bytes captured (560 bits)
⊞ Ethernet II, Src: HuaweiTe_6e:3a:aa (54:89:98:6e:3a:aa), Dst: HuaweiTe_6e:3a:dd (54:89:98:6e:3a:dd)
⊞ Internet Protocol, Src: 192.168.1.1 (192.168.1.1), Dst: 192.168.1.4 (192.168.1.4)
⊞ User Datagram Protocol, Src Port: dsf (555), Dst Port: dsf (555)
⊞ Data (28 bytes)
```

图 3-23　主机 D 的接口捕获的分组列表

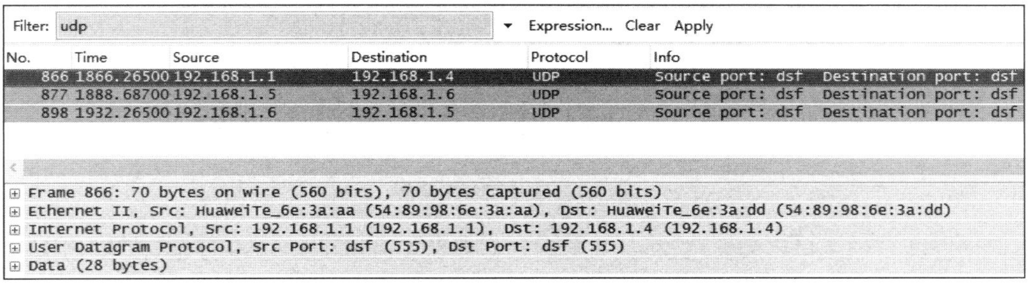

```
Filter: udp                                   ▾ Expression... Clear Apply
No.  Time           Source        Destination   Protocol  Info
 866 1866.26500 192.168.1.1   192.168.1.4   UDP       Source port: dsf  Destination port: dsf
 877 1888.68700 192.168.1.5   192.168.1.6   UDP       Source port: dsf  Destination port: dsf
 898 1932.26500 192.168.1.6   192.168.1.5   UDP       Source port: dsf  Destination port: dsf

⊞ Frame 866: 70 bytes on wire (560 bits), 70 bytes captured (560 bits)
⊞ Ethernet II, Src: HuaweiTe_6e:3a:aa (54:89:98:6e:3a:aa), Dst: HuaweiTe_6e:3a:dd (54:89:98:6e:3a:dd)
⊞ Internet Protocol, Src: 192.168.1.1 (192.168.1.1), Dst: 192.168.1.4 (192.168.1.4)
⊞ User Datagram Protocol, Src Port: dsf (555), Dst Port: dsf (555)
⊞ Data (28 bytes)
```

图 3-24　主机 F 的接口捕获的分组列表

（8）使用 UDP 发包工具，由主机 A 向所有主机发送一个广播帧（目的 MAC 地址设置为广播地址），查看主机 C、D、F 的接口捕获的分组列表，它们是否都能捕获到该帧？为什么？

3.2.4　分析交换机 MAC 地址表的老化时间

（1）执行“display mac-address aging-time”命令，查看交换机 S1 和 S2 的 MAC 地址表的老化时间是多长时间。

（2）使用 UDP 发包工具从主机 A 向主机 D 发送数据，以及从主机 D 向主机 A 发送数据，然后将主机 D 从连接交换机 S2 改为连接交换机 S1（注意删除连线时不要删除设备），在主机 D 的接口启动抓包，再用 UDP 发包工具从主机 A 向主机 D 发送数据。

主机 D 的接口能否捕获该分组？分别查看交换机 S1 和交换机 S2 的 MAC 地址表，其内容是什么？请解释实验现象。

（3）分别清空交换机 S1 和交换机 S2 的 MAC 地址表，并将其老化时间改为 20s。

```
[S1]undo mac-address
[S1]mac-address aging-time 20
[S2]undo mac-address
[S2]mac-address aging-time 20
```

（4）使用 UDP 发包工具从主机 D 向主机 A 发送数据，然后将主机 D 从连接交换机 S1 再改为连接交换机 S2，重新在主机 D 的接口启动抓包，立即用 UDP 发包工具从主机 A 向主机 D 发送数据。主机 D 的接口能否捕获该分组？

过 20s，再用 UDP 发包工具从主机 A 向主机 D 发送数据。主机 D 的接口能否捕获该分组？请解释实验现象。

请分析交换机 MAC 地址表的老化时间对网络的影响。

3.2.5 比较交换机与集线器的功能

改变上一个实验的网络拓扑，将交换机 S1、S2 换成集线器 HUB1 和 HUB2，各主机的 IP 地址不变，如图 3-25 所示。

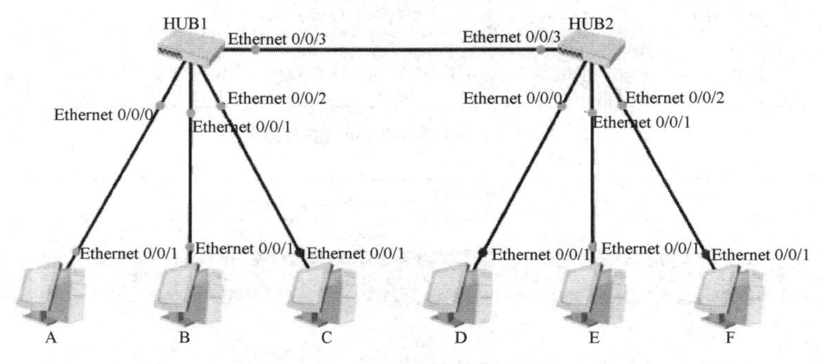

图 3-25 更新后的网络拓扑

在主机 C 的接口启动抓包，将分组显示过滤器设置为仅显示 UDP 分组。依次使用 UDP 发包工具，从主机 A 向主机 D 发送数据、从主机 E 向主机 F 发送数据、从主机 D 向主机 A 发送数据、从主机 F 向主机 E 发送数据，然后查看主机 C 的接口捕获的分组列表，其与 3.2.3 小节中的结果有何不同？请解释实验结果。

3.2.6 实验小结

（1）交换机是数据链路层分组交换机，根据目的 MAC 地址转发帧。交换机是一种即插即用设备，具有自学习 MAC 地址表（转发表）的功能。

（2）交换机直接连接计算机时采用全双工方式工作，每个接口独占传输介质，但由交换机连接起来的计算机仍然属于同一个广播域。

（3）集线器是一种物理层中间设备，由集线器连接起来的计算机共享传输介质，属于同一个冲突域。

3.2.7 思考题

在使用交换机的交换式局域网和使用集线器的共享式局域网中，两台主机同时发送广播帧，结果有无不同？

3.3 虚拟局域网配置与分析

实验目的

（1）掌握基于端口划分 VLAN 的方法。

（2）深入理解 VLAN 的工作原理。

实验内容

（1）基于端口的 VLAN 配置。

（2）直接连接不同交换机的相同 VLAN。

（3）使用 Trunk 连接不同交换机的相同 VLAN。

3.3.1 相关知识

虚拟局域网（Virtual Local Area Network，VLAN）是一组逻辑上的设备和用户，这些设备和用户并不受物理位置的限制，可以根据功能、部门及应用等组织起来，相互之间的通信就好像在同一个网段中一样。通过将网络划分为 VLAN 网段，可以强化网络管理和网络安全，控制不必要的数据广播，从而有效地避免广播风暴的发生。

VLAN 可以基于端口、MAC 地址、协议、子网进行划分，最常用的是基于端口的划分方法，参见《计算机网络教程（第 6 版）(微课版)》3.5.4 小节。

1. 交换机的接口类型

交换机的接口可以配置为如下两种典型的类型。

Access：主要用于连接主机。Access 接口只能属于一个 VLAN。

Trunk：主要用于连接交换机（连接的两端需要相同配置）。Trunk 接口可以同时属于多个 VLAN，一条 Trunk 链路可承载多个不同 VLAN 的流量。

2. 相关 CLI 命令

（1）为交换机添加 VLAN，命令如下。

```
[Huawei]vlan 10
```

（2）批量添加 VLAN，命令如下。

```
[Huawei]vlan batch 20 30 40
```

（3）删除 VLAN，命令如下。

```
[Huawei]undo vlan 10
```

（4）显示当前交换机的 VLAN 信息，命令如下。

```
<Huawei>display vlan
```

（5）将接口设置为 Access 类型并加入 VLAN 10，命令如下。

```
[Huawei]interface Ethernet 0/0/1
[Huawei-Ethernet0/0/1]port link-type access
[Huawei-Ethernet0/0/1]port default vlan 10
```

（6）将 Access 接口从 VLAN 中删除，命令如下。

```
[Huawei-Ethernet0/0/1]undo port default vlan
```

（7）将接口设置为 Trunk 类型并允许 VLAN 10 和 VLAN 20 的流量通过，命令如下。

```
[Huawei-Ethernet0/0/1]port link-type trunk
[Huawei-Ethernet0/0/1]port trunk allow-pass vlan 10 20
```

（8）设置 Trunk 接口允许所有 VLAN 的流量通过，命令如下。

```
[Huawei-Ethernet0/0/1]port trunk allow-pass vlan all
```

3.3.2 建立网络拓扑

新建图 3-26 所示的网络拓扑，该网络拓扑由两台交换机（本实验选用 S3700 交换机）、8 台 PC 构成。各设备的 IP 地址等配置如表 3-3 所示。注意请按照图 3-26 所示的交换机接口连接各 PC。

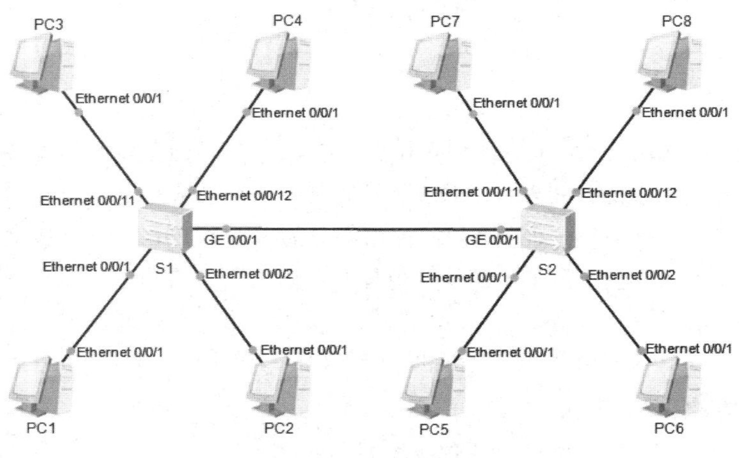

图 3-26　网络拓扑

表 3-3　各设备的 IP 地址等配置

设备名称	IP 地址	连接交换机接口
PC1	210.1.1.1/24	S1：Ethernet 0/0/1
PC2	210.1.1.2/24	S1：Ethernet 0/0/2
PC3	210.1.1.3/24	S1：Ethernet 0/0/11
PC4	210.1.1.4/24	S1：Ethernet 0/0/12
PC5	210.1.1.5/24	S2：Ethernet 0/0/1
PC6	210.1.1.6/24	S2：Ethernet 0/0/2
PC7	210.1.1.7/24	S2：Ethernet 0/0/11
PC8	210.1.1.8/24	S2：Ethernet 0/0/12

测试各 PC 之间的连通性，是否都能连通？

3.3.3　基于端口的 VLAN 配置

将交换机 S1 和交换机 S2 的 Ethernet 0/0/1～Ethernet 0/0/10 接口配置为 VLAN 10，Ethernet 0/0/11～Ethernet 0/0/20 接口配置为 VLAN 20。

交换机 S1 的接口配置命令如下。

```
[S1]vlan batch 10 20
[S1]port-group group-mem eth0/0/1 to eth0/0/10
[S1-port-group]port link-type access
[S1-port-group]port default vlan 10
[S1-port-group]quit
[S1]port-group group-mem eth0/0/11 to eth0/0/20
[S1-port-group]port link-type access
[S1-port-group]port default vlan 20
[S1-port-group]quit
[S1]display vlan
```

执行“port-group group-mem”命令可以对多个接口执行相同配置。

测试各 PC 之间的连通性，哪些 PC 能够连通？请分析测试结果。

3.3.4 直接连接不同交换机的相同 VLAN

配置交换机生成树协议，为 VLAN 10 和 VLAN 20 创建独立的生成树实例。

交换机 S1 的配置命令如下（交换机 S2 执行同样命令）。

```
[S1]stp mode mstp                                  #使用多生成树协议 MSTP
[S1]stp region-configuration
[S1-mst-region]region-name RG1                     #两台交换机的 stp 域名称要一样
[S1-mst-region]instance 1 vlan 10
[S1-mst-region]instance 2 vlan 20
[S1-mst-region]active region-configuration
[S1-mst-region]q
```

为了使两台交换机的相同 VLAN 之间能够互通，最直接的方法就是将两台交换机中属于同一 VLAN 的接口进行互连。这样，需要连通多少个 VLAN 就需要多少根网线。使用两根网线分别连接交换机 S1 和 S2 的 Ethernet 0/0/10 和 Ethernet 0/0/20 接口，也即连接 VLAN 10 和 VLAN 20，如图 3-27 所示。

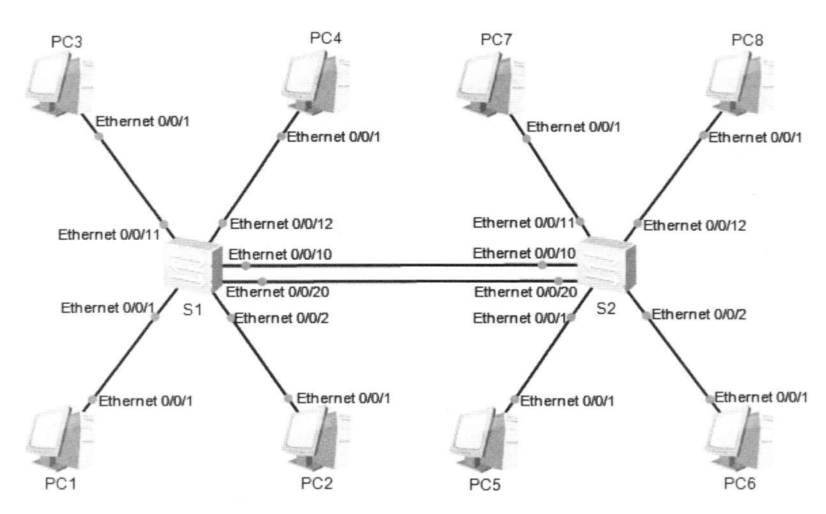

图 3-27　使用两根网线分别连接 VLAN 10 和 VLAN 20

测试各 PC 之间的连通性，哪些 PC 能够连通？请分析测试结果。

3.3.5 使用 Trunk 连接不同交换机的相同 VLAN

（1）仍然使用图 3-26 所示的网络拓扑，将交换机 S1 和交换机 S2 的 GE 0/0/1 接口用网线连接，并配置为 Trunk 接口，允许 VLAN 10 和 VLAN 20 的帧通过该接口。

交换机 S1 的配置命令如下（交换机 S2 执行同样命令）。

```
[S1]interface g0/0/1
[S1-GigabitEthernet0/0/1]port link-type trunk
[S1-GigabitEthernet0/0/1]port trunk allow-pass vlan 10 20
[S1-GigabitEthernet0/0/1]quit
```

测试各 PC 之间的连通性，哪些 PC 能够连通？请分析测试结果。

（2）由 PC1 ping PC6，同时在交换机 S1 的 Ethernet 0/0/1、GE 0/0/1 接口和交换机 S2 的 Ethernet 0/0/2 接口进行抓包分析（设置分组显示过滤器为 icmp）。分析捕获的 ICMP 分组，如图 3-28～图 3-30 所示，并回答下列问题。

- 各接口捕获的以太网帧首部中的 Type 字段有什么不同？各代表什么含义？
- 哪个接口捕获的分组首部中包含 802.1Q 标记帧？802.1Q 标记帧位于分组首部中的什么位置？它的主要作用是什么？
- 802.1Q 标记帧中的 Type 字段的作用是什么？为什么需要该字段？
- 哪些接口捕获的分组首部中不包含 802.1Q 标记帧？为什么？

```
Filter: icmp                                  ▾ Expression... Clear Apply
No.  Time       Source     Destination  Protocol  Info
  32 63.250000  210.1.1.1  210.1.1.6    ICMP      Echo (ping) request  (id=0x44f7, seq(be/le)=1/256, ttl=128)
  33 63.312000  210.1.1.6  210.1.1.1    ICMP      Echo (ping) reply    (id=0x44f7, seq(be/le)=1/256, ttl=128)
  35 64.312000  210.1.1.1  210.1.1.6    ICMP      Echo (ping) request  (id=0x45f7, seq(be/le)=2/512, ttl=128)
  36 64.375000  210.1.1.6  210.1.1.1    ICMP      Echo (ping) reply    (id=0x45f7, seq(be/le)=2/512, ttl=128)

⊞ Frame 32: 74 bytes on wire (592 bits), 74 bytes captured (592 bits)
⊟ Ethernet II, Src: HuaweiTe_cd:5b:11 (54:89:98:cd:5b:11), Dst: HuaweiTe_eb:48:4b (54:89:98:eb:48:4b)
  ⊞ Destination: HuaweiTe_eb:48:4b (54:89:98:eb:48:4b)
  ⊞ Source: HuaweiTe_cd:5b:11 (54:89:98:cd:5b:11)
    Type: IP (0x0800)
⊞ Internet Protocol, Src: 210.1.1.1 (210.1.1.1), Dst: 210.1.1.6 (210.1.1.6)
⊞ Internet Control Message Protocol
```

图 3-28 交换机 S1 的 Ethernet 0/0/1 接口捕获的分组

```
Filter: icmp                                  ▾ Expression... Clear Apply
No.  Time       Source     Destination  Protocol  Info
  25 47.718000  210.1.1.1  210.1.1.6    ICMP      Echo (ping) request  (id=0x44f7, seq(be/le)=1/256, ttl=128)
  26 47.750000  210.1.1.6  210.1.1.1    ICMP      Echo (ping) reply    (id=0x44f7, seq(be/le)=1/256, ttl=128)
  28 48.781000  210.1.1.1  210.1.1.6    ICMP      Echo (ping) request  (id=0x45f7, seq(be/le)=2/512, ttl=128)
  29 48.812000  210.1.1.6  210.1.1.1    ICMP      Echo (ping) reply    (id=0x45f7, seq(be/le)=2/512, ttl=128)

⊞ Frame 25: 78 bytes on wire (624 bits), 78 bytes captured (624 bits)
⊟ Ethernet II, Src: HuaweiTe_cd:5b:11 (54:89:98:cd:5b:11), Dst: HuaweiTe_eb:48:4b (54:89:98:eb:48:4b)
  ⊞ Destination: HuaweiTe_eb:48:4b (54:89:98:eb:48:4b)
  ⊞ Source: HuaweiTe_cd:5b:11 (54:89:98:cd:5b:11)
    Type: 802.1Q Virtual LAN (0x8100)
⊟ 802.1Q Virtual LAN, PRI: 0, CFI: 0, ID: 10
    000. .... .... .... = Priority: Best Effort (default) (0)
    ...0 .... .... .... = CFI: Canonical (0)
    .... 0000 0000 1010 = ID: 10
    Type: IP (0x0800)
⊞ Internet Protocol, Src: 210.1.1.1 (210.1.1.1), Dst: 210.1.1.6 (210.1.1.6)
⊞ Internet Control Message Protocol
```

图 3-29 交换机 S1 的 GE 0/0/1 接口捕获的分组

```
Filter: icmp                                  ▾ Expression... Clear Apply
No.  Time       Source     Destination  Protocol  Info
  18 31.641000  210.1.1.1  210.1.1.6    ICMP      Echo (ping) request  (id=0x44f7, seq(be/le)=1/256, ttl=128)
  19 31.641000  210.1.1.6  210.1.1.1    ICMP      Echo (ping) reply    (id=0x44f7, seq(be/le)=1/256, ttl=128)
  21 32.704000  210.1.1.1  210.1.1.6    ICMP      Echo (ping) request  (id=0x45f7, seq(be/le)=2/512, ttl=128)
  22 32.704000  210.1.1.6  210.1.1.1    ICMP      Echo (ping) reply    (id=0x45f7, seq(be/le)=2/512, ttl=128)

⊞ Frame 18: 74 bytes on wire (592 bits), 74 bytes captured (592 bits)
⊟ Ethernet II, Src: HuaweiTe_cd:5b:11 (54:89:98:cd:5b:11), Dst: HuaweiTe_eb:48:4b (54:89:98:eb:48:4b)
  ⊞ Destination: HuaweiTe_eb:48:4b (54:89:98:eb:48:4b)
  ⊞ Source: HuaweiTe_cd:5b:11 (54:89:98:cd:5b:11)
    Type: IP (0x0800)
⊞ Internet Protocol, Src: 210.1.1.1 (210.1.1.1), Dst: 210.1.1.6 (210.1.1.6)
⊞ Internet Control Message Protocol
```

图 3-30 交换机 S2 的 Ethernet 0/0/2 接口捕获的分组

（3）由 PC3 ping PC8，同时在交换机 S1 的 GE 0/0/1 接口进行抓包分析，捕获分组首部的 802.1Q 标记帧中的 ID 字段的值是什么？

（4）由 PC1 ping PC3，同时在交换机 S2 的 GE 0/0/1、Ethernet 0/0/1、Ethernet 0/0/2 接口进行抓包分析（设置分组显示过滤器为 icmp or arp），回答下列问题。

- 这 3 个接口都捕获到什么分组？为什么？
- PC1 能否 ping 通 PC3？为什么？
- 请画出本实验网络拓扑的广播域。

3.3.6 实验小结

（1）VLAN 不是一种新型的局域网，而是局域网提供的一种服务。VLAN 在逻辑上就如同一个物理上独立的局域网，每个 VLAN 中的主机仅能与在同一 VLAN 中的主机进行通信。

（2）VLAN 技术灵活，有助于控制流量、避免广播风暴、简化网络管理、降低设备成本、提高网络的安全性。

3.3.7 思考题

如果主机连接到交换机的 Trunk 接口，会出现什么问题？用实验验证并分析原因。

3.4 生成树协议配置与分析

实验目的

（1）掌握 MSTP 的多实例配置与验证。

（2）深入理解生成树协议的作用以及其与 VLAN 之间的关系。

实验内容

（1）验证生成树协议的作用。

（2）验证单实例生成树对 VLAN 的作用。

（3）MSTP 的多实例配置与验证。

（4）配置 Trunk 链路，验证生成树协议的功能。

3.4.1 相关知识

1. 生成树协议简介

生成树协议是用来避免数据链路层出现逻辑环路的协议，运行生成树协议的设备通过交互信息发现环路，并通过阻塞特定端口，最终将网络结构修剪成无环路的树形结构。在网络出现故障时，生成树协议能够快速发现链路故障，自动更新生成树以适应网络拓扑的变化。因此，用户可以为网络配置冗余链路，通过生成树协议实现容错功能。

交换机上运行的生成树协议通过网桥协议数据单元（Bridge Protocol Data Unit，BPDU）来确定网络的拓扑结构，BPDU 报文被封装在以太网数据帧中传输。交换机间通过 BPDU 信息交互，选举根网桥（也称为根交换机），然后每台非根网桥选择用来与根网桥通信的根端口，之后每个网段选择用来转发数据至根网桥的指定端口，最后剩余端口被阻塞，从而在网络中建立树形拓扑，消除网络中的环路，并且可以通过一定的方法实现路径冗余。

现在常用的生成树协议有生成树协议（Spanning Tree Protocol，STP）、快速生成树协议（Rapid Spanning Tree Protocol，RSTP）和多生成树协议（Multiple Spanning Tree Protocol，

MSTP)。注意，这里的 STP 指的是具体某个生成树协议的名称。STP 和 RSTP 基于物理以太网构建生成树。MSTP 能够通过配置多实例在物理网络上为不同 VLAN 建立多个独立的生成树，从而为不同 VLAN 提供不同的分组转发路径，以实现负载均衡。

2. 相关 CLI 命令

(1)设置 STP 的模式。

STP 有 MSTP、RSTP、STP 3 种模式。华为交换机支持 MSTP、RSTP 和 STP，默认采用 MSTP。

```
[Huawei]stp mode ?
  mstp  Multiple Spanning Tree Protocol (MSTP) mode
  rstp  Rapid Spanning Tree Protocol (RSTP) mode
  stp   Spanning Tree Protocol (STP) mode
```

(2)启动 STP。

华为交换机默认启动 STP。

```
[Huawei]stp enable
```

(3)显示 STP 状态。

显示 STP 状态信息，命令如下。

```
[Huawei]display stp brief
```

(4)配置交换机在指定生成树中的优先级。

默认情况下，华为交换机在指定生成树中优先级的值是 32768(值越小，优先级越高)。交换机的优先级是生成树计算的重要依据，交换机优先级的高低会直接影响生成树计算中根网桥的选举，导致得到不同拓扑结构的生成树。示例如下。

```
[Huawei]stp priority 4096  #配置交换机在默认生成树实例中的优先级为 4096
[Huawei]stp instance 1 priority 4096  #配置交换机在生成树实例 1 中的优先级为 4096
```

3.4.2 建立网络拓扑

新建图 3-31 所示的网络拓扑，该网络拓扑由 3 台二层交换机(本实验选用 S3700 交换机)和 6 台 PC 构成。各设备的 IP 地址等配置如表 3-4 所示。

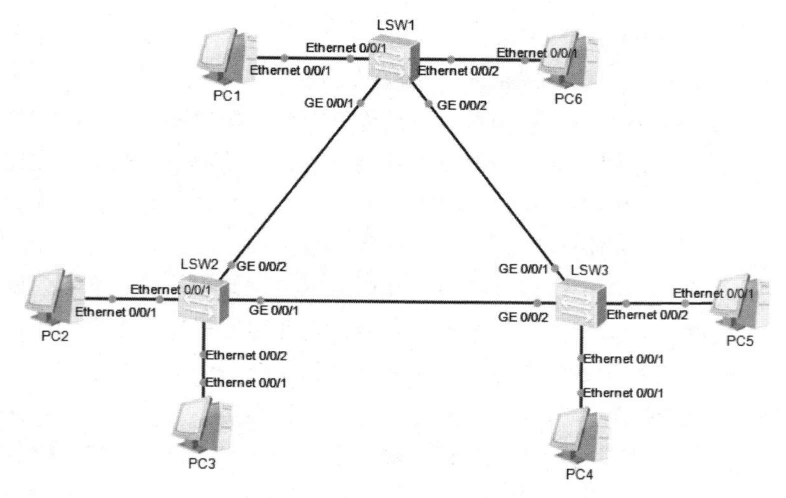

图 3-31 网络拓扑

表 3-4　　各设备的 IP 地址等配置

设备名称	IP 地址	连接交换机接口
PC1	210.1.1.1/24	LSW1：Ethernet 0/0/1
PC2	210.1.1.2/24	LSW2：Ethernet 0/0/1
PC3	210.1.1.3/24	LSW2：Ethernet 0/0/2
PC4	210.1.1.4/24	LSW3：Ethernet 0/0/1
PC5	210.1.1.5/24	LSW3：Ethernet 0/0/2
PC6	210.1.1.6/24	LSW1：Ethernet 0/0/2

3.4.3　验证生成树协议的作用

1. 测试网络连通性

同时在交换机 LSW1、LSW2 和 LSW3 的 GE 0/0/1 接口启动抓包，然后执行“ping”命令，测试 PC1 到 PC2、PC3、PC4、PC5、PC6 的连通性。测试是否成功?

分析各链路上捕获的分组列表，该网络的哪一条链路不在生成树拓扑上?

2. 查看 STP 信息

华为交换机默认启用 MSTP（单实例）。执行“display stp brief”命令查看各交换机的 STP 信息和 STP 接口状态信息，如图 3-32～图 3-34 所示。

```
<LSW1>display stp brief
 MSTID  Port                        Role  STP State     Protection
   0    Ethernet0/0/1               DESI  FORWARDING      NONE
   0    Ethernet0/0/2               DESI  FORWARDING      NONE
   0    GigabitEthernet0/0/1        ROOT  FORWARDING      NONE
   0    GigabitEthernet0/0/2        ALTE  DISCARDING      NONE
<LSW1>
```

图 3-32　交换机 LSW1 的 STP 信息和 STP 接口状态信息

```
<LSW2>display stp brief
 MSTID  Port                        Role  STP State     Protection
   0    Ethernet0/0/1               DESI  FORWARDING      NONE
   0    Ethernet0/0/2               DESI  FORWARDING      NONE
   0    GigabitEthernet0/0/1        DESI  FORWARDING      NONE
   0    GigabitEthernet0/0/2        DESI  FORWARDING      NONE
<LSW2>
```

图 3-33　交换机 LSW2 的 STP 信息和 STP 接口状态信息

```
<LSW3>display stp brief
 MSTID  Port                        Role  STP State     Protection
   0    Ethernet0/0/1               DESI  FORWARDING      NONE
   0    Ethernet0/0/2               DESI  FORWARDING      NONE
   0    GigabitEthernet0/0/1        DESI  FORWARDING      NONE
   0    GigabitEthernet0/0/2        ROOT  FORWARDING      NONE
<LSW3>
```

图 3-34　交换机 LSW3 的 STP 信息和 STP 接口状态信息

对 3 种接口角色进行如下简单说明。

Root Port（ROOT）：根端口，是去往根网桥路径开销最小的端口，该端口可以正常转发流量。

Designated Port（DESI）：指定端口，是负责转发 BPDU 报文的端口，根网桥上的端口都是指定端口，该端口可以正常转发流量。

Alternate Port（ALTE）：阻塞端口，是禁止转发流量的端口。

可以看出交换机 LSW2 被作为根网桥，而交换机 LSW1 的 GE 0/0/2 接口被阻塞。图 3-35 所示是通过生成树协议获得的生成树拓扑（大家可能会得到不同但类似的结果），避免了环路。该生成树拓扑与步骤 1 分析的结果一样吗？

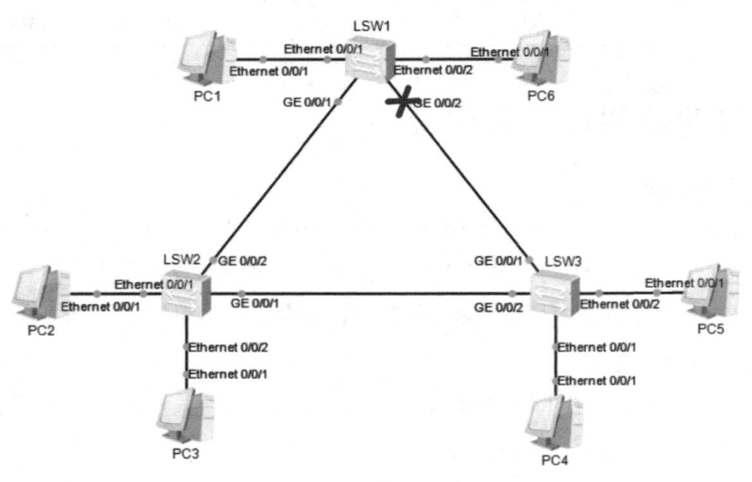

图 3-35　生成树拓扑

3. 关闭 STP 导致广播风暴

关闭所有交换机的 STP（交换机默认启动 STP），命令如下。

```
[LSW1]undo stp enable
[LSW2]undo stp enable
[LSW3]undo stp enable
```

先清空 PC1 的 ARP 缓存，然后执行“ping”命令测试 PC1 与其他 PC 的连通性，结果如何？

在交换机 LSW1 的 GE 0/0/1 接口启动抓包，会捕获大量的 ARP 广播帧和重复的 ARP 单播帧，如图 3-36 所示。

No.	Time	Source	Destination	Protocol	Info
1238	4.391000	HuaweiTe_c5:03	Broadcast	ARP	Who has 210.1.1.2? Tell 210.1.1.1
1239	4.391000	HuaweiTe_c5:03	Broadcast	ARP	Who has 210.1.1.2? Tell 210.1.1.1
1240	4.391000	HuaweiTe_c5:03	Broadcast	ARP	Who has 210.1.1.2? Tell 210.1.1.1
1241	4.391000	HuaweiTe_e7:05	HuaweiTe_c5:03:d(	ARP	210.1.1.2 is at 54:89:98:e7:05:b9
1242	4.391000	HuaweiTe_e7:05	HuaweiTe_c5:03:d(	ARP	210.1.1.2 is at 54:89:98:e7:05:b9
1243	4.391000	HuaweiTe_e7:05	HuaweiTe_c5:03:d(	ARP	210.1.1.2 is at 54:89:98:e7:05:b9
1244	4.406000	HuaweiTe_e7:05	HuaweiTe_c5:03:d(	ARP	210.1.1.2 is at 54:89:98:e7:05:b9
1245	4.406000	HuaweiTe_e7:05	HuaweiTe_c5:03:d(	ARP	210.1.1.2 is at 54:89:98:e7:05:b9
1246	4.406000	HuaweiTe_e7:05	HuaweiTe_c5:03:d(	ARP	210.1.1.2 is at 54:89:98:e7:05:b9
1247	4.422000	HuaweiTe_e7:05	HuaweiTe_c5:03:d(	ARP	210.1.1.2 is at 54:89:98:e7:05:b9
1248	4.422000	HuaweiTe_e7:05	HuaweiTe_c5:03:d(	ARP	210.1.1.2 is at 54:89:98:e7:05:b9
1249	4.422000	HuaweiTe_e7:05	HuaweiTe_c5:03:d(	ARP	210.1.1.2 is at 54:89:98:e7:05:b9
1250	4.422000	HuaweiTe_e7:05	HuaweiTe_c5:03:d(	ARP	210.1.1.2 is at 54:89:98:e7:05:b9
1251	4.422000	HuaweiTe_c5:03	Broadcast	ARP	Who has 210.1.1.2? Tell 210.1.1.1
1252	4.422000	HuaweiTe_c5:03	Broadcast	ARP	Who has 210.1.1.2? Tell 210.1.1.1
1253	4.422000	HuaweiTe_c5:03	Broadcast	ARP	Who has 210.1.1.2? Tell 210.1.1.1
1254	4.422000	HuaweiTe_e7:05	HuaweiTe_c5:03:d(	ARP	210.1.1.2 is at 54:89:98:e7:05:b9

图 3-36　LSW1 和 LSW2 连接的链路上捕获的分组

由于停止运行 STP 后，交换机间产生环路，从而导致广播风暴，交换机无法正常工作。

3.4.4 验证单实例生成树对 VLAN 的作用

恢复启用各交换机的 STP，命令如下。

```
[LSW1]stp enable
[LSW2]stp enable
[LSW3]stp enable
```

1. 配置 VLAN

在交换机 LSW1、LSW2 和 LSW3 中创建 VLAN 10、VLAN 20 和 VLAN 30。按照表 3-5 所示配置各接口 VLAN。划分了 VLAN 的网络拓扑如图 3-37 所示。

表 3-5　VLAN 配置

VLAN	交换机 LSW1 接口	交换机 LSW2 接口	交换机 LSW3 接口
10	Ethernet 0/0/1 GE 0/0/1	Ethernet 0/0/1 GE 0/0/2	
20		Ethernet 0/0/2 GE 0/0/1	Ethernet 0/0/1 GE 0/0/2
30	Ethernet 0/0/2 GE 0/0/2		Ethernet 0/0/2 GE 0/0/1

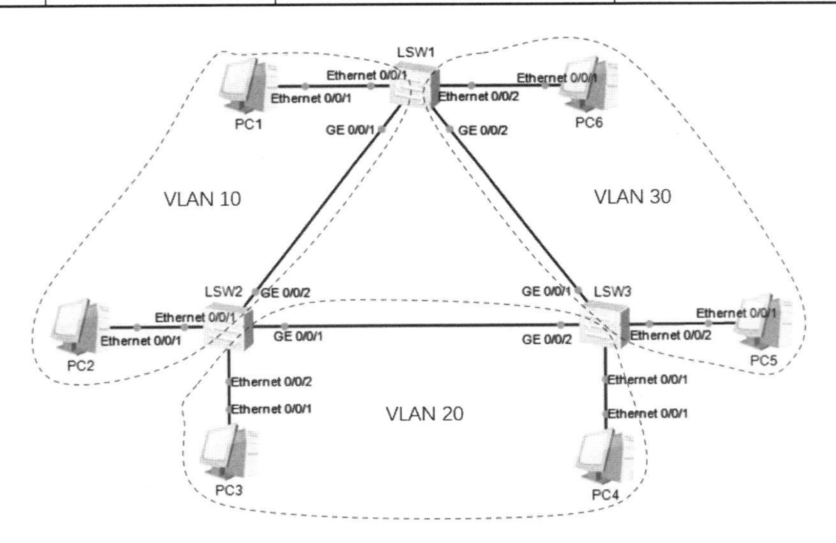

图 3-37　划分了 VLAN 的网络拓扑

交换机 LSW1 的配置命令如下。

```
[LSW1]vlan batch 10 20 30
[LSW1]int eth0/0/1
[LSW1-Ethernet0/0/1]port link-type access
[LSW1-Ethernet0/0/1]port default vlan 10
[LSW1-Ethernet0/0/1]int eth0/0/2
[LSW1-Ethernet0/0/2]port link-type access
[LSW1-Ethernet0/0/2]port default vlan 30
[LSW1-Ethernet0/0/2]int g0/0/1
```

```
[LSW1-GigabitEthernet0/0/1]port link-type access
[LSW1-GigabitEthernet0/0/1]port default vlan 10
[LSW1-GigabitEthernet0/0/1]int g0/0/2
[LSW1-GigabitEthernet0/0/2]port link-type access
[LSW1-GigabitEthernet0/0/2]port default vlan 30
```

对 LSW2 和 LSW3 进行类似配置。

2. 测试同一 VLAN 内 PC 间的连通性

执行“ping”命令，测试 PC1 到 PC2、PC3 到 PC4、PC5 到 PC6 的连通性。是否都能够连通？

由于 MSTP 的 MST 单实例配置模式下多个 VLAN 共享图 3-35 所示的生成树拓扑，交换机 LSW1 的接口 GE 0/0/2 被阻塞，因此 PC5 与 PC6 之间无法连通。

3.4.5 MSTP 的多实例配置与验证

在 MSTP 的多实例模式下，若每个实例对应一个 VLAN，则可以为每个 VLAN 生成一个独立的生成树拓扑。配置 MST 多实例时，同一 MST 域中，必须具有相同的域名、修订级别和 VLAN 到 MST 实例的映射关系。

（1）配置 MST 多实例。

以交换机 LSW1 为例，配置命令如下。

```
[LSW1]stp region-configuration                     #进入 MST 域视图
[LSW1-mst-region]region-name Huawei                #配置 MST 域名为 Huawei
[LSW1-mst-region]revision-level 1                  #配置 MST 修订级别为 1，默认为 0
[LSW1-mst-region]instance 1 vlan 10                #指定 vlan 10 映射到 MST 1
[LSW1-mst-region]instance 2 vlan 20                #指定 vlan 20 映射到 MST 2
[LSW1-mst-region]instance 3 vlan 30                #指定 vlan 30 映射到 MST 3
[LSW1-mst-region]active region-configuration #激活 MST 域配置
```

对交换机 LSW2 和 LSW3 做同样配置。

（2）测试同一 VLAN 内 PC 间的连通性。

执行“ping”命令，测试 PC1 到 PC2、PC3 到 PC4、PC5 到 PC6 的连通性。是否都能够连通？为什么？

执行“display stp brief”命令，查看各交换机的 STP 信息和 STP 接口状态信息，如图 3-38～图 3-40 所示。可以看到每个 MST 实例都进行独立的生成树计算，在 MST 实例 1、2、3 的生成树拓扑中，均没有端口被阻塞，因为 VLAN 10、VLAN 20 和 VLAN 30 的拓扑本身就没有环路。

```
<LSW1>display stp brief
 MSTID  Port                        Role  STP State     Protection
   0    Ethernet0/0/1               DESI  FORWARDING      NONE
   0    Ethernet0/0/2               DESI  FORWARDING      NONE
   0    GigabitEthernet0/0/1        ROOT  FORWARDING      NONE
   0    GigabitEthernet0/0/2        ALTE  DISCARDING      NONE
   1    Ethernet0/0/1               DESI  FORWARDING      NONE
   1    GigabitEthernet0/0/1        ROOT  FORWARDING      NONE
   3    Ethernet0/0/2               DESI  FORWARDING      NONE
   3    GigabitEthernet0/0/2        ROOT  FORWARDING      NONE
<LSW1>
```

图 3-38 交换机 LSW1 的 STP 信息和 STP 接口状态信息

```
<LSW2>display stp brief
 MSTID  Port                        Role  STP State     Protection
   0    Ethernet0/0/1               DESI  FORWARDING      NONE
   0    Ethernet0/0/2               DESI  FORWARDING      NONE
   0    GigabitEthernet0/0/1        DESI  FORWARDING      NONE
   0    GigabitEthernet0/0/2        DESI  FORWARDING      NONE
   1    Ethernet0/0/1               DESI  FORWARDING      NONE
   1    GigabitEthernet0/0/2        DESI  FORWARDING      NONE
   2    Ethernet0/0/2               DESI  FORWARDING      NONE
   2    GigabitEthernet0/0/1        DESI  FORWARDING      NONE
<LSW2>
```

图 3-39　交换机 LSW2 的 STP 信息和 STP 接口状态信息

```
<LSW3>display stp brief
 MSTID  Port                        Role  STP State     Protection
   0    Ethernet0/0/1               DESI  FORWARDING      NONE
   0    Ethernet0/0/2               DESI  FORWARDING      NONE
   0    GigabitEthernet0/0/1        DESI  FORWARDING      NONE
   0    GigabitEthernet0/0/2        ROOT  FORWARDING      NONE
   2    Ethernet0/0/1               DESI  FORWARDING      NONE
   2    GigabitEthernet0/0/2        ROOT  FORWARDING      NONE
   3    Ethernet0/0/2               DESI  FORWARDING      NONE
   3    GigabitEthernet0/0/1        DESI  FORWARDING      NONE
<LSW3>
```

图 3-40　交换机 LSW3 的 STP 信息和 STP 接口状态信息

（3）断开交换机 LSW1 到 LSW2 之间的链路，测试 PC1 到 PC2 是否连通。过两分钟后再测，是否连通？为什么？

3.4.6　配置 Trunk 链路，验证生成树协议的功能

对于 3.4.4 小节中的 VLAN 配置，当交换机之间的某条链路出现故障时，就会导致某个 VLAN 不能连通。为此，可以将交换机 LSW1、LSW2 和 LSW3 之间的链路配置为 Trunk 链路，并允许所有 VLAN 通过。这样，任何一条链路出现故障，各 VLAN 都还能够保证连通。

（1）将交换机 LSW1、LSW2 和 LSW3 之间的链路配置为 Trunk 链路，并允许所有 VLAN 通过，然后将 MSTP 都设置为 MST 单实例模式。

（2）抓包分析各 VLAN 内 PC 间的分组转发路径。是否存在某一链路不被用来转发任何 VLAN 的分组？为什么会有这样的结果？

（3）断开交换机 LSW1 与 LSW2 之间的链路，测试 PC1 到 PC2 是否连通。过两分钟后再测，是否连通？为什么？

注意，由于具体实验环境不同，若交换机 LSW1 与 LSW2 之间的链路正好是（2）中发现的被阻塞的链路，本步骤请改为断开交换机 LSW2 与 LSW3 之间的链路，测试 PC1 到 PC2 是否连通。

（4）将交换机 LSW1、LSW2 和 LSW3 的 MSTP 设置为 MST 多实例模式，每个 VLAN 对应一个实例，重复步骤（2）、步骤（3），结果是否一致？

（5）调整各交换机在不同 MST 实例中的优先级。

在各交换机中执行以下命令。

```
[LSW1]stp instance 1 priority 0
[LSW2]stp instance 2 priority 0
[LSW3]stp instance 3 priority 0
```

抓包分析各 VLAN 内 PC 间的分组转发路径，是否每一条链路都可用来转发分组？

3.4.7　实验小结

（1）生成树协议用于在一个存在冗余路径的以太网中为终端之间建立没有环路的交换路径。

（2）MSTP 可以基于 VLAN 构建多个生成树拓扑，在实现容错的同时实现负载均衡。

3.4.8　思考题

对于 3.4.6 小节中（5）的情况，画出各 VLAN 的生成树拓扑图，并分析 MSTP 是如何在实现容错的同时实现负载均衡的。

第 4 章
网络层实验

4.1 ARP 分析

实验目的

（1）学习使用 ARP 的相关命令。

（2）理解 ARP 的作用，掌握 ARP 的工作原理。

实验内容

（1）分析同一网络内通信时 ARP 的工作过程。

（2）分析不同网络间通信时 ARP 的工作过程。

4.1.1 相关知识

地址解析协议（Address Resolution Protocol，ARP）用来解决局域网内一个广播域中的 IP 地址和 MAC 地址的映射问题。

如图 4-1 所示，PC1 发送给 PC2 的 IP 数据报会经路由器 R1 和 R2 转发，即 PC1 首先发送给 R1（间接交付），然后 R1 转发给 R2（间接交付），最后 R2 发送给 PC2（直接交付），IP 数据报在每跳链路上的转发（间接交付或直接交付）都要封装在 MAC 帧中进行传输，并且使用的是 MAC 地址。ARP 的作用就是根据下一跳的 IP 地址来获取下一跳的 MAC 地址。ARP 请求以 MAC 广播帧的形式向本地网络广播，ARP 响应以 MAC 单播帧的形式发送给请求方。ARP 的工作原理参见《计算机网络教程（第 6 版）（微课版）》4.2.4 小节。数据链路层为以太网、网络层为 IPv4 的 ARP 报文的格式如图 4-2 所示。

ARP 报文总长度为 28 字节。

（1）硬件类型：该字段表示物理网络类型，即标识数据链路层使用的是哪一种协议，其中 0x0001 表示以太网。

（2）协议类型：该字段表示网络层协议类型，即标识网络层使用的是哪一种协议，其中 0x0800 表示 IPv4。

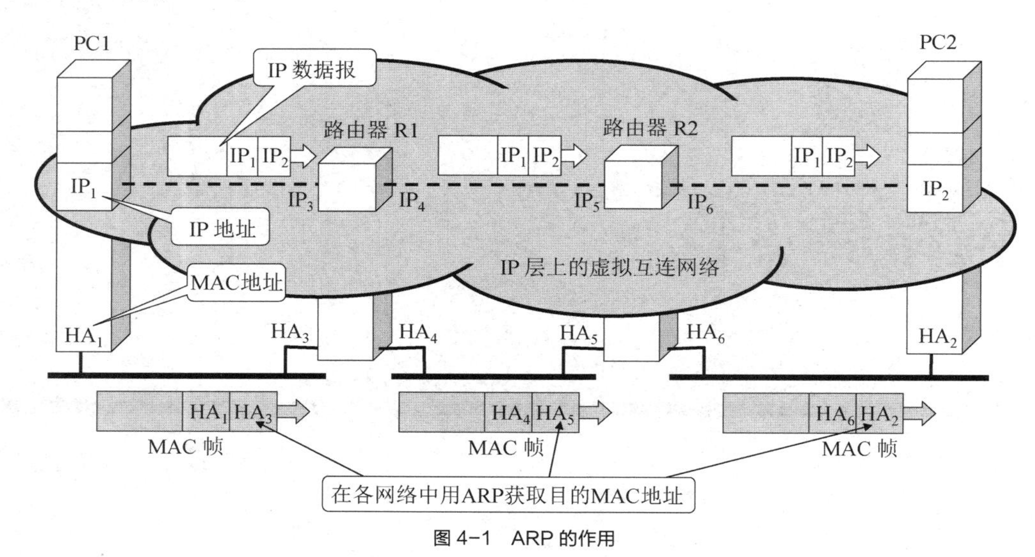

图 4-1　ARP 的作用

（3）硬件地址长度：表示发送方和目标 MAC 地址的长度，单位是字节；以太网地址长度是 6 字节。

（4）协议地址长度：表示发送方和目标协议地址的长度，单位是字节；IPv4 地址长度是 4 字节。

（5）操作：标识该分组的类型，其中 1 表示 ARP 请求分组、2 表示 ARP 响应分组。

（6）发送方硬件地址：发送 ARP 请求分组或响应分组的主机 MAC 地址。

（7）目标硬件地址：在请求分组中为空（通常全是 0，但 eNSP 的仿真 PC 发送的全是 1），因为发送方不知道目标的 MAC 地址。

（8）发送方协议地址：对于 IPv4，发送方协议地址就是发送 ARP 请求分组或响应分组的主机 IPv4 地址。

（9）目标协议地址：目标方的 IPv4 地址，在请求分组中为需要进行转换的 IPv4 地址。

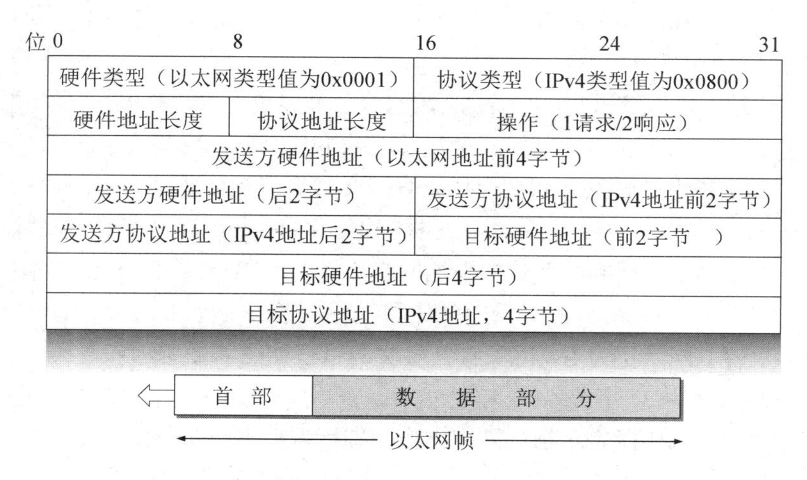

图 4-2　ARP 报文的格式

ARP 报文是直接封装在 MAC 帧中的，在 MAC 帧中的类型值为 0x0806。

为了提高效率，避免 ARP 请求占用过多的网络资源，主机或路由器都设置有 ARP 高速缓存，用来将请求到的映射保存起来，以备下次需要时直接使用。ARP 高速缓存设有时间限制，防止因地址改变且没有及时更新造成发送失败的情况。

在华为路由器设备中执行 “display arp” 命令，查看 ARP 映射表。该命令在所有视图中均可使用，如图 4-3 所示。

```
R1
<Huawei>
<Huawei>display arp
IP ADDRESS      MAC ADDRESS     EXPIRE(M) TYPE        INTERFACE   VPN-INSTANCE
                                          VLAN/CEVLAN PVC
------------------------------------------------------------------------------
210.138.168.254 5489-9858-0dcd            I -         GE0/0/0
210.138.170.254 5489-9858-0dce            I -         GE0/0/1
------------------------------------------------------------------------------
Total:2         Dynamic:0       Static:0     Interface:2
<Huawei>display arp
IP ADDRESS      MAC ADDRESS     EXPIRE(M) TYPE        INTERFACE   VPN-INSTANCE
                                          VLAN/CEVLAN PVC
------------------------------------------------------------------------------
210.138.168.254 5489-9858-0dcd            I -         GE0/0/0
210.138.168.1   5489-9814-22f1  20        D-0         GE0/0/0
210.138.168.253 5489-9893-7a7e  20        D-0         GE0/0/0
210.138.168.2   5489-98de-38fc  20        D-0         GE0/0/0
210.138.170.254 5489-9858-0dce            I -         GE0/0/1
210.138.170.1   5489-9853-4e81  20        D-0         GE0/0/1
------------------------------------------------------------------------------
Total:6         Dynamic:4       Static:0     Interface:2
<Huawei>
```

图 4-3　查看路由器的 ARP 映射表

ARP 映射表中的 “EXPIRE(M)” 字段显示的是 ARP 表项的剩余存活时间（单位是分钟）。“TYPE” 字段显示的是表项类型及获取该表项的槽位号。其中，表项类型共有 3 种：I（Interface）表示接口本身的 MAC 地址；D（Dynamic）表示通过 ARP 报文获取的动态表项；S（Static）表示通过静态配置获取的静态表项。

可以执行 “reset arp” 命令来清除 ARP 映射表中的 ARP 表项。当设备受到攻击，学习到大量无用的 ARP 表项时，用户需要通过此命令清除 ARP 表项。执行 “reset arp dynamic” 命令，清除 ARP 映射表中的动态 ARP 表项，如图 4-4 所示。

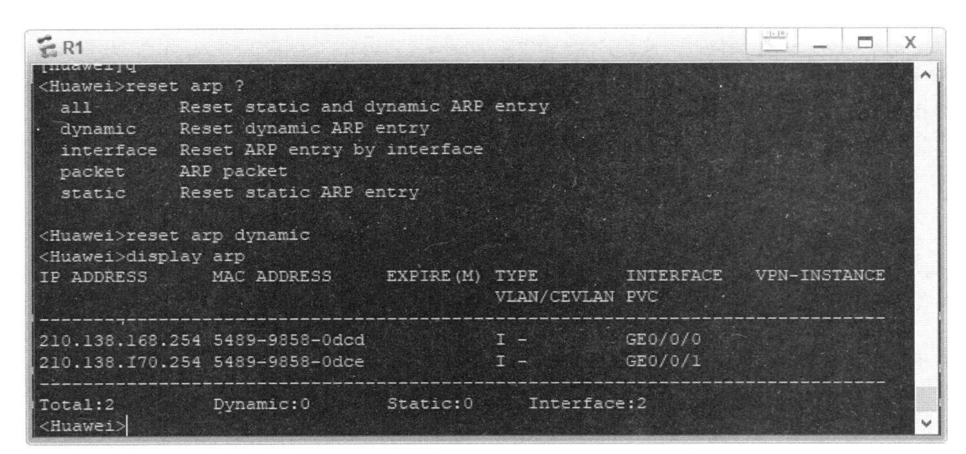

图 4-4　清除 ARP 映射表中的动态 ARP 表项

4.1.2 建立网络拓扑

如图 4-5 所示，路由器 R1（以选用 Router 为例）分别通过 GE 0/0/0 接口和 GE 0/0/1 接口连接两个网络 192.168.1.0/24、192.168.2.0/24，每个网络由一台 S3700 交换机连接两台 PC。各设备的 IP 地址配置如表 4-1 所示。

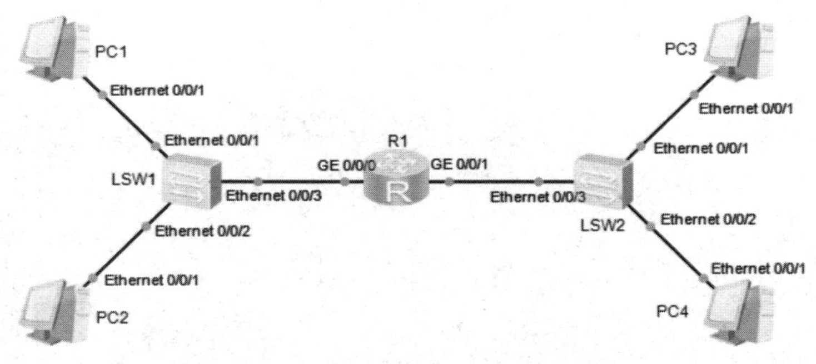

图 4-5 网络拓扑

表 4-1 各设备的 IP 地址配置

设备名称	接口	IP 地址
R1	GE 0/0/0	210.138.1.254/24
	GE 0/0/1	210.138.2.254/24
PC1	Ethernet 0/0/1	210.138.1.1/24
PC2	Ethernet 0/0/1	210.138.1.2/24
PC3	Ethernet 0/0/1	210.138.2.1/24
PC4	Ethernet 0/0/1	210.138.2.2/24

注意：如果路由器选择的是 AR 系列，如 AR201，配置 Ethernet 接口的 IP 地址时，需要在接口模式下执行“undo portswitch”命令，将其接口由默认的二层接口模式转换成三层接口模式，这样才能配置 IP 地址（参见 1.4.2 小节）。

4.1.3 分析同一网络内通信时 ARP 的工作过程

清空 PC1 的 ARP 缓存，由 PC1 ping PC2，在交换机 LSW1 的 Ethernet 0/0/2 和 Ethernet 0/0/3 接口同时抓取数据包。设置显示过滤器，仅显示 ARP 或 ICMP 分组，观察 ARP 分组交互过程及分组结构。

图 4-6 所示为在交换机 LSW1 的 Ethernet 0/0/2 接口上捕获的 ARP 和 ICMP 分组。

arp || icmp

No.	Time	Source	Destination	Protocol	Length	Info
106	224.750000	HuaweiTe_4b:4e:54	Broadcast	ARP	60	Who has 210.138.1.2? Tell 210.138.1.1
107	224.750000	HuaweiTe_60:53:9c	HuaweiTe_4b:4e:54	ARP	60	210.138.1.2 is at 54:89:98:60:53:9c
108	224.781000	210.138.1.1	210.138.1.2	ICMP	74	Echo (ping) request id=0x40a9, seq=1/256, ttl=128 (reply in 109)
109	224.797000	210.138.1.2	210.138.1.1	ICMP	74	Echo (ping) reply id=0x40a9, seq=1/256, ttl=128 (request in 108)
110	225.844000	210.138.1.1	210.138.1.2	ICMP	74	Echo (ping) request id=0x41a9, seq=2/512, ttl=128 (reply in 111)
111	225.844000	210.138.1.2	210.138.1.1	ICMP	74	Echo (ping) reply id=0x41a9, seq=2/512, ttl=128 (request in 110)
113	226.875000	210.138.1.1	210.138.1.2	ICMP	74	Echo (ping) request id=0x42a9, seq=3/768, ttl=128 (reply in 114)
114	226.891000	210.138.1.2	210.138.1.1	ICMP	74	Echo (ping) reply id=0x42a9, seq=3/768, ttl=128 (request in 113)
115	227.922000	210.138.1.1	210.138.1.2	ICMP	74	Echo (ping) request id=0x43a9, seq=4/1024, ttl=128 (reply in 116)
116	227.922000	210.138.1.2	210.138.1.1	ICMP	74	Echo (ping) reply id=0x43a9, seq=4/1024, ttl=128 (request in 115)
118	228.953000	210.138.1.1	210.138.1.2	ICMP	74	Echo (ping) request id=0x45a9, seq=5/1280, ttl=128 (reply in 119)
119	228.969000	210.138.1.2	210.138.1.1	ICMP	74	Echo (ping) reply id=0x45a9, seq=5/1280, ttl=128 (request in 118)

图 4-6 在交换机 LSW1 的 Ethernet 0/0/2 接口上捕获的 ARP 和 ICMP 分组

（1）查看在交换机 LSW1 的 Ethernet 0/0/3 接口上捕获的 ARP 和 ICMP 分组，如图 4-7 所示，其与图 4-6 有什么异同？分析为什么会有这样的结果。

```
arp || icmp
No.    icmpv6          Source              Destination         Protocol  Length  Info
  100 215.625000  HuaweiTe_4b:4e:54   Broadcast           ARP           60 Who has 210.138.1.2? Tell 210.138.1.1
```

图 4-7　在交换机 LSW1 的 Ethernet 0/0/3 接口上捕获的 ARP 和 ICMP 分组

（2）单击 PC1 发送的 ARP 请求分组，查看该分组的详细内容与结构，如图 4-8 所示。请查看以太网帧中的目的地址、源地址、类型，以及 ARP 分组中操作、发送方 MAC 地址、发送方 IP 地址、目标 MAC 地址、目标 IP 地址等字段的值是否符合所学知识。

```
  106 224.750000  HuaweiTe_4b:4e:54   Broadcast           ARP       60 Who has 210.138.1.2? Tell 210.138.1.1
  107 224.750000  HuaweiTe_60:53:9c   HuaweiTe_4b:4e:54   ARP       60 210.138.1.2 is at 54:89:98:60:53:9c
  108 224.781000  210.138.1.1         210.138.1.2         ICMP      74 Echo (ping) request  id=0x40a9, seq=1/:
> Frame 106: 60 bytes on wire (480 bits), 60 bytes captured (480 bits) on interface 0
v Ethernet II, Src: HuaweiTe_4b:4e:54 (54:89:98:4b:4e:54), Dst: Broadcast (ff:ff:ff:ff:ff:ff)
  > Destination: Broadcast (ff:ff:ff:ff:ff:ff)
  > Source: HuaweiTe_4b:4e:54 (54:89:98:4b:4e:54)
    Type: ARP (0x0806)
    Padding: 000000000000000000000000000000000000
v Address Resolution Protocol (request)
    Hardware type: Ethernet (1)
    Protocol type: IPv4 (0x0800)
    Hardware size: 6
    Protocol size: 4
    Opcode: request (1)
    Sender MAC address: HuaweiTe_4b:4e:54 (54:89:98:4b:4e:54)
    Sender IP address: 210.138.1.1
    Target MAC address: Broadcast (ff:ff:ff:ff:ff:ff)
    Target IP address: 210.138.1.2
```

图 4-8　在交换机 LSW1 的 Ethernet 0/0/2 接口上捕获的 ARP 请求分组

（3）查看 PC2 发送的 ARP 响应分组，如图 4-9 所示，分析以太网帧中的目的地址、源地址，以及 ARP 分组中操作、发送方 MAC 地址、发送方 IP 地址、目标 MAC 地址、目标 IP 地址等字段与图 4-8 相比有什么不同。

```
No.   Time        Source              Destination         Protocol  Length  Info
  106 224.750000  HuaweiTe_4b:4e:54   Broadcast           ARP       60 Who has 210.138.1.2? Tell 210.138.1.1
  107 224.750000  HuaweiTe_60:53:9c   HuaweiTe_4b:4e:54   ARP       60 210.138.1.2 is at 54:89:98:60:53:9c
  108 224.781000  210.138.1.1         210.138.1.2         ICMP      74 Echo (ping) request  id=0x40a9, seq=1/2
> Frame 107: 60 bytes on wire (480 bits), 60 bytes captured (480 bits) on interface 0
> Ethernet II, Src: HuaweiTe_60:53:9c (54:89:98:60:53:9c), Dst: HuaweiTe_4b:4e:54 (54:89:98:4b:4e:54)
v Address Resolution Protocol (reply)
    Hardware type: Ethernet (1)
    Protocol type: IPv4 (0x0800)
    Hardware size: 6
    Protocol size: 4
    Opcode: reply (2)
    Sender MAC address: HuaweiTe_60:53:9c (54:89:98:60:53:9c)
    Sender IP address: 210.138.1.2
    Target MAC address: HuaweiTe_4b:4e:54 (54:89:98:4b:4e:54)
    Target IP address: 210.138.1.1
```

图 4-9　在交换机 LSW1 的 Ethernet 0/0/2 接口上捕获的 ARP 响应分组

（4）通过抓包分析，可以画出图 4-10 所示的 ARP 分组的走向。

PC1 发出的 ARP 请求分组的走向如图 4-10 中的实线所示。因为 PC2 不在交换机 LSW1 的 Ethernet 0/0/3 接口，所以 R1 会将该 ARP 请求分组丢弃，不做响应。而在交换机 LSW1 的 Ethernet 0/0/2 接口的 PC2 会收下该 ARP 请求分组，响应以单播形式发送给 PC2，如图 4-10 中的虚线所示。

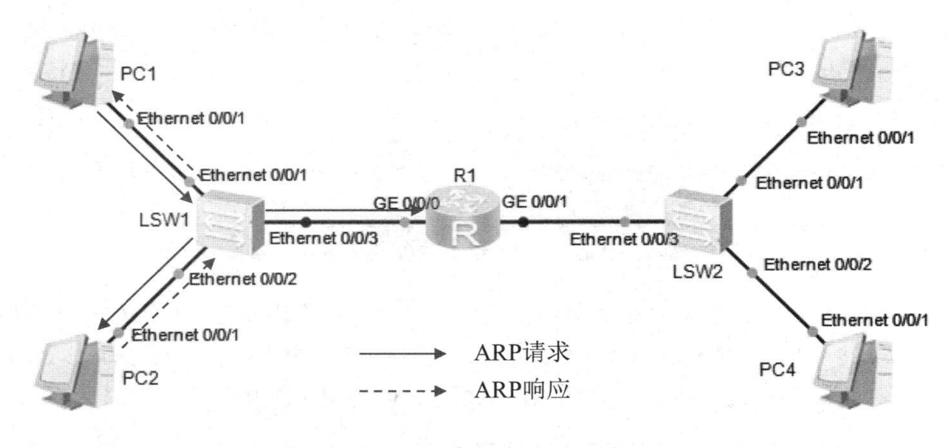

图 4-10　ARP 分组的走向

4.1.4　分析不同网络间通信时 ARP 的工作过程

由 PC1 ping PC3，在 R1 的 GE 0/0/0 和 GE 0/0/1 接口上抓包观察 ARP 分组交互过程及分组结构。

清空 PC1、PC2 和 R1 的 ARP 缓存，在 R1 的 GE 0/0/0 和 GE 0/0/1 接口上启动抓包，设置显示过滤器，仅显示 ARP 或 ICMP 分组，如图 4-11 和图 4-12 所示。然后 PC1 ping PC3，观察并分析结果。

Filter: arp || icmp　Expression...　Clear　Apply

No.	Time	Source	Destination	Protocol	Info
25	51.953000	HuaweiTe_4b:4e:54	Broadcast	ARP	Who has 210.138.1.254? Tell 210.138.1.1
26	51.953000	HuaweiTe_53:02:8c	HuaweiTe_4b:4e:54	ARP	210.138.1.254 is at 54:89:98:53:02:8c
27	52.000000	210.138.1.1	210.138.2.1	ICMP	Echo (ping) request (id=0xa9e2, seq(be/le)=1/256, ttl=128)
28	52.094000	210.138.2.1	210.138.1.1	ICMP	Echo (ping) reply (id=0xa9e2, seq(be/le)=1/256, ttl=127)
30	53.125000	210.138.1.1	210.138.2.1	ICMP	Echo (ping) request (id=0xaae2, seq(be/le)=2/512, ttl=128)
31	53.188000	210.138.2.1	210.138.1.1	ICMP	Echo (ping) reply (id=0xaae2, seq(be/le)=2/512, ttl=127)

图 4-11　在 R1 的 GE 0/0/0 接口上捕获的分组

Filter: arp || icmp　Expression...　Clear　Apply

No.	Time	Source	Destination	Protocol	Info
23	46.312000	HuaweiTe_53:02:8d	Broadcast	ARP	Who has 210.138.2.1? Tell 210.138.2.254
24	46.359000	HuaweiTe_ab:58:ab	HuaweiTe_53:02:8d	ARP	210.138.2.1 is at 54:89:98:ab:58:ab
25	46.359000	210.138.1.1	210.138.2.1	ICMP	Echo (ping) request (id=0xa9e2, seq(be/le)=1/256, ttl=127)
26	46.406000	210.138.2.1	210.138.1.1	ICMP	Echo (ping) reply (id=0xa9e2, seq(be/le)=1/256, ttl=128)
27	47.453000	210.138.1.1	210.138.2.1	ICMP	Echo (ping) request (id=0xaae2, seq(be/le)=2/512, ttl=127)
28	47.484000	210.138.2.1	210.138.1.1	ICMP	Echo (ping) reply (id=0xaae2, seq(be/le)=2/512, ttl=128)

图 4-12　在 R1 的 GE 0/0/1 接口上捕获的分组

（1）比较在 R1 的 GE 0/0/0 和 GE 0/0/1 接口上捕获的分组的异同（哪些相同、哪些不同），并分析原因。

（2）查看在 R1 的 GE 0/0/0 接口上捕获的 ARP 请求分组以及收到的响应分组中的发送方 MAC 地址、发送方 IP 地址、目标 MAC 地址、目标 IP 地址等字段，如图 4-13、图 4-14 所示，分析该 ARP 交互过程的作用是什么。

（3）查看在 R1 的 GE 0/0/1 接口上捕获的 ARP 请求分组以及收到的响应分组中的发送方 MAC 地址、发送方 IP 地址、目标 MAC 地址、目标 IP 地址等字段，如图 4-15、图 4-16 所示，分析该 ARP 交互过程的作用是什么。

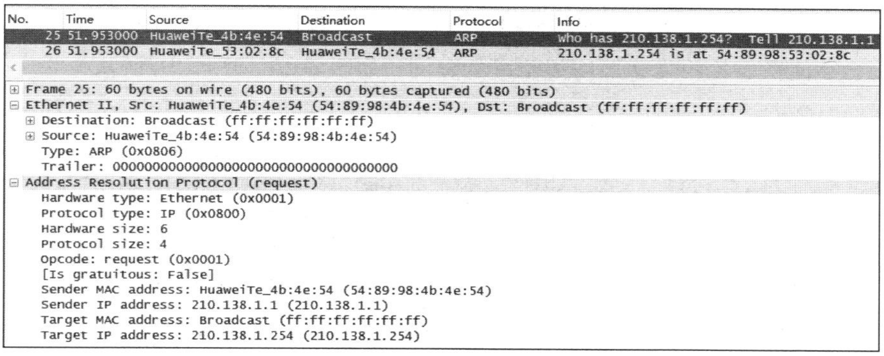

No.	Time	Source	Destination	Protocol	Info
25	51.953000	HuaweiTe_4b:4e:54	Broadcast	ARP	Who has 210.138.1.254? Tell 210.138.1.1
26	51.953000	HuaweiTe_53:02:8c	HuaweiTe_4b:4e:54	ARP	210.138.1.254 is at 54:89:98:53:02:8c

```
⊞ Frame 25: 60 bytes on wire (480 bits), 60 bytes captured (480 bits)
⊟ Ethernet II, Src: HuaweiTe_4b:4e:54 (54:89:98:4b:4e:54), Dst: Broadcast (ff:ff:ff:ff:ff:ff)
  ⊞ Destination: Broadcast (ff:ff:ff:ff:ff:ff)
  ⊞ Source: HuaweiTe_4b:4e:54 (54:89:98:4b:4e:54)
    Type: ARP (0x0806)
    Trailer: 000000000000000000000000000000000000
⊟ Address Resolution Protocol (request)
    Hardware type: Ethernet (0x0001)
    Protocol type: IP (0x0800)
    Hardware size: 6
    Protocol size: 4
    Opcode: request (0x0001)
    [Is gratuitous: False]
    Sender MAC address: HuaweiTe_4b:4e:54 (54:89:98:4b:4e:54)
    Sender IP address: 210.138.1.1 (210.138.1.1)
    Target MAC address: Broadcast (ff:ff:ff:ff:ff:ff)
    Target IP address: 210.138.1.254 (210.138.1.254)
```

图 4-13　在 R1 的 GE 0/0/0 接口上捕获的 ARP 请求分组

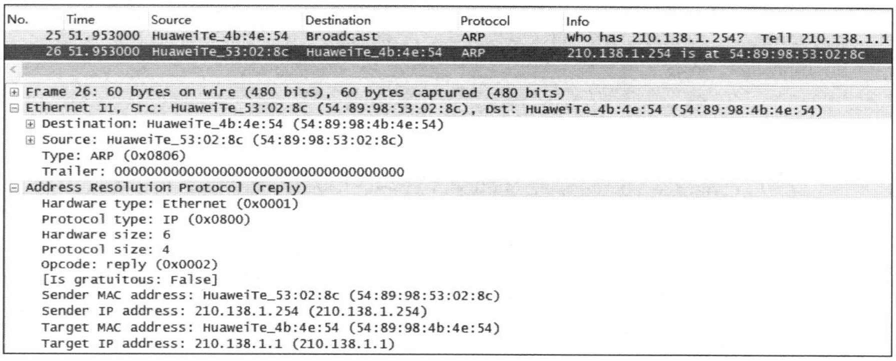

No.	Time	Source	Destination	Protocol	Info
25	51.953000	HuaweiTe_4b:4e:54	Broadcast	ARP	Who has 210.138.1.254? Tell 210.138.1.1
26	51.953000	HuaweiTe_53:02:8c	HuaweiTe_4b:4e:54	ARP	210.138.1.254 is at 54:89:98:53:02:8c

```
⊞ Frame 26: 60 bytes on wire (480 bits), 60 bytes captured (480 bits)
⊟ Ethernet II, Src: HuaweiTe_53:02:8c (54:89:98:53:02:8c), Dst: HuaweiTe_4b:4e:54 (54:89:98:4b:4e:54)
  ⊞ Destination: HuaweiTe_4b:4e:54 (54:89:98:4b:4e:54)
  ⊞ Source: HuaweiTe_53:02:8c (54:89:98:53:02:8c)
    Type: ARP (0x0806)
    Trailer: 000000000000000000000000000000000000
⊟ Address Resolution Protocol (reply)
    Hardware type: Ethernet (0x0001)
    Protocol type: IP (0x0800)
    Hardware size: 6
    Protocol size: 4
    Opcode: reply (0x0002)
    [Is gratuitous: False]
    Sender MAC address: HuaweiTe_53:02:8c (54:89:98:53:02:8c)
    Sender IP address: 210.138.1.254 (210.138.1.254)
    Target MAC address: HuaweiTe_4b:4e:54 (54:89:98:4b:4e:54)
    Target IP address: 210.138.1.1 (210.138.1.1)
```

图 4-14　在 R1 的 GE 0/0/0 接口上捕获的 ARP 响应分组

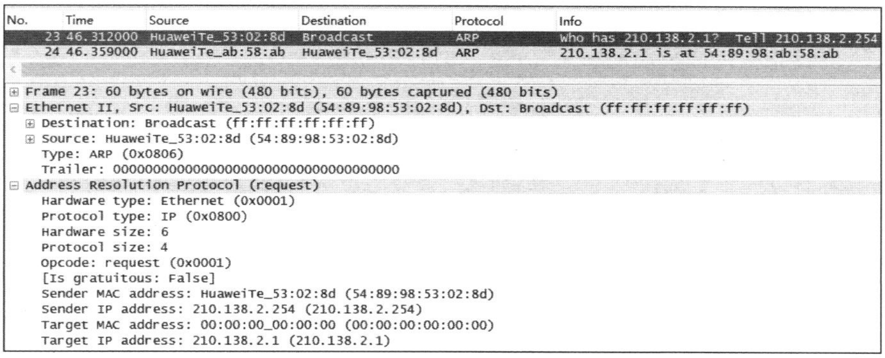

No.	Time	Source	Destination	Protocol	Info
23	46.312000	HuaweiTe_53:02:8d	Broadcast	ARP	Who has 210.138.2.1? Tell 210.138.2.254
24	46.359000	HuaweiTe_ab:58:ab	HuaweiTe_53:02:8d	ARP	210.138.2.1 is at 54:89:98:ab:58:ab

```
⊞ Frame 23: 60 bytes on wire (480 bits), 60 bytes captured (480 bits)
⊟ Ethernet II, Src: HuaweiTe_53:02:8d (54:89:98:53:02:8d), Dst: Broadcast (ff:ff:ff:ff:ff:ff)
  ⊞ Destination: Broadcast (ff:ff:ff:ff:ff:ff)
  ⊞ Source: HuaweiTe_53:02:8d (54:89:98:53:02:8d)
    Type: ARP (0x0806)
    Trailer: 000000000000000000000000000000000000
⊟ Address Resolution Protocol (request)
    Hardware type: Ethernet (0x0001)
    Protocol type: IP (0x0800)
    Hardware size: 6
    Protocol size: 4
    Opcode: request (0x0001)
    [Is gratuitous: False]
    Sender MAC address: HuaweiTe_53:02:8d (54:89:98:53:02:8d)
    Sender IP address: 210.138.2.254 (210.138.2.254)
    Target MAC address: 00:00:00_00:00:00 (00:00:00:00:00:00)
    Target IP address: 210.138.2.1 (210.138.2.1)
```

图 4-15　在 R1 的 GE 0/0/1 接口上捕获的 ARP 请求分组

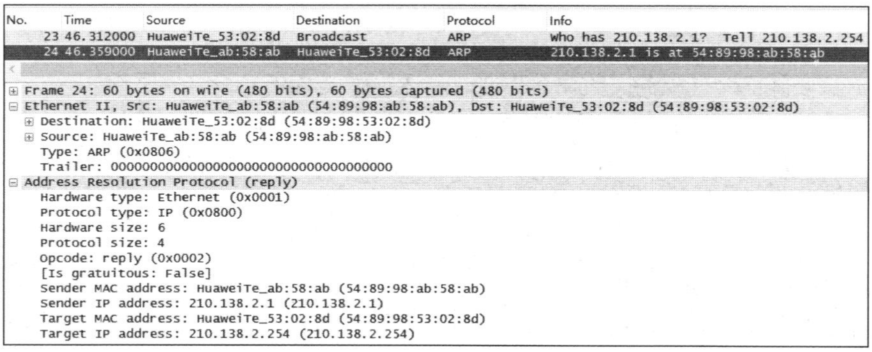

No.	Time	Source	Destination	Protocol	Info
23	46.312000	HuaweiTe_53:02:8d	Broadcast	ARP	Who has 210.138.2.1? Tell 210.138.2.254
24	46.359000	HuaweiTe_ab:58:ab	HuaweiTe_53:02:8d	ARP	210.138.2.1 is at 54:89:98:ab:58:ab

```
⊞ Frame 24: 60 bytes on wire (480 bits), 60 bytes captured (480 bits)
⊟ Ethernet II, Src: HuaweiTe_ab:58:ab (54:89:98:ab:58:ab), Dst: HuaweiTe_53:02:8d (54:89:98:53:02:8d)
  ⊞ Destination: HuaweiTe_53:02:8d (54:89:98:53:02:8d)
  ⊞ Source: HuaweiTe_ab:58:ab (54:89:98:ab:58:ab)
    Type: ARP (0x0806)
    Trailer: 000000000000000000000000000000000000
⊟ Address Resolution Protocol (reply)
    Hardware type: Ethernet (0x0001)
    Protocol type: IP (0x0800)
    Hardware size: 6
    Protocol size: 4
    Opcode: reply (0x0002)
    [Is gratuitous: False]
    Sender MAC address: HuaweiTe_ab:58:ab (54:89:98:ab:58:ab)
    Sender IP address: 210.138.2.1 (210.138.2.1)
    Target MAC address: HuaweiTe_53:02:8d (54:89:98:53:02:8d)
    Target IP address: 210.138.2.254 (210.138.2.254)
```

图 4-16　在 R1 的 GE 0/0/1 接口上捕获的 ARP 响应分组

（4）比较在 R1 的 GE 0/0/0 和 GE 0/0/1 接口上分别捕获的 PC1 发送给 PC3 的 ICMP 回送请求报文、回送应答报文各层协议字段的异同，如图 4-17、图 4-18 所示，并分析原因。

```
No.   Time        Source              Destination         Protocol  Info
   25 51.953000   HuaweiTe_4b:4e:54   Broadcast           ARP       Who has 210.138.1.254?  Tell 210.138.1.1
   26 51.953000   HuaweiTe_53:02:8c   HuaweiTe_4b:4e:54   ARP       210.138.1.254 is at 54:89:98:53:02:8c
   27 52.000000   210.138.1.1         210.138.2.1         ICMP      Echo (ping) request  (id=0xa9e2, seq(be/le)=1/256, ttl=128)
   28 52.094000   210.138.2.1         210.138.1.1         ICMP      Echo (ping) reply    (id=0xa9e2, seq(be/le)=1/256, ttl=127)

⊞ Frame 27: 74 bytes on wire (592 bits), 74 bytes captured (592 bits)
⊟ Ethernet II, Src: HuaweiTe_4b:4e:54 (54:89:98:4b:4e:54), Dst: HuaweiTe_53:02:8c (54:89:98:53:02:8c)
  ⊞ Destination: HuaweiTe_53:02:8c (54:89:98:53:02:8c)
  ⊞ Source: HuaweiTe_4b:4e:54 (54:89:98:4b:4e:54)
    Type: IP (0x0800)
⊟ Internet Protocol, Src: 210.138.1.1 (210.138.1.1), Dst: 210.138.2.1 (210.138.2.1)
    Version: 4
    Header length: 20 bytes
  ⊞ Differentiated Services Field: 0x00 (DSCP 0x00: Default; ECN: 0x00)
    Total Length: 60
    Identification: 0xe2a9 (58025)
  ⊞ Flags: 0x02 (Don't Fragment)
    Fragment offset: 0
    Time to live: 128
    Protocol: ICMP (1)
  ⊞ Header checksum: 0x7000 [correct]
    Source: 210.138.1.1 (210.138.1.1)
    Destination: 210.138.2.1 (210.138.2.1)
⊟ Internet Control Message Protocol
    Type: 8 (Echo (ping) request)
    Code: 0
    Checksum: 0xdc9a [correct]
    Identifier: 0xa9e2
    Sequence number: 1 (0x0001)
    Sequence number (LE): 256 (0x0100)
  ⊞ Data (32 bytes)
```

图 4-17　在 R1 的 GE 0/0/0 接口上捕获的 ICMP 回送请求报文

```
No.   Time        Source              Destination         Protocol  Info
   23 46.312000   HuaweiTe_53:02:8d   Broadcast           ARP       Who has 210.138.2.1?  Tell 210.138.2.254
   24 46.359000   HuaweiTe_ab:58:ab   HuaweiTe_53:02:8d   ARP       210.138.2.1 is at 54:89:98:ab:58:ab
   25 46.359000   210.138.1.1         210.138.2.1         ICMP      Echo (ping) request  (id=0xa9e2, seq(be/le)=1/256, ttl=127)
   26 46.406000   210.138.2.1         210.138.1.1         ICMP      Echo (ping) reply    (id=0xa9e2, seq(be/le)=1/256, ttl=128)

⊞ Frame 25: 74 bytes on wire (592 bits), 74 bytes captured (592 bits)
⊟ Ethernet II, Src: HuaweiTe_53:02:8d (54:89:98:53:02:8d), Dst: HuaweiTe_ab:58:ab (54:89:98:ab:58:ab)
  ⊞ Destination: HuaweiTe_ab:58:ab (54:89:98:ab:58:ab)
  ⊞ Source: HuaweiTe_53:02:8d (54:89:98:53:02:8d)
    Type: IP (0x0800)
⊟ Internet Protocol, Src: 210.138.1.1 (210.138.1.1), Dst: 210.138.2.1 (210.138.2.1)
    Version: 4
    Header length: 20 bytes
  ⊞ Differentiated Services Field: 0x00 (DSCP 0x00: Default; ECN: 0x00)
    Total Length: 60
    Identification: 0xe2a9 (58025)
  ⊞ Flags: 0x02 (Don't Fragment)
    Fragment offset: 0
    Time to live: 127
    Protocol: ICMP (1)
  ⊞ Header checksum: 0x7100 [correct]
    Source: 210.138.1.1 (210.138.1.1)
    Destination: 210.138.2.1 (210.138.2.1)
⊟ Internet Control Message Protocol
    Type: 8 (Echo (ping) request)
    Code: 0
    Checksum: 0xdc9a [correct]
    Identifier: 0xa9e2
    Sequence number: 1 (0x0001)
    Sequence number (LE): 256 (0x0100)
  ⊞ Data (32 bytes)
```

图 4-18　在 R1 的 GE 0/0/1 接口上捕获的 ICMP 回送应答报文

（5）请画出与图 4-10 类似的 ARP 的走向图。

（6）在 R1 中执行“display arp”命令，显示 ARP 缓存，如图 4-19 所示，可以看到路由器 R1 通过以上 ARP 交互获得了 210.138.1.1（PC1）和 210.138.2.1（PC3）的 MAC 地址。

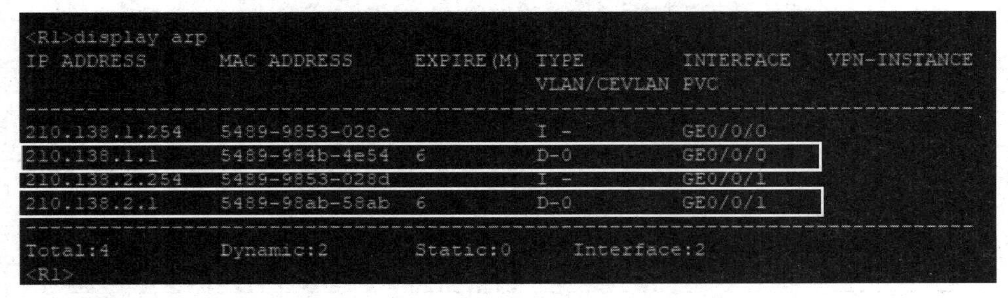

```
<R1>display arp
IP ADDRESS      MAC ADDRESS     EXPIRE(M) TYPE          INTERFACE   VPN-INSTANCE
                                          VLAN/CEVLAN   PVC
------------------------------------------------------------------------------
210.138.1.254   5489-9853-028c            I -           GE0/0/0
210.138.1.1     5489-984b-4e54  6         D-0           GE0/0/0
210.138.2.254   5489-9853-028d            I -           GE0/0/1
210.138.2.1     5489-98ab-58ab  6         D-0           GE0/0/1
------------------------------------------------------------------------------
Total:4         Dynamic:2       Static:0     Interface:2
<R1>
```

图 4-19　R1 的 ARP 缓存

4.1.5 实验小结

（1）在同一网络内通信时，ARP 直接询问目的 IP 地址对应的 MAC 地址，将 IP 数据报直接发送给目的主机，即直接交付。

（2）不同网络间通信时，ARP 只需询问网关 IP 地址对应的 MAC 地址，将 IP 数据报交给网关，由路由器进行转发，即间接交付。

（3）ARP 请求使用的是数据链路层广播，而 ARP 响应使用的是数据链路层单播。

4.1.6 思考题

ARP 表项的生存时间对网络性能有何影响？

4.2 路由表与 IP 数据报的转发

实验目的

（1）理解路由表的作用与 IP 数据报的转发过程。

（2）掌握路由器静态路由的配置方法。

（3）理解路由聚合和最长前缀匹配原则的原理及作用。

实验内容

（1）直连路由实验。

（2）静态路由实验。

（3）路由聚合实验。

（4）最长前缀匹配实验。

4.2.1 相关知识

路由器是连接两个或多个网络的硬件设备，负责在网络间转发 IP 数据报。路由器根据 IP 数据报的目的地址，在路由表中查找匹配的路由项，然后从相应的接口转发出去。

1. 路由类型

路由表中有 3 类路由：直连路由、静态路由、动态路由。

（1）直连路由。

直连路由（Direct Route）一般指去往路由器接口直接连接网络的路径，该路由信息不需要网络管理员维护，只要为路由器接口配置好 IP 地址，并且该接口处于活动状态（Active），路由器就会把通向该网络的路由信息填写到路由表中。直连路由无法使路由器获取与其不直接相连的网络的路由信息。

（2）静态路由。

静态路由（Static Route）是由网络管理员在路由器中手动配置的固定路由，其明确地指定了 IP 数据报到达目的地必须经过的下一跳路由器或接口，除非网络管理员干预，否则静态路由不会发生变化。静态路由不能对网络的改变做出反应，所以静态路由一般用于规模不大、拓扑结构相对固定的网络。静态路由的特点是允许对路由的行为进行精确的控制、减少了网络流量、配置简单。

（3）动态路由。

动态路由（Dynamic Route）是路由器根据网络系统的运行情况而自动生成的路由信息。路由器通过路由选择协议（Routing Protocol），自动学习和记忆网络运行情况，在需要时自动计算到达目的网络的最佳路径。动态路由的特点是能随网络拓扑的变化自动调整路由、配置不易出错、可支持较复杂的大规模网络。

2. IP 数据报的转发过程

IP 数据报转发是逐跳进行的，每一跳都要查找路由表，通过最长前缀匹配原则找到匹配项的下一跳 IP 地址和接口，然后将 IP 数据报封装到数据链路层帧中并从该接口转发出去。其转发过程如图 4-20 所示。

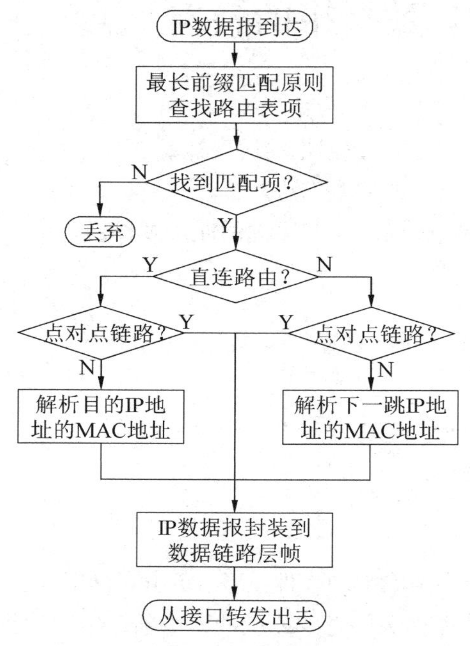

图 4-20　IP 数据报的转发过程

若输出接口为局域网接口，对于直连路由，需要通过 ARP 解析目的 IP 地址的 MAC 地址；而对于非直连路由，则要通过 ARP 解析下一跳 IP 地址的 MAC 地址。若输出链路为点到点链路，则直接将 IP 数据报封装到数据链路层帧中进行传输。

最长前缀匹配原则是指选择所有匹配路由中网络前缀最长的那条进行数据转发。

3. 相关 CLI 命令

（1）添加一条静态路由。

在创建静态路由时，可以同时指定输出接口和下一跳。对于不同的输出接口类型，也可以只指定输出接口或只指定下一跳。对于点到点接口，只需指定输出接口。对于广播接口（如以太网接口），则必须指定下一跳。

命令格式如下。

```
ip route-static <ip-address> { <mask> | <mask-length> } { <nexthop-address>
| <interface-type> <interface-number> }
```

该命令需要在系统视图下执行。例如，创建一条到网络 192.168.4.0/24、下一跳为 192.168.3.1 的路由，命令如下。

```
[Huawei]ip route-static 192.168.4.0 24 192.168.3.1
```

可执行“undo”命令删除某条已存在的路由，如下所示。

```
[Huawei]undo ip route-static 192.168.4.0
```

或者删除所有静态路由，如下所示。

```
[Huawei]undo ip route-static all
```

（2）查看路由表信息。

在任何视图下都可以执行“display ip routing-table”命令来查看路由表信息。图 4-21 所示是执行“display ip routing-table”命令显示的路由表信息。

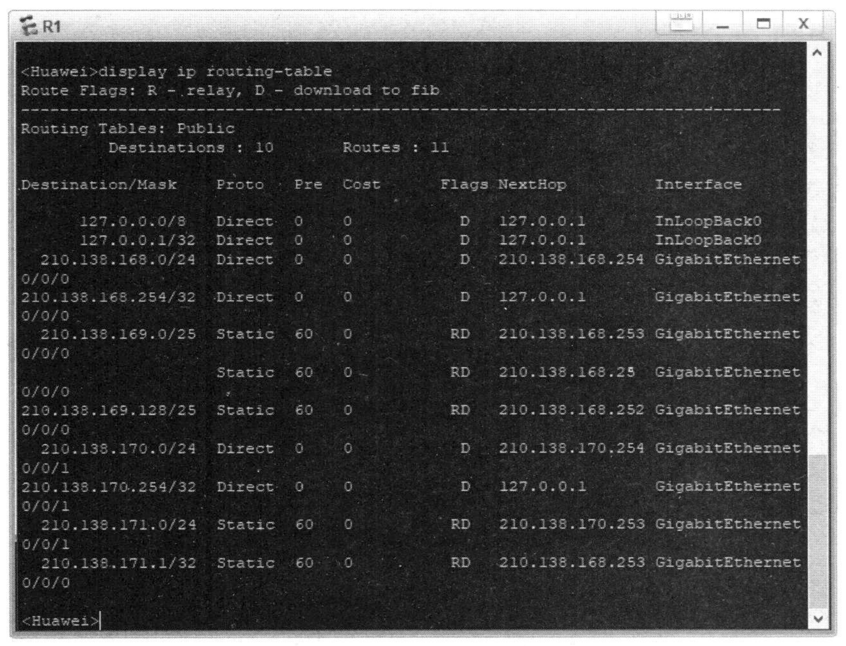

图 4-21　路由表信息

路由表中包括如下表项内容。

Destination：目的地址，用来标识 IP 数据报的目的地址或者目的网络。

Mask：网络掩码（也称子网掩码），与目的地址一起标识目的地的网络前缀。

Pre：路由优先级（Preference），值越小，优先级越高。当获得多条到达同一个目的地址的路由时，选择其中优先级最高的路由作为最优路由，并将这条路由写进路由表中。通常直连路由具有最高优先级，静态路由的优先级高于动态路由，度量值算法复杂的路由协议的优先级高于度量值算法简单的路由协议。

Cost：路由开销，当到达一个目的地的多个路由的优先级相同时，路由开销最小的将成为最优路由。

Interface：输出接口，表示 IP 数据报将从该路由器的哪个接口转发出去。

NextHop：下一跳 IP 地址，说明 IP 数据报所经过的下一个路由器。

Proto：学习此路由的路由协议，其中，Direct 表示直连路由；Static 表示静态路由；EBGP 表示 EBGP 路由；IBGP 表示 IBGP 路由；ISIS 表示 IS-IS 路由；OSPF 表示 OSPF 路由；RIP 表示 RIP 路由；UNR 表示用户网络路由（User Network Route）。

4.2.2 建立网络拓扑

本实验的网络拓扑如图 4-22 所示（该网络拓扑可参考《计算机网络教程（第 6 版）（微课版）》4.2.6 小节中的图 4-25 和图 4-26），3 台路由器（选用 AR1220）连接 7 个网络。由于 AR1220 默认只配置两个 GE WAN 接口，为增加 WAN 接口，在 R2 和 R3 的设备设置窗口中将 4GEW-T 接口卡拖入卡槽（在路由器关机状态下执行该操作），如图 4-23 所示。

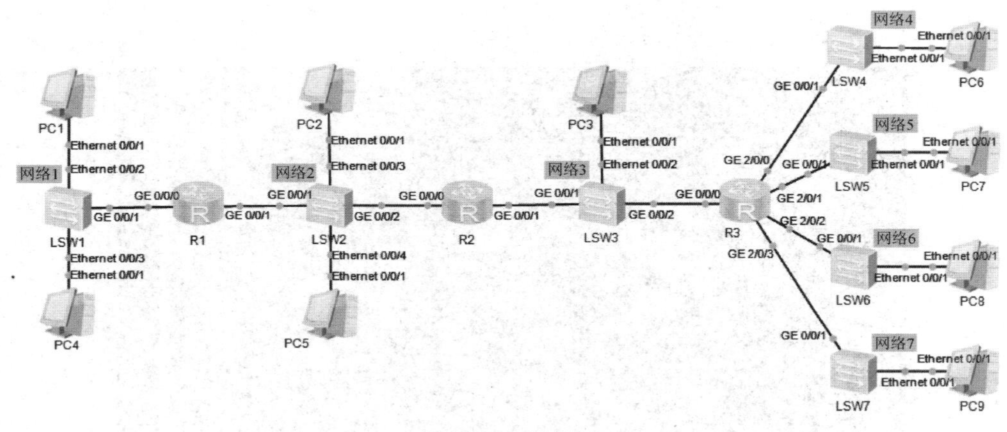

图 4-22 网络拓扑

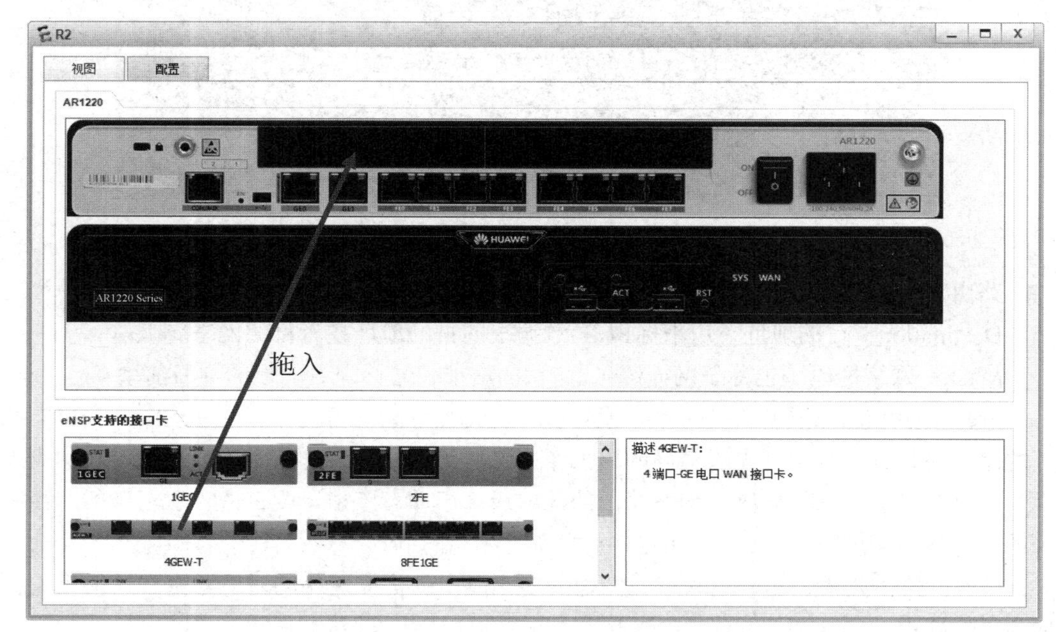

图 4-23 为 R2 和 R3 添加 4GEW-T 接口卡

启动各设备并按照表4-2配置设备的IP地址，其中PC2和PC5的默认网关设置为R1，PC3的默认网关设置为R2。

表4-2　各设备的IP地址配置

设备名称	接口	IP地址
R1	GE 0/0/0	128.30.33.1/25
	GE 0/0/1	128.30.33.130/25
R2	GE 0/0/0	128.30.33.129 /25
	GE 0/0/1	128.30.36.2/24
R3	GE 0/0/0	128.30.36.1/24
	GE 2/0/0	128.30.37.62/26
	GE 2/0/1	128.30.37.126/26
	GE 2/0/2	128.30.37.190/26
	GE 2/0/3	128.30.37.254/26
PC1	Ethernet 0/0/1	128.30.33.13/25
PC2	Ethernet 0/0/1	128.30.33.138/25
PC3	Ethernet 0/0/1	128.30.36.12/24
PC4	Ethernet 0/0/1	128.30.33.14/25
PC5	Ethernet 0/0/1	128.30.33.139/25
PC6	Ethernet 0/0/1	128.30.37.1/26
PC7	Ethernet 0/0/1	128.30.37.65/26
PC8	Ethernet 0/0/1	128.30.37.129/26
PC9	Ethernet 0/0/1	128.30.37.193/26

请写出每个网络的地址前缀，使用无类别域间路由选择（Classless Inter-Domain Routing，CIDR）记法。

4.2.3　直连路由实验

（1）清空R1的ARP缓存，执行“ping”命令，分别测试PC1到PC2、PC1到PC3的连通性（请先预测连通性），并在R1的GE 0/0/1接口抓包分析ARP和ICMP报文，结果如图4-24～图4-26所示。PC1到PC2和PC3是否都能ping通？结果是否与预测一致？

```
PC>ping 128.30.33.138

Ping 128.30.33.138: 32 data bytes, Press Ctrl_C to break
Request timeout!
From 128.30.33.138: bytes=32 seq=2 ttl=127 time=79 ms
From 128.30.33.138: bytes=32 seq=3 ttl=127 time=62 ms
From 128.30.33.138: bytes=32 seq=4 ttl=127 time=63 ms
From 128.30.33.138: bytes=32 seq=5 ttl=127 time=46 ms

--- 128.30.33.138 ping statistics ---
  5 packet(s) transmitted
  4 packet(s) received
  20.00% packet loss
  round-trip min/avg/max = 0/62/79 ms
```

图4-24　PC1 ping PC2

```
PC>ping 128.30.36.12

Ping 128.30.36.12: 32 data bytes, Press Ctrl_C to break
Request timeout!
Request timeout!
Request timeout!
Request timeout!
Request timeout!

--- 128.30.36.12 ping statistics ---
  5 packet(s) transmitted
  0 packet(s) received
  100.00% packet loss
```

图 4-25　PC1 ping PC3

Filter: arp || icmp　Expression... Clear Apply

No.	Time	Source	Destination	Protocol	Info
220	476.219000	HuaweiTe_d9:26:97	Broadcast	ARP	Who has 128.30.33.138? Tell 128.30.33.130
221	476.250000	HuaweiTe_67:60:08	HuaweiTe_d9:26:97	ARP	128.30.33.138 is at 54:89:98:67:60:08
223	478.203000	128.30.33.13	128.30.33.138	ICMP	Echo (ping) request (id=0xe5c7, seq(be/le)=2/512, ttl=127)
224	478.234000	128.30.33.138	128.30.33.13	ICMP	Echo (ping) reply (id=0xe5c7, seq(be/le)=2/512, ttl=128)
225	479.250000	128.30.33.13	128.30.33.138	ICMP	Echo (ping) request (id=0xe6c7, seq(be/le)=3/768, ttl=127)
226	479.297000	128.30.33.138	128.30.33.13	ICMP	Echo (ping) reply (id=0xe6c7, seq(be/le)=3/768, ttl=128)
228	480.344000	128.30.33.13	128.30.33.138	ICMP	Echo (ping) request (id=0xe7c7, seq(be/le)=4/1024, ttl=127)
229	480.375000	128.30.33.138	128.30.33.13	ICMP	Echo (ping) reply (id=0xe7c7, seq(be/le)=4/1024, ttl=128)
230	481.422000	128.30.33.13	128.30.33.138	ICMP	Echo (ping) request (id=0xe8c7, seq(be/le)=5/1280, ttl=127)
231	481.453000	128.30.33.138	128.30.33.13	ICMP	Echo (ping) reply (id=0xe8c7, seq(be/le)=5/1280, ttl=128)

图 4-26　在 R1 的 GE 0/0/1 接口捕获的分组列表

（2）查看 R1 的路由表，如图 4-27 所示，分析 PC1 能 ping 通 PC2，但不能 ping 通 PC3 的原因。为什么在 R1 的 GE 0/0/1 接口捕获不到 PC1 到 PC3 的分组？

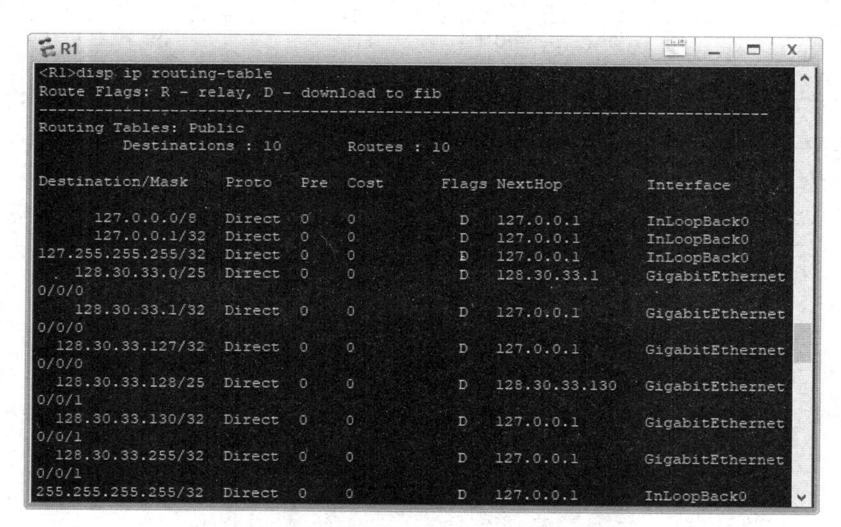

```
R1
<R1>disp ip routing-table
Route Flags: R - relay, D - download to fib
------------------------------------------------------------------------------
Routing Tables: Public
         Destinations : 10       Routes : 10

Destination/Mask    Proto   Pre  Cost      Flags NextHop         Interface

      127.0.0.0/8   Direct  0    0           D   127.0.0.1       InLoopBack0
      127.0.0.1/32  Direct  0    0           D   127.0.0.1       InLoopBack0
127.255.255.255/32  Direct  0    0           D   127.0.0.1       InLoopBack0
    128.30.33.0/25  Direct  0    0           D   128.30.33.1     GigabitEthernet
0/0/0
    128.30.33.1/32  Direct  0    0           D   127.0.0.1       GigabitEthernet
0/0/0
  128.30.33.127/32  Direct  0    0           D   127.0.0.1       GigabitEthernet
0/0/0
  128.30.33.128/25  Direct  0    0           D   128.30.33.130   GigabitEthernet
0/0/1
  128.30.33.130/32  Direct  0    0           D   127.0.0.1       GigabitEthernet
0/0/1
  128.30.33.255/32  Direct  0    0           D   127.0.0.1       GigabitEthernet
0/0/1
255.255.255.255/32  Direct  0    0           D   127.0.0.1       InLoopBack0
```

图 4-27　查看 R1 的路由表——直连路由

（3）PC1 ping PC2 的结果如图 4-24 所示，可以看到共发出 5 个分组，第一个分组超时（通常会出现这种情况），后面 4 个分组正确到达目的地。请分析第一个分组超时的原因。

4.2.4　静态路由实验

（1）不使用默认路由，给 R1 和 R2 增加静态路由，使网络 1、网络 2 和网络 3 之间互通。

命令如下。

```
[R1]ip route-static 128.30.36.0 24 128.30.33.129
[R2]ip route-static 128.30.33.0 25 128.30.33.130
```

（2）查看 R1 和 R2 的路由表，检查路由表是否配置成功。图 4-28 显示的是 R1 的静态路由。

```
R1
<R1>display ip routing-table protocol static
Route Flags: R - relay, D - download to fib
------------------------------------------------------------------------------
Public routing table : Static
         Destinations : 1        Routes : 1        Configured Routes : 1

Static routing table status : <Active>
         Destinations : 1        Routes : 1

Destination/Mask    Proto   Pre  Cost       Flags NextHop         Interface

    128.30.36.0/24  Static  60   0           RD   128.30.33.129   GigabitEthernet
0/0/1

Static routing table status : <Inactive>
         Destinations : 0        Routes : 0

<R1>
```

图 4-28　R1 的静态路由

（3）测试静态路由，验证静态路由的作用。执行“ping”命令测试 PC1 与 PC3 之间的连通性，结果如图 4-29 所示，请与图 4-25 进行比较。

```
PC>ping 128.30.36.12

Ping 128.30.36.12: 32 data bytes, Press Ctrl_C to break
Request timeout!
Request timeout!
From 128.30.36.12: bytes=32 seq=3 ttl=126 time=140 ms
From 128.30.36.12: bytes=32 seq=4 ttl=126 time=125 ms
From 128.30.36.12: bytes=32 seq=5 ttl=126 time=94 ms

--- 128.30.36.12 ping statistics ---
  5 packet(s) transmitted
  3 packet(s) received
  40.00% packet loss
  round-trip min/avg/max = 0/119/140 ms
```

图 4-29　PC1 ping PC3

4.2.5　路由聚合实验

（1）为 R1 和 R2 各增加一条静态路由（不使用默认路由），使网络 1、网络 2、网络 3 可达网络 4、网络 5、网络 6、网络 7。

对于 R2，可以将到网络 4、网络 5、网络 6、网络 7 的 4 条路由聚合成一条路由，并将其添加到 R2 的路由表中，命令如下。

```
[R2]ip route-static 128.30.37.0 24 128.30.36.1
```

对于 R1，也可以将到网络 3、网络 4、网络 5、网络 6、网络 7 的 5 条路由聚合成一条路由，并用其替换原来到网络 3 的路由，命令如下。

```
[R1]undo ip route-static 128.30.36.0 24 128.30.33.129
[R1]ip route-static 128.30.36.0 23 128.30.33.129
```

若此时测试 PC1 到 PC6 的连通性，会有什么结果？

（2）为 R3 增加一条默认路由，使网络 4、网络 5、网络 6、网络 7 可达网络 1、网络 2、网络 3。

默认路由是地址前缀为 0.0.0.0/0 的路由，命令如下。

```
[R3]ip route-static 0.0.0.0 0 128.30.36.2
```

测试 PC1 到 PC6、PC7、PC8、PC9 的连通性。

4.2.6 最长前缀匹配实验

（1）将 R2 的 GE 2/0/0 接口与 LSW7 的 GE 0/0/2 接口连接（见图 4-30），并为 R2 的 GE 2/0/0 接口配置 IP 地址，命令如下。

```
[R2-GigabitEthernet2/0/0]ip address 128.30.37.253 26
```

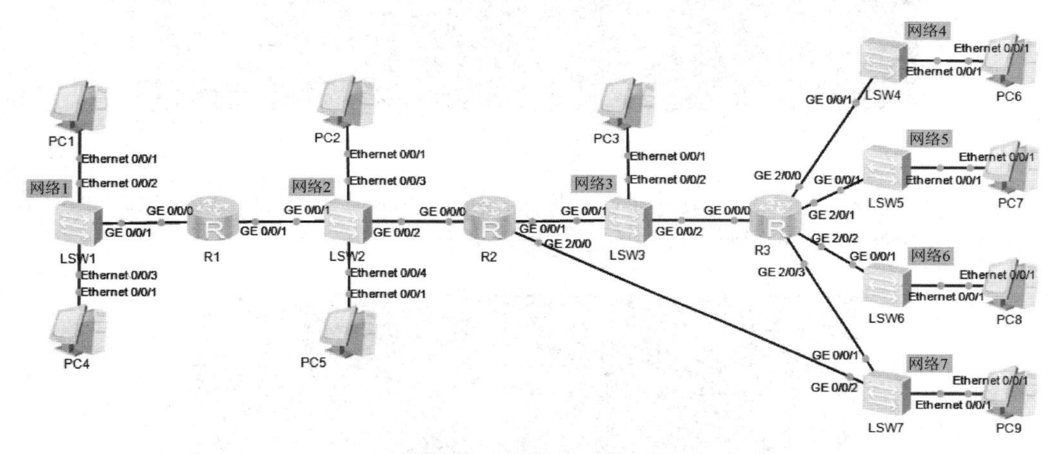

图 4-30　连接 R2 和 LSW7

测试 PC1 到 PC9 的连通性，在交换机 LSW7 的 GE 0/0/1 和 GE 0/0/2 接口同时抓包分析 ICMP 分组。PC1 和 PC9 是否连通？图 4-31 和图 4-32 所示的分组捕获结果是否与你的预测一致？ICMP 请求分组和应答分组走的是否是同一路径？分析其中原因，并解释路由表最长前缀匹配原则对结果的影响。

Filter: icmp　Expression... Clear Apply

No.	Time	Source	Destination	Protocol	Info
13	25.125000	128.30.33.13	128.30.37.193	ICMP	Echo (ping) request (id=0xf996, seq(be/le)=1/256, ttl=126)
15	26.250000	128.30.33.13	128.30.37.193	ICMP	Echo (ping) request (id=0xfb96, seq(be/le)=2/512, ttl=126)
16	27.375000	128.30.33.13	128.30.37.193	ICMP	Echo (ping) request (id=0xfc96, seq(be/le)=3/768, ttl=126)
18	28.469000	128.30.33.13	128.30.37.193	ICMP	Echo (ping) request (id=0xfd96, seq(be/le)=4/1024, ttl=126)
19	29.594000	128.30.33.13	128.30.37.193	ICMP	Echo (ping) request (id=0xfe96, seq(be/le)=5/1280, ttl=126)

图 4-31　在 LSW7 的 GE 0/0/2 接口捕获的 ICMP 分组

Filter: icmp　Expression... Clear Apply

No.	Time	Source	Destination	Protocol	Info
7	12.203000	128.30.37.193	128.30.33.13	ICMP	Echo (ping) reply (id=0xf996, seq(be/le)=1/256, ttl=128)
9	13.312000	128.30.37.193	128.30.33.13	ICMP	Echo (ping) reply (id=0xfb96, seq(be/le)=2/512, ttl=128)
10	14.437000	128.30.37.193	128.30.33.13	ICMP	Echo (ping) reply (id=0xfc96, seq(be/le)=3/768, ttl=128)
12	15.531000	128.30.37.193	128.30.33.13	ICMP	Echo (ping) reply (id=0xfd96, seq(be/le)=4/1024, ttl=128)
13	16.640000	128.30.37.193	128.30.33.13	ICMP	Echo (ping) reply (id=0xfe96, seq(be/le)=5/1280, ttl=128)

图 4-32　在 LSW7 的 GE 0/0/1 接口捕获的 ICMP 分组

（2）在 R2 增加一条特定主机路由，使到 PC6 的 IP 数据报必须经过 R3 的 GE 2/0/3 接口（不能影响其他 IP 数据报的路由）。

特定主机路由是前缀长度为 32 的路由，命令如下。

```
[R2]ip route-static 128.30.37.1 32 128.30.37.254
```

（3）测试 PC1 到 PC6 的连通性，在路由器 R3 的 GE 2/0/3 和 GE 0/0/0 接口同时抓包分析 ICMP 分组，以验证结果。

（4）用“tracert”命令分别测试从 PC1 到 PC6、PC7、PC8、PC9 的转发路径，如图 4-33 所示，并解释结果。

```
PC>tracert 128.30.37.1

traceroute to 128.30.37.1, 8 hops max
(ICMP), press Ctrl+C to stop
 1  128.30.33.1    31 ms  47 ms  47 ms
 2  128.30.33.129   63 ms  78 ms  62 ms
 3  128.30.37.254   94 ms  62 ms  79 ms
 4  128.30.37.1    109 ms  109 ms  125 ms

PC>
```

图 4-33 执行“tracert”命令

4.2.7 实验小结

（1）IP 数据报在路由器中的转发行为分为两种：直接交付和间接交付。目的 IP 地址属于直接连接的网络时，IP 数据报直接交付给目的主机，否则转发给下一跳路由器进行间接交付。

（2）静态路由表由网络管理员在路由器中手动配置，能对路由的行为进行精确的控制，但不能对网络的变化做出反应。

（3）路由聚合和默认路由能减少路由表项，以及减少查找路由时间。

4.2.8 思考题

如果将 PC4 的 IP 地址设置为 128.30.33.144/25，将其默认网关设置为 128.30.33.1。PC1 ping PC4 会出现什么结果？若在 PC1 的 Ethernet 0/0/1 接口捕获 ARP 和 ICMP 分组，会出现什么结果？分析原因。

4.3 RIP 配置与分析

实验目的

（1）掌握 RIP 的基本配置方法。

（2）理解 RIPv1 与 RIPv2 的区别。

（3）理解 RIP 的工作原理。

实验内容

（1）RIPv1 的基本配置。

（2）RIPv2 的基本配置。

（3）验证水平分割功能。

（4）验证 RIP 的慢收敛问题。

4.3.1　相关知识

路由信息协议（Routing Information Protocol，RIP）是一种基于距离向量（Distance-Vector）算法的协议，它使用跳数（Hop Count）作为度量值来衡量到达目的地址的距离。为限制收敛时间，RIP 规定度量值取 0～15 的整数，大于或等于 16 的跳数被定义为无穷大，即目的网络或主机不可达。这个限制使 RIP 不能用于大型网络中。

1. RIP 的报文格式

RIP 的报文采用 UDP 封装，报文的源端口、目的端口均是 UDP 520 端口。RIP 的报文格式如图 4-34 所示（以 RIPv2 为例）。

	0	8	16	24	31位
首部	命令	版本	未用（全为零）		
路由表项	地址族标识		路由标记		
	IP地址				
	子网掩码				
	下一跳				
	路由度量				

图 4-34　RIP 的报文格式

其中部分字段的意义如下。

命令（Command）：标识报文的类型，1 表示 Request 报文，向邻居请求全部或部分路由信息；2 表示 Reponse 报文，发送自己全部或部分路由信息，一个 Response 报文中最多包含 25 个路由表项。

版本（Version）：RIP 的版本号，1 表示 RIPv1，2 表示 RIPv2。

地址族标识（Address Family Identifier）：值为 2 时表示 IP。

路由标记（Route Tag）：外部路由的标记。

下一跳（Next Hop）：指出该路由的下一跳 IP 地址，如果为 0.0.0.0，则表示发布此路由的路由器地址就是最优下一跳地址。

路由度量（Metric）：表示路由的开销（跳数），也就是“距离”。

2. 相关 CLI 命令

rip [*process-id*]：在系统视图下启动 RIP。为路由器配置 RIP，首先要启动 RIP 进程，进入 RIP 视图。如果未指定进程 ID，命令将使用 1 作为默认进程 ID。

network *network-address*：在 RIP 视图下指定运行 RIP 的直连网络。RIP 只在指定网络的接口运行。对于不属于指定网络的接口，RIP 既不在该接口接收和发送路由，也不向外通告该接口的路由。因此，启动 RIP 后必须指定其工作的直连网络，指定的网络地址为分类地址的自然网段地址（该命令没有网络掩码参数），一个接口只能与一个 RIP 进程相关联。

version { 1 | 2 }：在 RIP 视图下设置 RIP 的版本号，1 表示 RIPv1，2 表示 RIPv2。

summary：在 RIP 视图下启动自动路由汇总，自动对路由进行有类聚合，聚合后的路由以使用自然掩码（分类地址的默认掩码）的路由形式发布。

display rip [*process-id*]：查看 RIP 进程的当前运行状态及配置信息。

display rip *process-id* route：查看所有从其他路由器学习的 RIP 路由信息，以及与每条路由相关的不同定时器的值。

rip split-horizon：在接口视图下，在该接口启用水平分割功能，以防止路由环路，该功能默认启用。如果要禁止启用水平分割功能，可使用“undo rip split-horizon”命令。

rip poison-reverse：在接口视图下，在该接口启用毒性逆转功能，以防止路由环路，该功能默认关闭。如果要禁止启用毒性逆转功能，可使用“undo rip poison-reverse”命令。如果同时启用水平分割和毒性逆转功能，则只有毒性逆转功能有效。

示例如下。

```
<R2>system-view
[R2]rip
[R2-rip-1]version 2
[R2-rip-1]network 10.0.0.0
[R2-rip-1]network 210.138.4.0
[R2-rip-1]undo summary
[R2-rip-1]interface GigabitEthernet0/0/1
[R2-GigabitEthernet0/0/1]undo rip split-horizon
```

4.3.2 建立网络拓扑

本实验的网络拓扑如图 4-35 所示（该网络拓扑可参考《计算机网络教程（第 6 版）（微课版）》4.2.6 小节中的图 4-33），该网络拓扑由 3 台路由器（选用 Router）、3 台主机构成 5 个网络，各设备的 IP 地址配置如表 4-3 所示。

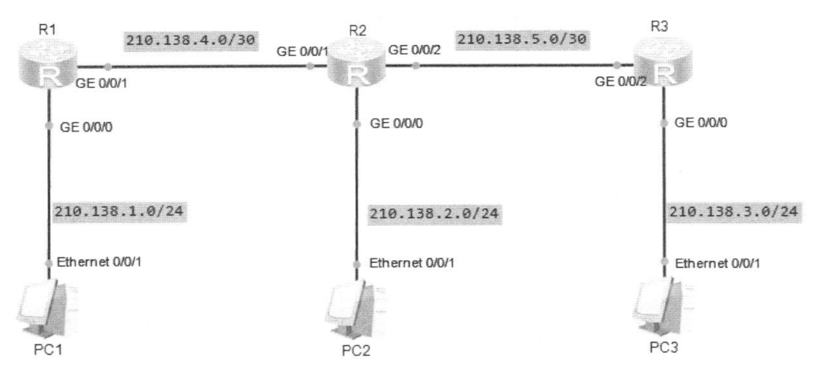

图 4-35 网络拓扑

表 4-3 各设备的 IP 地址配置

设备名称	接口	IP 地址
R1	GE 0/0/0	210.138.1.254/24
	GE 0/0/1	210.138.4.1/30
R2	GE 0/0/0	210.138.2.254/24
	GE 0/0/1	210.138.4.2/30
	GE0/0/2	210.138.5.1/30

续表

设备名称	接口	IP 地址
R3	GE 0/0/0	210.138.3.254/24
	GE 0/0/2	210.138.5.2/30
PC1	Ethernet 0/0/1	210.138.1.1/24
PC2	Ethernet 0/0/1	210.138.2.1/24
PC3	Ethernet 0/0/1	210.138.3.1/24

4.3.3 RIPv1 的基本配置

（1）查看路由器路由表，测试 PC1 到 PC2、PC3 的连通性，并分析结果。

（2）配置 RIP 并验证。

为路由器 R1、R2 和 R3 配置 RIP（默认为 RIPv1）。

R1 的配置命令如下。

```
[R1]rip 1
[R1-rip-1]network 210.138.1.0
[R1-rip-1]network 210.138.4.0
```

R2 的配置命令如下。

```
[R2]rip 1
[R2-rip-1]network 210.138.2.0
[R2-rip-1]network 210.138.4.0
[R2-rip-1]network 210.138.5.0
```

R3 的配置命令如下。

```
[R3]rip 1
[R3-rip-1]network 210.138.3.0
[R3-rip-1]network 210.138.5.0
```

注意：RIP 指定的网络地址只能为分类地址的自然网段地址。

配置完 RIP 后，再次测试 PC1 到 PC2、PC3 的连通性，分析 RIP 的作用。

（3）在 R2 的 GE 0/0/1 接口捕获的 RIPv1 报文如图 4-36 所示，分析 R2 发送的 RIPv1 报文，回答以下问题。

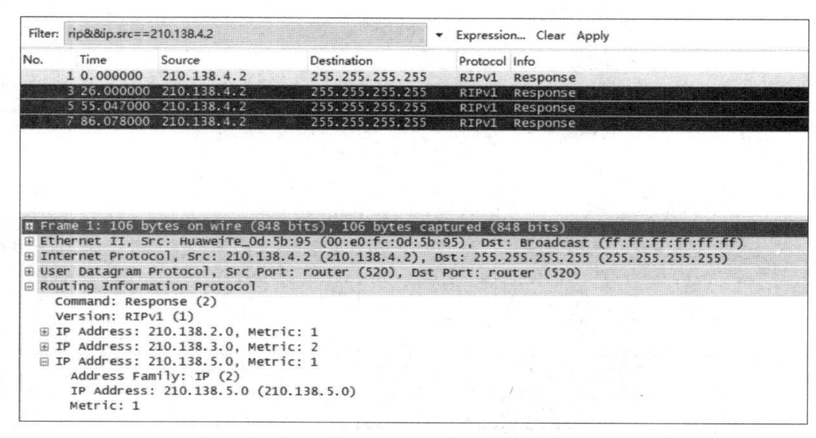

图 4-36 在 R2 的 GE 0/0/1 接口捕获的 RIPv1 报文

- RIPv1 报文的运输层协议是什么？源端口号和目的端口号分别是什么？
- IP 数据报和以太网帧的目的地址分别是什么地址（单播地址、多播地址还是广播地址）？
- 请设置显示过滤器，仅显示 R2 发送的 RIP 报文，查看分组列表中的“time”字段，RIP 响应报文发送的时间间隔大约是多少？
- R2 向邻居通告了哪些网络？到这些网络的路由度量分别是多少？
- RIPv1 通告的路由信息中是否有子网掩码？

（4）查看路由器的路由表，找出路由表发生的变化，查看路由表中增加的 RIP 路由信息。若要查看 R3 路由表中的 RIP 路由信息，执行“display ip routing-table protocol rip”命令，图 4-37 所示是 R3 路由表中的 RIP 路由信息。

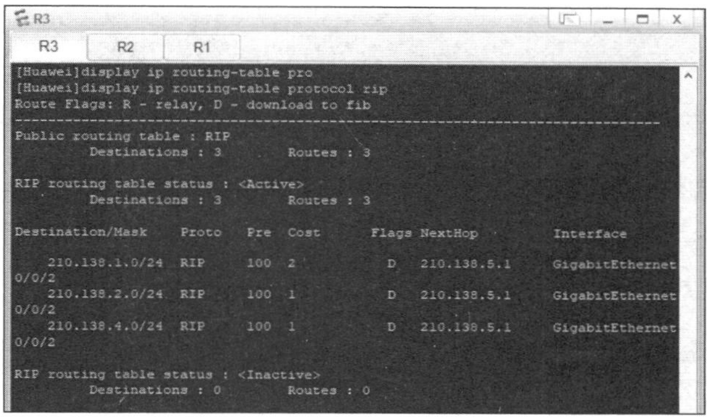

```
[Huawei]display ip routing-table pro
[Huawei]display ip routing-table protocol rip
Route Flags: R - relay, D - download to fib
------------------------------------------------------------------------------
Public routing table : RIP
         Destinations : 3        Routes : 3

RIP routing table status : <Active>
         Destinations : 3        Routes : 3

Destination/Mask    Proto   Pre  Cost      Flags NextHop         Interface

    210.138.1.0/24  RIP     100  2           D   210.138.5.1     GigabitEthernet
0/0/2
    210.138.2.0/24  RIP     100  1           D   210.138.5.1     GigabitEthernet
0/0/2
    210.138.4.0/24  RIP     100  1           D   210.138.5.1     GigabitEthernet
0/0/2

RIP routing table status : <Inactive>
         Destinations : 0        Routes : 0
```

图 4-37　R3 路由表中的 RIP 路由信息

从图 4-37 中可以看出，R3 的路由表中到 210.138.4.0 的路由，掩码是“/24”而不是“/30”。由于 RIPv1 的路由通告中没有子网掩码，R3 无法判断 210.138.4.0 的网络前缀，因此只能使用该地址的自然掩码。由此可见，RIPv1 不支持无分类编址。

4.3.4　RIPv2 的基本配置

（1）将 R1、R2 和 R3 的 RIP 版本设置为第 2 版。RIPv2 与 RIPv1 的配置命令完全相同，只需要进入 RIP 视图将版本设置为 2，其他配置不变。

以 R1 为例，配置后执行“display this”命令，查看 RIP 的最终配置信息，如图 4-38 所示。

```
Please Press ENTER.

<R1>sys
Enter system view, return user view with Ctrl+Z.
[R1]rip
[R1-rip-1]version 2
[R1-rip-1]display this
#
rip 1
 version 2
 network 210.138.1.0
 network 210.138.4.0
#
return
[R1-rip-1]
```

图 4-38　RIP 的最终配置信息

测试 PC1 到 PC2、PC3 的连通性，验证 RIPv2 的作用。

（2）在 R2 的 GE 0/0/1 接口捕获的 RIPv2 报文如图 4-39 所示，分析 R2 发送的 RIPv2 报文，回答以下问题。

- RIPv2 报文的运输层协议是什么？源端口号和目的端口号分别是什么？
- IP 数据报和以太网帧的目的地址分别是什么地址（单播地址、多播地址还是广播地址）？
- R2 向邻居通告了哪些网络？到这些网络的路由度量分别是多少？
- RIPv2 通告的路由信息中是否有子网掩码？

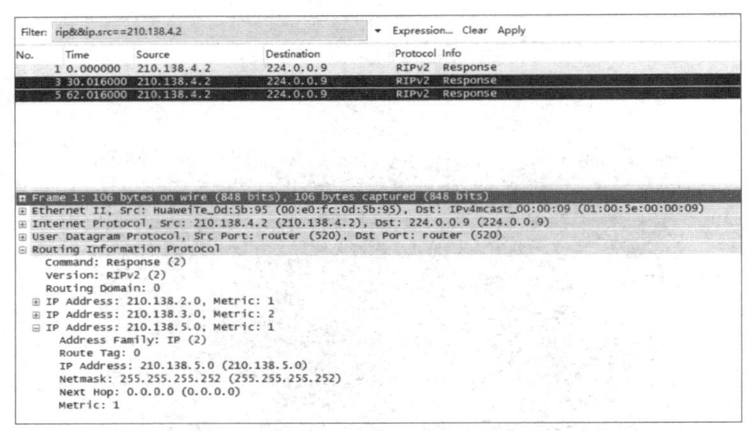

图 4-39 在 R2 的 GE 0/0/1 接口捕获的 RIPv2 报文

（3）查看路由器的路由表，图 4-40 所示是 R3 路由表中的 RIP 路由信息。

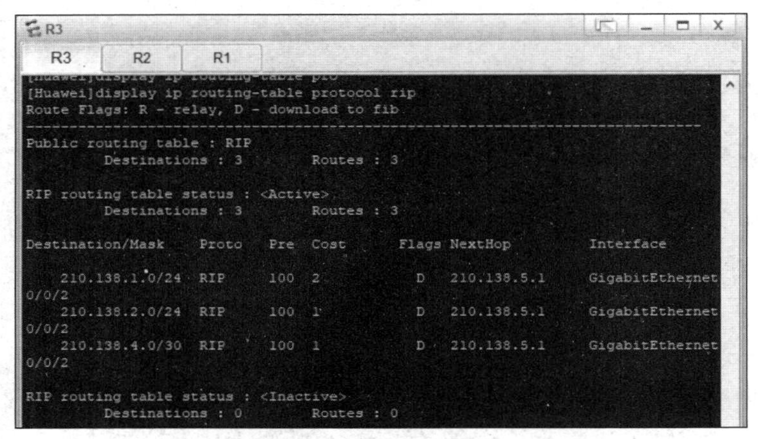

图 4-40 R3 路由表中的 RIP 路由信息

与图 4-37 比较可以看出，R3 的路由表中到 210.138.4.0 的路由，掩码是“/30”而不是“/24”。由于 RIPv2 的路由通告中携带子网掩码，因此 RIPv2 支持无分类编址。

4.3.5 验证水平分割功能

RIP 支持水平分割、毒性逆转和触发更新功能。在华为路由器中，水平分割功能是默认开启的，而毒性逆转功能是默认关闭的。如果同时开启水平分割和毒性逆转功能，则只有毒性逆转功能有效。

（1）为了更容易观察水平分割功能的作用，以下实验使用 RIPv1。我们需要将所有路由器的 RIP 版本设置为 1，并确保 PC1 到 PC2、PC3 已连通，RIPv1 已收敛。

（2）分析在 R2 的 GE 0/0/1 接口捕获的 RIPv1 报文。为什么 R1 没有通告到 210.138.2.0、210.138.3.0、210.138.5.0 的路由，而 R2 没有通告到 210.138.1.0、210.138.4.0 的路由？

（3）在 R2 的 GE 0/0/1 接口启动抓包，同时关闭 R3 的 GE 0/0/0 接口（在接口视图下执行“shutdown”命令），模拟坏消息。分析：经过几次通告，到 210.138.3.0 的路由度量（距离）会变为 16（不可达）。

我们会发现很快（一般是经过一次通告）R2 就开始通告到 210.138.3.0 的路由度量变为 16（不可达），如图 4-41 所示。

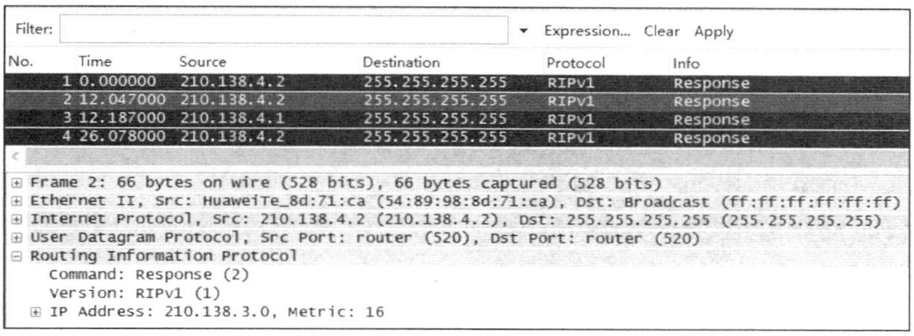

```
Filter:                                   ▾ Expression... Clear Apply
No.   Time         Source        Destination       Protocol  Info
    1 0.000000     210.138.4.2   255.255.255.255   RIPv1     Response
    2 12.047000    210.138.4.2   255.255.255.255   RIPv1     Response
    3 12.187000    210.138.4.1   255.255.255.255   RIPv1     Response
    4 26.078000    210.138.4.2   255.255.255.255   RIPv1     Response

⊞ Frame 2: 66 bytes on wire (528 bits), 66 bytes captured (528 bits)
⊞ Ethernet II, Src: HuaweiTe_8d:71:ca (54:89:98:8d:71:ca), Dst: Broadcast (ff:ff:ff:ff:ff:ff)
⊞ Internet Protocol, Src: 210.138.4.2 (210.138.4.2), Dst: 255.255.255.255 (255.255.255.255)
⊞ User Datagram Protocol, Src Port: router (520), Dst Port: router (520)
⊟ Routing Information Protocol
    Command: Response (2)
    Version: RIPv1 (1)
  ⊞ IP Address: 210.138.3.0, Metric: 16
```

图 4-41　到 210.138.3.0 的路由度量变为 16

4.3.6　验证 RIP 的慢收敛问题

首先启动 R3 的 GE 0/0/0 接口（在接口视图下执行“undo shutdown”命令）。为了更容易观察 RIP 的慢收敛问题，我们需要关闭 RIP 的路由汇总功能和水平分割功能，并继续使用 RIPv1。

（1）关闭 RIP 的路由汇总功能，在路由器 R1、R2、R3 互连的所有接口上执行“undo rip split-horizon”命令，以禁止启用水平分割功能。

以 R1 为例，具体命令如下。

```
[R1]rip
[R1-rip-1]undo summary
[R1-rip-1]interface GigabitEthernet0/0/1
[R1-GigabitEthernet0/0/1]undo rip split-horizon
```

在 R2 的 GE 0/0/1 接口启动抓包，捕获的 RIPv1 报文如图 4-42 所示。R1 有没有通告到 210.138.2.0、210.138.3.0、210.138.5.0 的路由？R2 有没有通告到 210.138.1.0、210.138.4.0 的路由？

（2）关闭 R3 的 GE 0/0/0 接口，模拟坏消息，并同时记下这时在 R2 的 GE 0/0/1 接口捕获的最后一个分组的序号。分析经过几次通告，到 210.138.3.0 的路由度量变为 16（不可达）。

注意：由于存在随机性，因此不一定每次都能捕捉到无穷计数情况。在关闭 R3 的 GE 0/0/0 接口前，同时观察 Wireshark 捕获的分组，一捕获到 R2（210.138.4.2）的 RIP 报文，就立即执行“shutdown”命令关闭 R3 的 GE 0/0/0 接口，这样可能更容易捕捉到无穷计数情况。

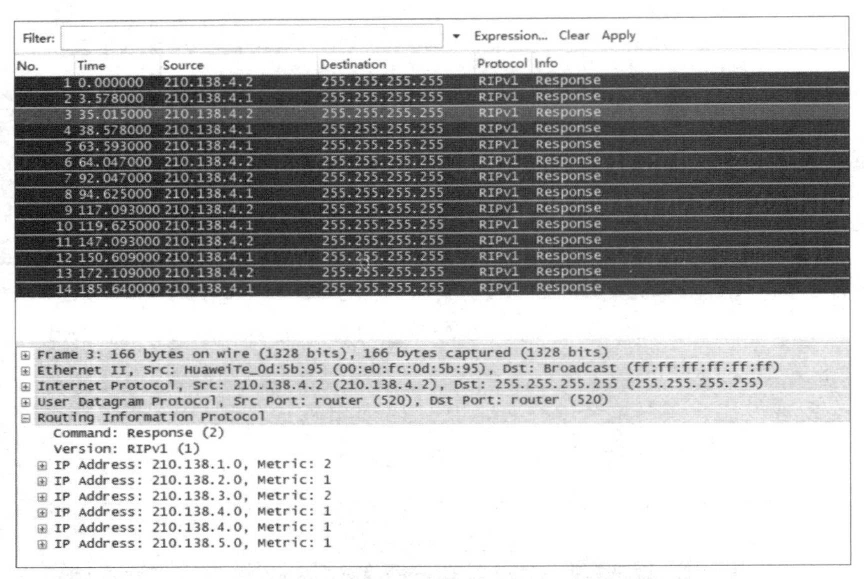

图 4-42 在 R2 的 GE 0/0/1 接口捕获的 RIPv1 报文

以下是实验结果的示例。（实际的实验结果会有所不同）

关闭接口时捕获的最后一个分组序号是 202，R2 通告到 210.138.3.0 的路由度量为 2，如图 4-43 所示。

No.	Time	Source	Destination	Protocol	Info
201	2937.76600	210.138.4.1	255.255.255.255	RIPv1	Response
202	2959.03200	210.138.4.2	255.255.255.255	RIPv1	Response
203	2966.92200	210.138.4.1	255.255.255.255	RIPv1	Response
204	2977.07900	210.138.4.2	255.255.255.255	RIPv1	Response
205	2980.01600	210.138.4.1	255.255.255.255	RIPv1	Response

```
⊞ Frame 202: 166 bytes on wire (1328 bits), 166 bytes captured (1328 bits)
⊞ Ethernet II, Src: HuaweiTe_8d:71:ca (54:89:98:8d:71:ca), Dst: Broadcast (ff:ff:ff:ff:ff:ff)
⊞ Internet Protocol, Src: 210.138.4.2 (210.138.4.2), Dst: 255.255.255.255 (255.255.255.255)
⊞ User Datagram Protocol, Src Port: router (520), Dst Port: router (520)
⊟ Routing Information Protocol
    Command: Response (2)
    Version: RIPv1 (1)
  ⊞ IP Address: 210.138.1.0, Metric: 2
  ⊞ IP Address: 210.138.2.0, Metric: 1
  ⊞ IP Address: 210.138.3.0, Metric: 2
  ⊞ IP Address: 210.138.4.0, Metric: 1
```

图 4-43 第 202 号分组

第 203 号分组，R2 通告到 210.138.3.0 的路由度量为 3。第 204 号分组，R2 通告到 210.138.3.0 的路由度量为 4，如图 4-44 所示。

No.	Time	Source	Destination	Protocol	Info
201	2937.76600	210.138.4.1	255.255.255.255	RIPv1	Response
202	2959.03200	210.138.4.2	255.255.255.255	RIPv1	Response
203	2966.92200	210.138.4.1	255.255.255.255	RIPv1	Response
204	2977.07900	210.138.4.2	255.255.255.255	RIPv1	Response
205	2980.01600	210.138.4.1	255.255.255.255	RIPv1	Response

```
⊞ Frame 204: 66 bytes on wire (528 bits), 66 bytes captured (528 bits)
⊞ Ethernet II, Src: HuaweiTe_8d:71:ca (54:89:98:8d:71:ca), Dst: Broadcast (ff:ff:ff:ff:ff:ff)
⊞ Internet Protocol, Src: 210.138.4.2 (210.138.4.2), Dst: 255.255.255.255 (255.255.255.255)
⊞ User Datagram Protocol, Src Port: router (520), Dst Port: router (520)
⊟ Routing Information Protocol
    Command: Response (2)
    Version: RIPv1 (1)
  ⊞ IP Address: 210.138.3.0, Metric: 4
```

图 4-44 第 204 号分组

直到第217号分组，R2通告到210.138.3.0的路由度量为16，如图4-45所示。

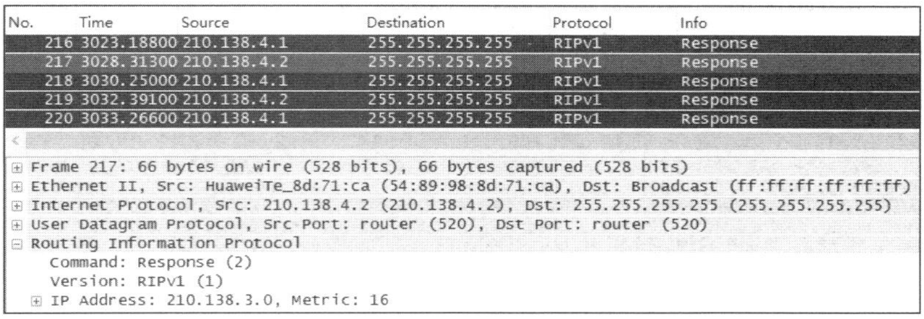

```
No.   Time          Source        Destination      Protocol  Info
  216 3023.18800 210.138.4.1   255.255.255.255  RIPv1     Response
  217 3028.31300 210.138.4.2   255.255.255.255  RIPv1     Response
  218 3030.25000 210.138.4.1   255.255.255.255  RIPv1     Response
  219 3032.39100 210.138.4.2   255.255.255.255  RIPv1     Response
  220 3033.26600 210.138.4.1   255.255.255.255  RIPv1     Response

⊞ Frame 217: 66 bytes on wire (528 bits), 66 bytes captured (528 bits)
⊞ Ethernet II, Src: HuaweiTe_8d:71:ca (54:89:98:8d:71:ca), Dst: Broadcast (ff:ff:ff:ff:ff:ff)
⊞ Internet Protocol, Src: 210.138.4.2 (210.138.4.2), Dst: 255.255.255.255 (255.255.255.255)
⊞ User Datagram Protocol, Src Port: router (520), Dst Port: router (520)
⊟ Routing Information Protocol
    Command: Response (2)
    Version: RIPv1 (1)
  ⊞ IP Address: 210.138.3.0, Metric: 16
```

图4-45　第217号分组

分析以上结果说明了什么。

4.3.7　实验小结

（1）RIP是一种基于距离向量算法的协议。RIPv1是一种有分类路由协议，利用UDP广播进行路由信息通告；而RIPv2是一种无分类路由协议，利用UDP多播进行路由信息通告，使用的多播地址为224.0.0.9。

（2）在默认情况下，开启路由器接口的水平分割功能，可以减轻“坏消息传播得慢”的问题。

4.3.8　思考题

水平分割功能能否彻底解决“坏消息传播得慢”的问题？请举例说明。

4.4　OSPF配置与分析

实验目的

（1）学习单区域和多区域OSPF的基本配置方法。

（2）理解OSPF的工作原理。

实验内容

（1）单区域OSPF配置与分析。

（2）多区域OSPF配置与分析。

4.4.1　相关知识

开放最短路径优先（Open Shortest Path First，OSPF）基于链路状态算法，是一个内部网关协议。OSPF可以将一个自治系统内部划分为多个区域，利用层次路由可应用于大规模网络。具体原理请参见教材《计算机网络教程（第6版）（微课版）》。

1. OSPF分组类型及首部格式

OSPF分组直接使用IP数据报进行传输，协议号为89。OSPF共有以下5种分组。

（1）Hello 分组（Hello Packet）：周期性发送，用于发现和维持 OSPF 邻居关系。两个不同非主干区域的路由器之间不能建立 OSPF 邻居关系。

（2）DD 分组（Database Description Packet）：数据库描述分组，描述本地链路状态数据库的摘要信息，用于两台路由器进行数据库同步。

（3）LSR 分组（Link State Request Packet）：链路状态请求分组，向对方请求所需要的链路状态通告数据。

（4）LSU 分组（Link State Update Packet）：链路状态更新分组，应答对方请求的链路状态通告数据或者泛洪自己更新的链路状态通告数据。

（5）LSAck 分组（Link State Acknowledgment Packet）：链路状态确认报文，对收到的 LSU 分组进行确认。

Hello 分组和 LSAck 分组不需要应答。

OSPF 的 5 种分组具有相同的首部格式，如图 4-46 所示，长度为 24 字节。

0　　　8	8　　　16	16　　24　　31位
版本	类型	分组长度
路由器标识符		
区域标识符		
检验和		鉴别类型
鉴别信息		
鉴别信息		

图 4-46　OSPF 分组的首部格式

OSPF 分组首部各字段的意义如下。

版本（Version）：8bit，OSPFv2 值为 2，OSPFv3 值为 3。

类型（Type）：8bit，OSPF 分组类型，其中，1 表示 hello、2 表示 DD、3 表示 LSR、4 表示 LSU、5 表示 LSAck。

分组长度（Packet Length）：16bit，OSPF 分组总长度，包括分组首部在内，单位为字节。

路由器标识符（Router ID）：32bit，发送该分组的路由器标识符。

区域标识符（Area ID）：32bit，发送该分组的路由器接口所属区域。

检验和（Checksum）：16bit，包含除鉴别字段外的整个分组的校验和。

鉴别类型（Autype）：16bit，0 表示不验证，1 表示简单认证，2 表示 MD5 认证。

鉴别信息（Authentication）：64bit，其数值根据鉴别类型而定。

2．相关 CLI 命令

配置 OSPF 首先要进入系统视图。

```
[Huawei]system-view
```

一台路由器如果要运行 OSPF，必须存在 Router ID。路由器的 Router ID 是一个 32bit 无符号整数，是一台路由器在自治系统中的唯一标识。默认情况下，路由器系统会从当前接口的 IP 地址中自动选取一个最大值作为 Router ID。为保证 OSPF 运行的稳定性，在进行网络规划时应该确定 Router ID 的划分并手动配置。

```
[Huawei]router id 1.1.1.1
```

启动 OSPF 进程并进入 OSPF 视图，若不指定进程 ID，则使用默认值 1。

```
[Huawei]ospf 1
```

创建并进入区域视图。并非所有的区域都是平等的关系。其中区域号是 0 的区域称为骨干区域，骨干区域负责区域之间的路由，非骨干区域之间的路由信息必须通过骨干区域来转发。单区域只有一个主干区域。

```
[Huawei-ospf-1]area 0
```

指定运行 OSPF 的接口和接口所属区域。OSPF 使用通配符掩码（也称为反掩码，1 表示忽略 IP 地址中对应的位，0 表示必须保留此位），如 0.0.0.255 表示网络前缀长度为 24 位。接口 IP 地址必须在“network”命令指定的网段范围内且掩码长度要大于或等于“network”命令中的掩码长度，否则该接口不能运行 OSPF。

```
[Huawei-ospf-1-area-0.0.0.0]network 192.168.2.0 0.0.0.255
[Huawei-ospf-1-area-0.0.0.0]network 192.168.3.0 0.0.0.255
```

当“network”命令配置的通配符掩码全为 0 时，如果接口的 IP 地址与“network”命令配置的 IP 地址相同，则此接口也会运行 OSPF。例如，指定 IP 地址为 192.168.3.1 的接口运行 OSPF 的命令如下。

```
[Huawei-ospf-1-area-0.0.0.0]network 192.168.3.1 0.0.0.0
```

区域边界路由器可以创建多个区域，不同接口属于不同的区域。

```
[Huawei-ospf-1]area 1
[Huawei-ospf-1-area-0.0.0.1]network 192.168.4.0 0.0.0.255
```

配置好 OSPF 后可使用以下命令查看 OSPF 进程及区域细节的数据。

```
<Huawei>display ospf brief
```

执行“display”命令，查看路由表中的 OSPF 路由信息。

```
<Huawei>display ip routing-table protocol ospf
```

执行“display”命令，查看 OSPF 各区域邻居路由器的信息。

```
<Huawei>display ospf peer
```

4.4.2 建立网络拓扑

本实验的网络拓扑如图 4-47 所示。4 台路由器（以 Router 为例）互连，每台路由器连接一台 PC，一共 6 个网段进行互连，各设备的 IP 地址等配置如表 4-4 所示。根据表 4-4 为 PC 和路由器各接口配置 IP 地址。

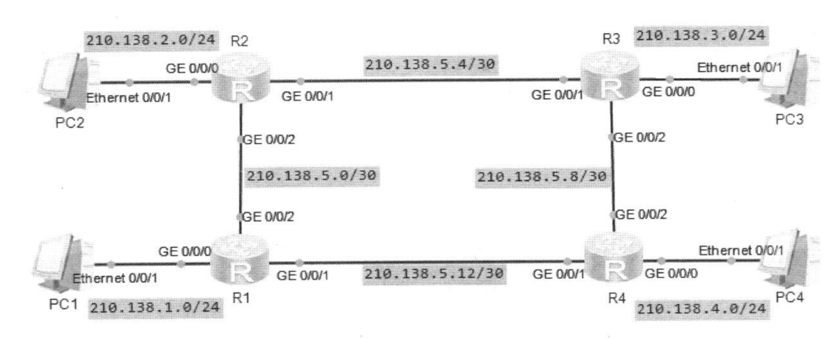

图 4-47　网络拓扑

表 4-4　各设备的 IP 地址等配置

设备名称	接口	IP 地址	单区域	多区域
R1	GE 0/0/0	210.138.1.254/24	area 0	area 1
	GE 0/0/1	210.138.5.13/30	area 0	area 1
	GE 0/0/2	210.138.5.1/30	area 0	area 1
R2	GE 0/0/0	210.138.2.254/24	area 0	area 1
	GE 0/0/1	210.138.5.5/30	area 0	area 0
	GE 0/0/2	210.138.5.2/30	area 0	area 1
R3	GE 0/0/0	210.138.3.254/24	area 0	area 2
	GE 0/0/1	210.138.5.6/30	area 0	area 0
	GE 0/0/2	210.138.5.9/30	area 0	area 2
R4	GE 0/0/0	210.138.4.254/24	area 0	area 2
	GE 0/0/1	210.138.5.14/30	area 0	area 2
	GE 0/0/2	210.138.5.10/30	area 0	area 2
PC1	Ethernet 0/0/1	210.138.1.1/24		
PC2	Ethernet 0/0/1	210.138.2.1/24		
PC3	Ethernet 0/0/1	210.138.3.1/24		
PC4	Ethernet 0/0/1	210.138.4.1/24		

4.4.3　单区域 OSPF 配置与分析

（1）启动各路由器 OSPF，并将 R1、R2、R3、R4 所有接口的直连网络都配置为 area 0。R1 的配置命令如下。

```
[R1]ospf 1 router-id 1.1.1.1
[R1-ospf-1]area 0
[R1-ospf-1-area-0.0.0.0]network 210.138.1.0 0.0.0.255
[R1-ospf-1-area-0.0.0.0]network 210.138.5.0 0.0.0.255
```

R2 的配置命令如下。

```
[R2]ospf 1 router-id 2.2.2.2
[R2-ospf-1]area 0
[R2-ospf-1-area-0.0.0.0]network 210.138.2.0 0.0.0.255
[R2-ospf-1-area-0.0.0.0]network 210.138.5.0 0.0.0.255
```

R3 的配置命令如下。

```
[R3]ospf 1 router-id 3.3.3.3
[R3-ospf-1]area 0
[R3-ospf-1-area-0.0.0.0]network 210.138.3.0 0.0.0.255
[R3-ospf-1-area-0.0.0.0]network 210.138.5.0 0.0.0.255
```

R4 的配置命令如下。

```
[R4]ospf 1 router-id 4.4.4.4
[R4-ospf-1]area 0
[R4-ospf-1-area-0.0.0.0]network 210.138.4.0 0.0.0.255
[R4-ospf-1-area-0.0.0.0]network 210.138.5.0 0.0.0.255
```

配置完后，测试各 PC 间的连通性，验证 OSPF 是否配置成功。

（2）查看路由表信息。

以 R1 为例，查看 OSPF 获取的路由信息，如图 4-48 所示，请分析与你的预期有何不同。

```
R1
<R1>disp ip rout pro ospf
Route Flags: R - relay, D - download to fib
------------------------------------------------------------------------------
Public routing table : OSPF
         Destinations : 5        Routes : 6

OSPF routing table status : <Active>
         Destinations : 5        Routes : 6

Destination/Mask    Proto   Pre  Cost      Flags NextHop         Interface

    210.138.2.0/24  OSPF    10   2           D   210.138.5.2     GigabitEthernet
0/0/2
    210.138.3.0/24  OSPF    10   3           D   210.138.5.2     GigabitEthernet
0/0/2
                    OSPF    10   3           D   210.138.5.14    GigabitEthernet
0/0/1
    210.138.4.0/24  OSPF    10   2           D   210.138.5.14    GigabitEthernet
0/0/1
    210.138.5.4/30  OSPF    10   2           D   210.138.5.2     GigabitEthernet
0/0/2
    210.138.5.8/30  OSPF    10   2           D   210.138.5.14    GigabitEthernet
0/0/1
```

图 4-48　R1 路由表中的 OSPF 路由信息

还可以执行“display ospf routing”命令，查看 OSPF 的路由信息，如图 4-49 所示。

```
R1
<R1>disp ospf routing

         OSPF Process 1 with Router ID 1.1.1.1
                 Routing Tables

 Routing for Network
 Destination        Cost  Type       NextHop         AdvRouter       Area
 210.138.1.0/24     1     Stub       210.138.1.254   1.1.1.1         0.0.0.0
 210.138.5.0/30     1     Transit    210.138.5.1     1.1.1.1         0.0.0.0
 210.138.5.12/30    1     Transit    210.138.5.13    1.1.1.1         0.0.0.0
 210.138.2.0/24     2     Stub       210.138.5.2     2.2.2.2         0.0.0.0
 210.138.3.0/24     3     Stub       210.138.5.14    3.3.3.3         0.0.0.0
 210.138.3.0/24     3     Stub       210.138.5.2     3.3.3.3         0.0.0.0
 210.138.4.0/24     2     Stub       210.138.5.14    4.4.4.4         0.0.0.0
 210.138.5.4/30     2     Transit    210.138.5.2     3.3.3.3         0.0.0.0
 210.138.5.8/30     2     Transit    210.138.5.14    4.4.4.4         0.0.0.0

 Total Nets: 9
 Intra Area: 9  Inter Area: 0  ASE: 0  NSSA: 0
```

图 4-49　OSPF 的路由信息

OSPF 发现的网络可归纳为两种类型：转接网络（Transit Network）和末端网络（Stub Network）。从图 4-49 可以看到，路由器 R1 到末端网络 210.138.3.0/24 有两条代价相同的路由。

（3）追踪 IP 数据报的转发路径。

执行“tracert”命令，测试从 PC1 到 PC4 的转发路径，如图 4-50 所示，请解释结果。

```
PC>tracert 210.138.4.1

traceroute to 210.138.4.1, 8 hops max
(ICMP), press Ctrl+C to stop
 1  210.138.1.254   <1 ms  15 ms  32 ms
 2  210.138.5.14    47 ms  31 ms  47 ms
 3  210.138.4.1    62 ms  78 ms  63 ms
```

图 4-50　PC1 tracert PC4

（4）抓包分析相邻路由器 OSPF 同步过程。

以 R2 与 R3 之间的同步过程为例。先停止 R2 的运行，然后启动 R2，当 R2 的 GE 0/0/1 接口刚变绿时，在该接口启动抓包。

分析捕获的 OSPF 分组，如图 4-51 所示，并回答以下问题。

- OSPF 分组封装在什么协议的分组里？
- 一共有几种类型的 OSPF 分组？各类型分组的功能是什么？
- 为什么有的分组使用 IP 单播进行传送，而有的分组使用 IP 多播进行传送？
- Hello 分组发送的时间间隔大约是多久？
- 当稳定时，OSPF 主要发送的是哪种类型的分组？该分组中包含路由信息吗？

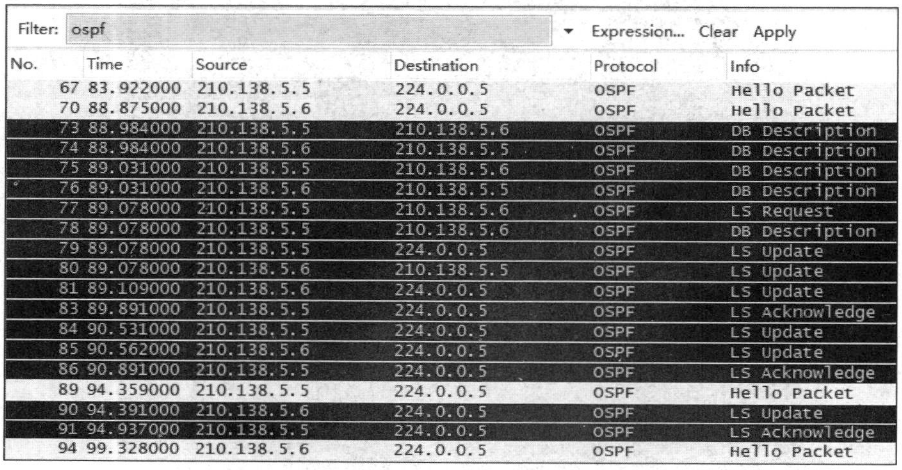

Filter: ospf　　Expression... Clear Apply

No.	Time	Source	Destination	Protocol	Info
67	83.922000	210.138.5.5	224.0.0.5	OSPF	Hello Packet
70	88.875000	210.138.5.6	224.0.0.5	OSPF	Hello Packet
73	88.984000	210.138.5.5	210.138.5.6	OSPF	DB Description
74	88.984000	210.138.5.6	210.138.5.5	OSPF	DB Description
75	89.031000	210.138.5.5	210.138.5.6	OSPF	DB Description
76	89.031000	210.138.5.6	210.138.5.5	OSPF	DB Description
77	89.078000	210.138.5.5	210.138.5.6	OSPF	LS Request
78	89.078000	210.138.5.5	210.138.5.6	OSPF	DB Description
79	89.078000	210.138.5.5	224.0.0.5	OSPF	LS Update
80	89.078000	210.138.5.6	210.138.5.5	OSPF	LS Update
81	89.109000	210.138.5.6	224.0.0.5	OSPF	LS Update
83	89.891000	210.138.5.5	224.0.0.5	OSPF	LS Acknowledge
84	90.531000	210.138.5.5	224.0.0.5	OSPF	LS Update
85	90.562000	210.138.5.6	224.0.0.5	OSPF	LS Update
86	90.891000	210.138.5.5	224.0.0.5	OSPF	LS Acknowledge
89	94.359000	210.138.5.5	224.0.0.5	OSPF	Hello Packet
90	94.391000	210.138.5.6	224.0.0.5	OSPF	LS Update
91	94.937000	210.138.5.5	224.0.0.5	OSPF	LS Acknowledge
94	99.328000	210.138.5.6	224.0.0.5	OSPF	Hello Packet

图 4-51　在 R2 的 GE 0/0/1 接口捕获的 OSPF 分组

（5）捕获并分析链路状态更新分组。

仍然在 R2 的 GE 0/0/1 接口捕获分组。在 R1 的 GE 0/0/0 接口执行“shutdown”命令，关闭连接网络 210.138.1.0/24 的接口，捕捉到 Router ID 为 1.1.1.1 广播的链路状态更新分组，如图 4-52 所示。

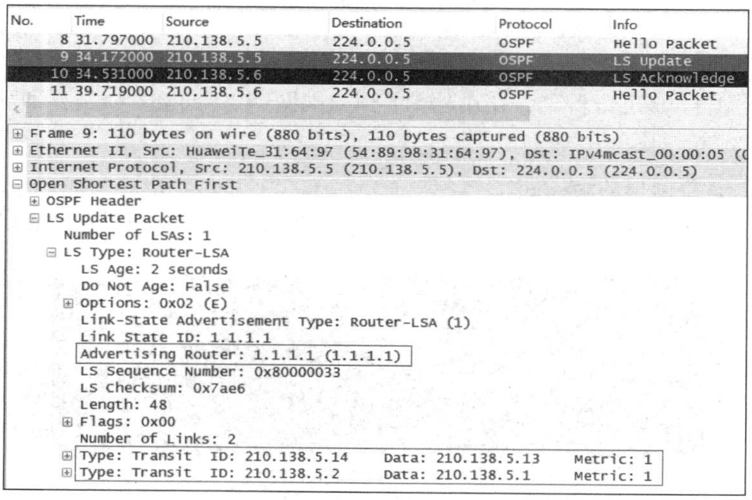

No.	Time	Source	Destination	Protocol	Info
8	31.797000	210.138.5.5	224.0.0.5	OSPF	Hello Packet
9	34.172000	210.138.5.5	224.0.0.5	OSPF	LS Update
10	34.531000	210.138.5.6	224.0.0.5	OSPF	LS Acknowledge
11	39.719000	210.138.5.6	224.0.0.5	OSPF	Hello Packet

```
⊞ Frame 9: 110 bytes on wire (880 bits), 110 bytes captured (880 bits)
⊞ Ethernet II, Src: HuaweiTe_31:64:97 (54:89:98:31:64:97), Dst: IPv4mcast_00:00:05 (0
⊞ Internet Protocol, Src: 210.138.5.5 (210.138.5.5), Dst: 224.0.0.5 (224.0.0.5)
⊟ Open Shortest Path First
  ⊞ OSPF Header
  ⊟ LS Update Packet
      Number of LSAs: 1
    ⊟ LS Type: Router-LSA
        LS Age: 2 seconds
        Do Not Age: False
      ⊞ Options: 0x02 (E)
        Link-State Advertisement Type: Router-LSA (1)
        Link State ID: 1.1.1.1
        Advertising Router: 1.1.1.1 (1.1.1.1)
        LS Sequence Number: 0x80000033
        LS Checksum: 0x7ae6
        Length: 48
      ⊞ Flags: 0x00
        Number of Links: 2
      ⊞ Type: Transit   ID: 210.138.5.14    Data: 210.138.5.13    Metric: 1
      ⊞ Type: Transit   ID: 210.138.5.2     Data: 210.138.5.1     Metric: 1
```

图 4-52　捕获的链路状态更新分组

从图 4-52 中可以看出，R1 在该链路状态更新分组中通告了两条转接（Transit）链路：

210.138.5.13→210.138.5.14（路由度量为 1）；

210.138.5.1→210.138.5.2（路由度量为 1）。

在 R4 到 R3 的链路上是否也能捕获到该链路状态更新分组？为什么？

在 R1 的 GE 0/0/0 接口执行“undo shutdown”命令，恢复到网络 210.138.1.0/24 的连接，再次捕捉到的 Router ID 为 1.1.1.1 广播的链路状态更新分组的内容有什么不同？

4.4.4 多区域 OSPF 配置与分析

（1）执行“undo ospf ospf-id”命令删除 OSPF 路由配置信息，按照表 4-4 中“多区域”一列内容更改路由器接口所属区域。多区域网络拓扑如图 4-53 所示，area 0 为主干区域，area 1 和 area 2 为普通区域，R2 和 R3 为区域边界路由器。

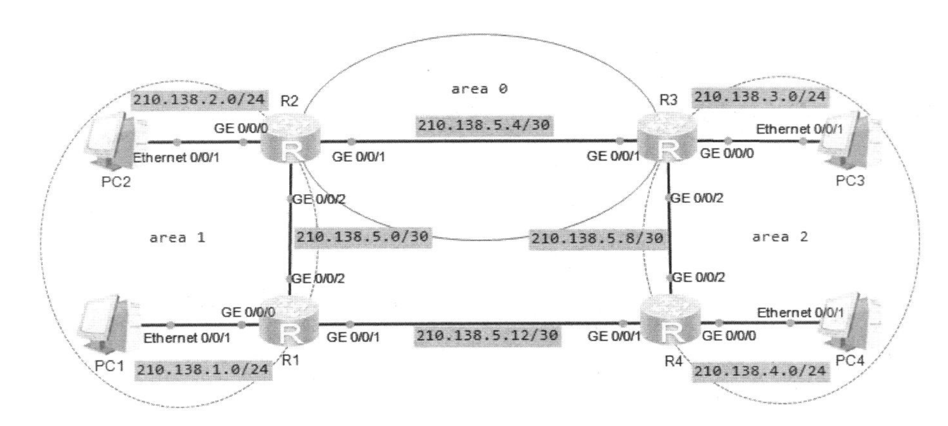

图 4-53　多区域网络拓扑

以 R1 为例，删除 OSPF 路由配置信息的命令如下。

```
[R1]undo ospf 1
```

配置多区域 OSPF 路由。R1 的配置命令如下。

```
[R1]ospf 1 router-id 1.1.1.1
[R1-ospf-1]area 1
[R1-ospf-1-area-0.0.0.1]network 210.138.1.0 0.0.0.255
[R1-ospf-1-area-0.0.0.1]network 210.138.5.0 0.0.0.3
[R1-ospf-1-area-0.0.0.1]network 210.138.5.12 0.0.0.3
```

R2 的配置命令如下。

```
[R2]ospf 1 router-id 2.2.2.2
[R2-ospf-1]area 1
[R2-ospf-1-area-0.0.0.1]network 210.138.2.0 0.0.0.255
[R2-ospf-1-area-0.0.0.1]network 210.138.5.0 0.0.0.3
[R2-ospf-1-area-0.0.0.1]area 0
[R2-ospf-1-area-0.0.0.0]network 210.138.5.4 0.0.0.3
```

R3 的配置命令如下。

```
[R3]ospf 1 router-id 3.3.3.3
[R3-ospf-1]area 0
```

```
[R3-ospf-1-area-0.0.0.0]network 210.138.5.4 0.0.0.3
[R3-ospf-1-area-0.0.0.0]area 2
[R3-ospf-1-area-0.0.0.2]network 210.138.5.8 0.0.0.3
[R3-ospf-1-area-0.0.0.2]network 210.138.3.0 0.0.0.255
```

R4 的配置命令如下。

```
[R4]ospf 1 router-id 4.4.4.4
[R4-ospf-1]area 2
[R4-ospf-1-area-0.0.0.2]network 210.138.4.0 0.0.0.255
[R4-ospf-1-area-0.0.0.2]network 210.138.5.8 0.0.0.3
[R4-ospf-1-area-0.0.0.2]network 210.138.5.12 0.0.0.3
```

配置完成后，测试各 PC 间的连通性，验证 OSPF 是否配置成功。

（2）查看各路由器路由表中的 OSPF 路由信息。以 R1 为例，如图 4-54 所示，请将其与图 4-48 进行比较，路由器 R1 到 210.138.3.0/24、210.138.4.0/24 的路由有什么不同？分析原因。

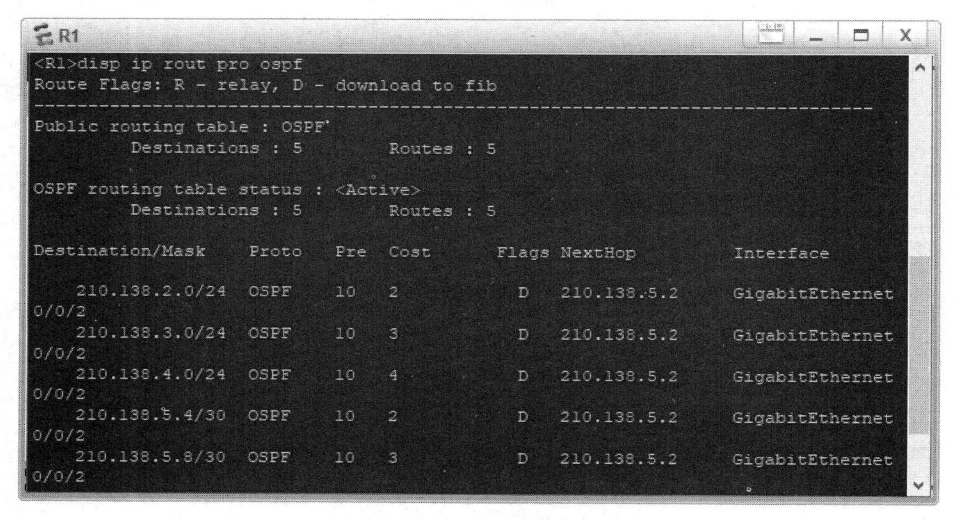

图 4-54　R1 的 OSPF 路由信息

（3）执行“tracert”命令，测试从 PC1 到 PC4 的转发路径，如图 4-55 所示，请将其与图 4-50 进行比较并解释原因。

```
PC>tracert 210.138.4.1

traceroute to 210.138.4.1, 8 hops max
(ICMP), press Ctrl+C to stop
 1  210.138.1.254   31 ms  16 ms  31 ms
 2  210.138.5.2   47 ms  47 ms  46 ms
 3  210.138.5.6   63 ms  62 ms  63 ms
 4  210.138.5.10   125 ms  109 ms  94 ms
 5  210.138.4.1   125 ms  125 ms  109 ms
```

图 4-55　PC1 tracert PC4

（4）关闭到 210.138.1.0/24 的接口，捕获并分析链路状态更新分组。

分别在 R1、R2、R3 和 R4 之间的链路上启动抓包。在 R1 的 GE 0/0/0 接口上执行

“shutdown”命令，关闭连接网络 210.138.1.0/24 的接口。

是否在所有链路上都能捕获到链路状态更新分组？在各链路上捕获的链路状态更新分组（见图 4-56～图 4-58）有什么不同？

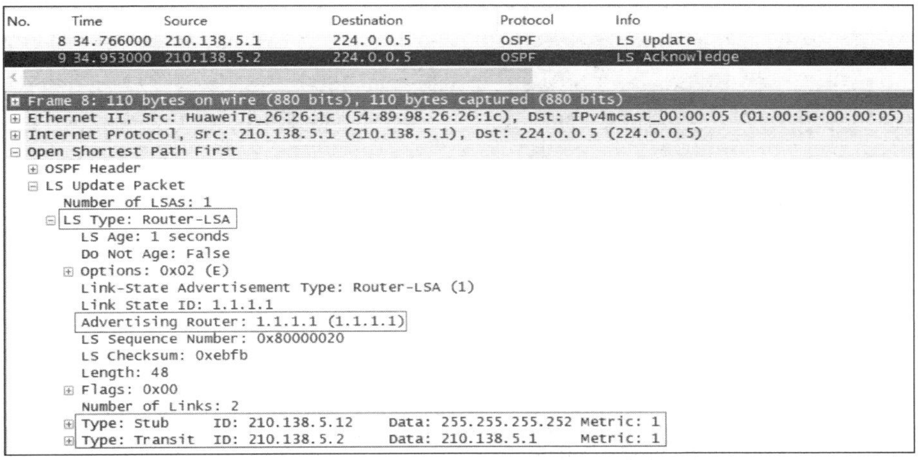

```
No.   Time        Source        Destination   Protocol   Info
    8 34.766000   210.138.5.1   224.0.0.5     OSPF       LS Update
    9 34.953000   210.138.5.2   224.0.0.5     OSPF       LS Acknowledge

⊞ Frame 8: 110 bytes on wire (880 bits), 110 bytes captured (880 bits)
⊞ Ethernet II, Src: HuaweiTe_26:26:1c (54:89:98:26:26:1c), Dst: IPv4mcast_00:00:05 (01:00:5e:00:00:05)
⊞ Internet Protocol, Src: 210.138.5.1 (210.138.5.1), Dst: 224.0.0.5 (224.0.0.5)
⊟ Open Shortest Path First
  ⊞ OSPF Header
  ⊟ LS Update Packet
      Number of LSAs: 1
    ⊟ LS Type: Router-LSA
        LS Age: 1 seconds
        Do Not Age: False
      ⊞ Options: 0x02 (E)
        Link-State Advertisement Type: Router-LSA (1)
        Link State ID: 1.1.1.1
        Advertising Router: 1.1.1.1 (1.1.1.1)
        LS Sequence Number: 0x80000020
        LS Checksum: 0xebfb
        Length: 48
      ⊞ Flags: 0x00
        Number of Links: 2
      ⊞ Type: Stub      ID: 210.138.5.12    Data: 255.255.255.252 Metric: 1
      ⊞ Type: Transit   ID: 210.138.5.2     Data: 210.138.5.1     Metric: 1
```

图 4-56　R1－R2 链路上捕获的链路状态更新分组

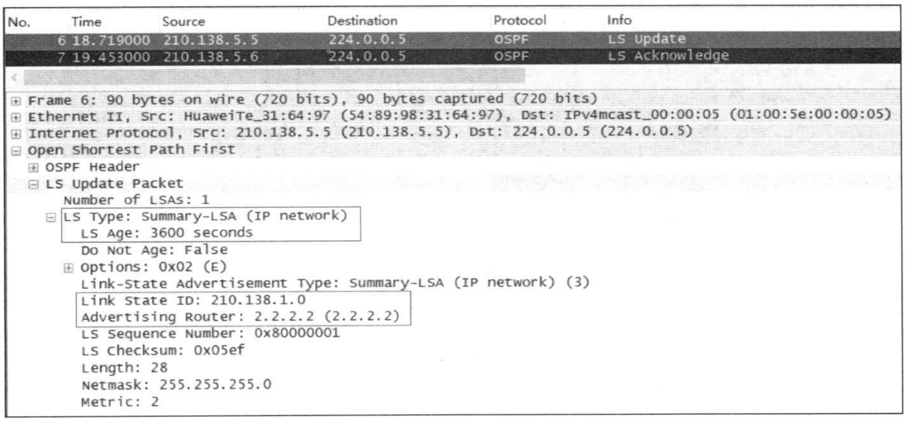

```
No.   Time        Source        Destination   Protocol   Info
    6 18.719000   210.138.5.5   224.0.0.5     OSPF       LS Update
    7 19.453000   210.138.5.6   224.0.0.5     OSPF       LS Acknowledge

⊞ Frame 6: 90 bytes on wire (720 bits), 90 bytes captured (720 bits)
⊞ Ethernet II, Src: HuaweiTe_31:64:97 (54:89:98:31:64:97), Dst: IPv4mcast_00:00:05 (01:00:5e:00:00:05)
⊞ Internet Protocol, Src: 210.138.5.5 (210.138.5.5), Dst: 224.0.0.5 (224.0.0.5)
⊟ Open Shortest Path First
  ⊞ OSPF Header
  ⊟ LS Update Packet
      Number of LSAs: 1
    ⊟ LS Type: Summary-LSA (IP network)
        LS Age: 3600 seconds
        Do Not Age: False
      ⊞ Options: 0x02 (E)
        Link-State Advertisement Type: Summary-LSA (IP network) (3)
        Link State ID: 210.138.1.0
        Advertising Router: 2.2.2.2 (2.2.2.2)
        LS Sequence Number: 0x80000001
        LS Checksum: 0x05ef
        Length: 28
        Netmask: 255.255.255.0
        Metric: 2
```

图 4-57　R2－R3 链路上捕获的链路状态更新分组

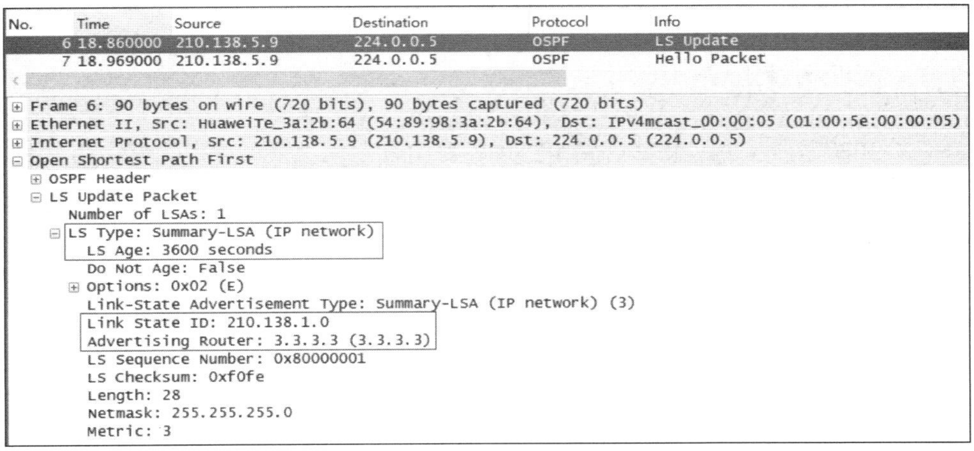

```
No.   Time        Source        Destination   Protocol   Info
    6 18.860000   210.138.5.9   224.0.0.5     OSPF       LS Update
    7 18.969000   210.138.5.9   224.0.0.5     OSPF       Hello Packet

⊞ Frame 6: 90 bytes on wire (720 bits), 90 bytes captured (720 bits)
⊞ Ethernet II, Src: HuaweiTe_3a:2b:64 (54:89:98:3a:2b:64), Dst: IPv4mcast_00:00:05 (01:00:5e:00:00:05)
⊞ Internet Protocol, Src: 210.138.5.9 (210.138.5.9), Dst: 224.0.0.5 (224.0.0.5)
⊟ Open Shortest Path First
  ⊞ OSPF Header
  ⊟ LS Update Packet
      Number of LSAs: 1
    ⊟ LS Type: Summary-LSA (IP network)
        LS Age: 3600 seconds
        Do Not Age: False
      ⊞ Options: 0x02 (E)
        Link-State Advertisement Type: Summary-LSA (IP network) (3)
        Link State ID: 210.138.1.0
        Advertising Router: 3.3.3.3 (3.3.3.3)
        LS Sequence Number: 0x80000001
        LS Checksum: 0xf0fe
        Length: 28
        Netmask: 255.255.255.0
        Metric: 3
```

图 4-58　R3－R4 链路上捕获的链路状态更新分组

可以看出，在 R1-R2 链路上捕获的是 R1（Router ID 为 1.1.1.1）在区域 area 1 内洪泛的路由器链路状态通告（Router-LSA），如图 4-56 所示，通告的是它的转接（Transit）链路，但没有包括末端网络 210.138.1.0/24。

在 R2-R3 链路上捕获的是区域边界路由器 R2（Router ID 为 2.2.2.2）在主干区域内洪泛的汇总链路状态通告（Summary-LSA），如图 4-57 所示，通告的是 210.138.1.0/24 不再可达。当一条链路状态的寿命（LS Age）变为最大值 3600s 时，该链路状态不再有效。

区域边界路由器 R3（Router ID 为 3.3.3.3）收到来自主干区域的汇总链路状态通告，将其洪泛给区域 area 2 内的其他路由器，如图 4-58 所示。

在 R4-R1 链路上只能捕获到 Hello 分组，而捕获不到链路状态更新分组。因为两个不同非主干区域的路由器之间不能建立 OSPF 邻居关系，无法交换路由信息。R1 的邻居信息中只有 R2（Router ID 为 2.2.2.2）一个邻居，如图 4-59 所示，虽然 R1 与 R3 连接在同一条链路上。

```
R1
<R1>display ospf peer

      OSPF Process 1 with Router ID 1.1.1.1
            Neighbors

 Area 0.0.0.1 interface 210.138.5.1(GigabitEthernet0/0/2)'s neighbors
 Router ID: 2.2.2.2          Address: 210.138.5.2
   State: Full  Mode:Nbr is  Master  Priority: 1
   DR: 210.138.5.2  BDR: 210.138.5.1  MTU: 0
   Dead timer due in 37  sec
   Retrans timer interval: 5
   Neighbor is up for 00:22:23
   Authentication Sequence: [ 0 ]

<R1>
```

图 4-59　R1 的邻居信息

（5）恢复启动到 210.138.1.0/24 的接口，捕获并分析链路状态更新分组。

在 R1 的 GE 0/0/0 接口执行“undo shutdown”命令，恢复启动到 210.138.1.0/24 的接口，重复（4）的实验。

4.4.5　实验小结

（1）OSPF 是典型的链路状态路由协议，路由器之间交换的并不是路由表，而是链路状态，OSPF 通过获取网络中所有的链路状态信息，计算出到达每个目标精确的网络路径。

（2）单区域 OSPF 适用于小型的网络拓扑，当网络拓扑规模变大时，为了改善网络的可拓展性，加速收敛，采用多区域 OSPF 更合适。

4.4.6　思考题

（1）OSPF 链路状态更新分组是利用 IP 进行传输的，其 IP 数据报的目的地址是广播地址吗？为什么说链路状态更新分组采用的是可靠洪泛？

（2）在图 4-53 的基础上，将 R1 与 R4 之间的链路接口的所属区域改为主干区域 area 0，重复以上多区域 OSPF 的实验会出现什么结果？

4.5 VLAN 互连与三层交换机

实验目的

（1）掌握用路由器互连 VLAN 的配置方法。

（2）掌握用三层交换机互连 VLAN 的配置方法。

（3）理解三层交换机的功能和基本原理。

实验内容

（1）用路由器互连 VLAN。

（2）用单臂路由器互连 VLAN。

（3）用三层交换机互连 VLAN。

4.5.1 相关知识

利用 VLAN 技术，管理员可以在一个物理局域网上通过配置操作建立多个逻辑上独立的虚拟网络。划分 VLAN 可以简化网络管理、避免广播风暴，以及增强网络的安全性。但位于不同 VLAN 的主机通常需要互相进行通信，这就需要在网络层将它们互连起来。当然，可以用路由器来互连多个 VLAN，就像互连多个局域网一样，但更方便的方法是使用三层交换机。二层交换机是根据 MAC 帧中的 MAC 地址进行转发的设备，而三层交换机则是在二层交换机的基础上增加了路由功能。这里的“三层”是指网络层，三层交换机的优势是既能实现路由功能，又能进行高速转发，可以很方便地直接将多个 VLAN 在网络层进行互连，多用于企业网内部。

1. 三层交换机的基本工作过程

这里举例说明三层交换机的基本工作过程。当 VLAN 1 中的主机 A 通过三层交换机 S 发送一个 IP 数据报给 VLAN 2 中的主机 B 时，A 发送的 IP 数据报封装在目的 MAC 地址为 S（配置为 A 的默认网关）的 VLAN 1 接口的 MAC 地址（若不知道，可使用 ARP 获取该 MAC 地址）的帧中，S 收到目的为自己的 MAC 帧，会查看其中 IP 数据报的目的 IP 地址，若是第一次处理该目的 IP 地址的 IP 数据报，则 S 会完全与一个普通路由器一样，根据目的 IP 地址使用最长前缀匹配算法查找路由表，获得下一跳 IP 地址，并使用 ARP 获取下一跳 IP 地址对应的 MAC 地址（下一跳的 MAC 地址），将该 IP 数据报的 MAC 帧首部中的源 MAC 地址和目的 MAC 地址分别替换为 S 的 VLAN 2 接口的 MAC 地址（通常 S 的 VLAN 1 和 VLAN 2 的 MAC 地址是一样的）和下一跳的 MAC 地址，然后交给第二层交换模块，在 MAC 地址表中找到下一跳的 MAC 地址对应的输出接口并发送出去。在此过程中，三层交换机会将目的 IP 地址与下一跳的 MAC 地址的映射关系记录在高速缓存中，当后续 IP 数据报到达时就不再通过最长前缀匹配算法查找路由表了，而是根据目的 IP 地址直接从缓存中查找相应的下一跳的 MAC 地址，并用自己的出口 MAC 地址和查找到的下一跳的 MAC

地址直接替换包含该 IP 数据报的以太网帧的源 MAC 地址和目的 MAC 地址（三层交换机连接的都是以太网），直接在第二层将帧转发出去。查找缓存、替换 MAC 地址全部由硬件完成，因此速度非常快，几乎没有第三层的处理（但要查看目的 IP 地址）。这就是所谓的“一次路由、多次转发/交换”。要注意的是，对于主机，在上述过程中完全感觉不到三层交换机和普通路由器的区别。

为实现在第三层互连 VLAN 和路由功能，三层交换机要为每个 VLAN 创建一个逻辑接口，该接口需要具有 MAC 地址（注意，交换机在进行二层转发时，接口是不需要 MAC 地址的），并要为其配置 IP 地址。

2. 相关 CLI 命令

华为的三层交换机创建 VLAN 接口的命令格式如下。

```
interface vlanif vlan-id
```

参数“*vlan-id*”用来指定待创建 VLANIF 接口所对应的 VLAN 的编号，只有先通过命令“vlan”创建 VLAN 后，才能执行“interface vlanif”命令创建 VLANIF 接口。创建了 VLANIF 接口后就可以像配置其他接口一样为其配置 IP 地址了。

示例如下。

```
<LSW1>sys
[LSW1]vlan batch 10
[LSW1]int vlanif 10
[LSW1-Vlanif10]ip address 210.138.10.254 24
```

4.5.2 建立网络拓扑

创建图 4-60 所示的网络拓扑，交换机选择 S5700 三层交换机。请按照表 4-5 所示配置各设备的 IP 地址和 VLAN。

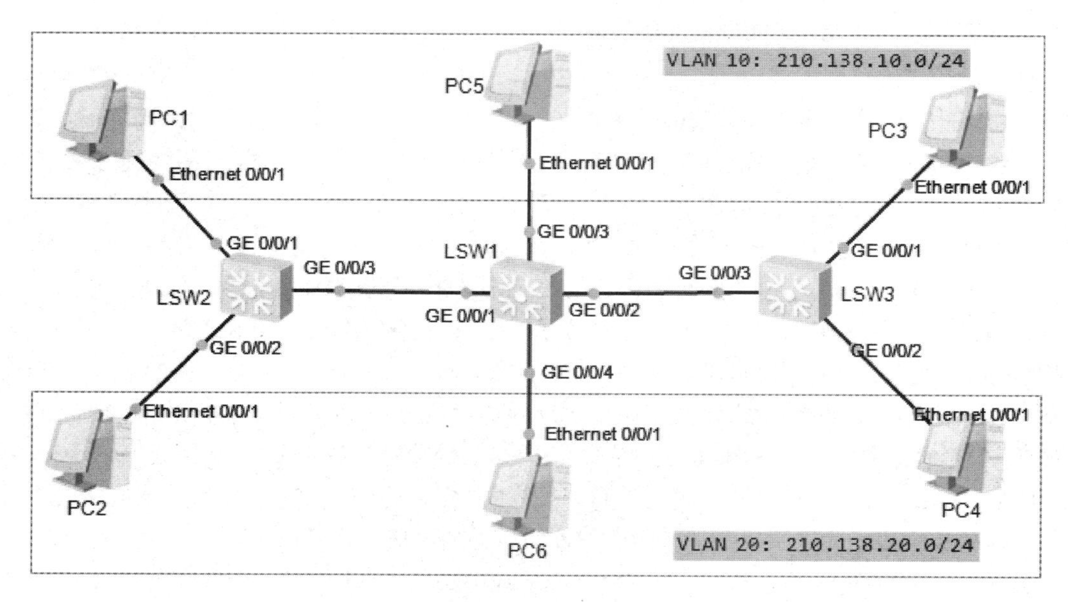

图 4-60 网络拓扑

表 4-5 各设备的 IP 地址和 VLAN 等配置

设备名称	接口	IP 地址	VLAN
LSW1	GE 0/0/1		all
	GE 0/0/2		all
	GE 0/0/3		10
	GE 0/0/4		20
	GE 0/0/5		all
LSW2	GE 0/0/1		10
	GE 0/0/2		20
	GE 0/0/3		all
LSW3	GE 0/0/1		10
	GE 0/0/2		20
	GE 0/0/3		all
PC1	Ethernet 0/0/1	210.138.10.1/24	10
PC2	Ethernet 0/0/1	210.138.20.2/24	20
PC3	Ethernet 0/0/1	210.138.10.3/24	10
PC4	Ethernet 0/0/1	210.138.20.4/24	20
PC5	Ethernet 0/0/1	210.138.10.5/24	10
PC6	Ethernet 0/0/1	210.138.20.6/24	20

测试 PC1 到 PC2、PC3、PC4、PC5、PC6 的连通性，并分析产生该结果的原因。

4.5.3 用路由器互连 VLAN

将网络拓扑中的 PC5 和 PC6 删除，添加一台路由器 R1（选用型号 Router），并将 R1 的 GE 0/0/0 和 GE 0/0/1 接口分别与 LSW1 的 GE 0/0/3 和 GE 0/0/4 接口连接，如图 4-61 所示。

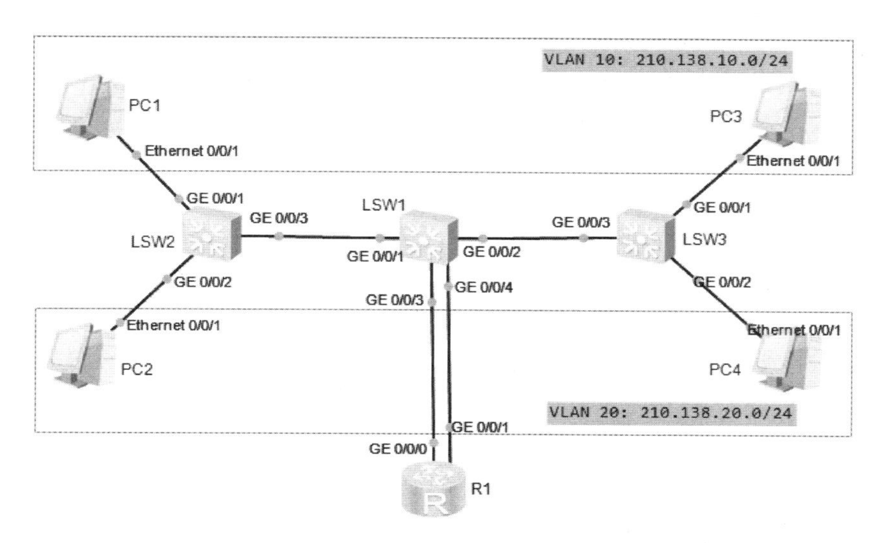

图 4-61 路由器互连 VLAN 的网络拓扑

（1）为 R1 的 GE 0/0/0 接口配置 IP 地址 210.138.10.254/24，为 GE 0/0/1 接口配置 IP 地址 210.138.20.254/24。

测试 PC1 到 PC2、PC3、PC4 的连通性。测试结果为何与上一小节中的测试结果不同？

（2）在 R1 的 GE 0/0/0 和 GE 0/0/1 接口同时启动抓包，PC1 ping PC2，分析捕获的 ICMP 分组，为什么会在这两个接口捕获到 PC1 与 PC2 之间的 ICMP 分组？捕获的 ICMP 分组首部前面有 802.1Q VLAN 标记吗？

（3）查看 PC1 和 PC2 的 ARP 缓存内容，其中记录的是什么？PC1 和 PC2 的 ARP 缓存中关于默认网关的记录，IP 地址和 MAC 地址是否都不同？

（4）请描述 PC1 到 PC2 的 ICMP 报文的转发过程，以及 LSW2、LSW1 和 R1 在此过程中的作用。通过以上方式互连 VLAN，路由器 R1 需不需要支持 802.1Q 协议？R1 知不知道 VLAN 10 和 VLAN 20 的存在？

（5）若 PC1 ping PC3，在 R1 的 GE 0/0/0 和 GE 0/0/1 接口能捕获到 PC1 与 PC3 之间的 ICMP 分组吗？为什么？请通过实验进行验证。

4.5.4 用单臂路由器互连 VLAN

上述使用路由器互连两个 VLAN 的方法需要在路由器和交换机之间连接两条链路。实际上可只使用一条链路实现以上功能：将路由器的一个物理接口作为两个逻辑子接口，子接口分属不同的 VLAN，与交换机的 Trunk 接口连接。

将路由器 R1 的 GE 0/0/0 接口与交换机 LSW1 的 GE 0/0/5 接口（Trunk，允许所有 VLAN 数据通过）连接，仅使用一条链路连接 R1 与 LSW1，如图 4-62 所示。

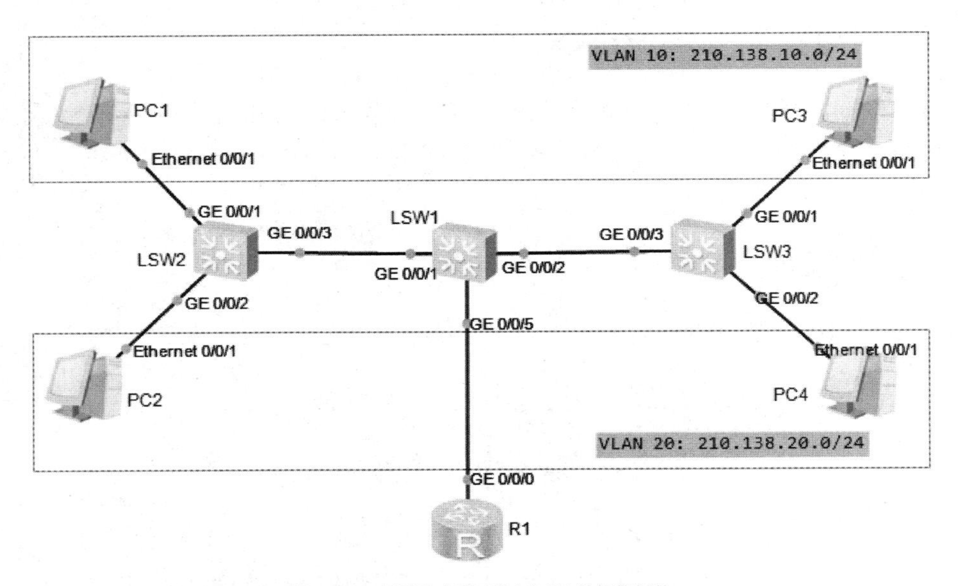

图 4-62 单臂路由器互连 VLAN 的网络拓扑

先清除 R1 的 GE 0/0/0 和 GE 0/0/1 接口的 IP 配置。

（1）为 R1 的 GE 0/0/0 接口创建两个子接口（逻辑接口），并分别配置 IP 地址 210.138.10.254/24 和 210.138.20.254/24，命令如下。

```
[R1]int g0/0/0.1
[R1-GigabitEthernet0/0/0.1]dot1q termination vid 10
[R1-GigabitEthernet0/0/0.1]arp broadcast enable
[R1-GigabitEthernet0/0/0.1]ip address 210.138.10.254 24
[R1-GigabitEthernet0/0/0.1]int g0/0/0.2
[R1-GigabitEthernet0/0/0.2]dot1q termination vid 20
[R1-GigabitEthernet0/0/0.2]arp broadcast enable
[R1-GigabitEthernet0/0/0.2]ip address 210.138.20.254 24
```

执行“dot1q termination vid 10”命令，使路由器的子接口支持 802.1Q 协议，当进入该接口 VLAN ID 为 10 的 802.1Q 分组时，会摘掉 VLAN 标记再进行其他处理，从此接口发出的 MAC 帧也会打上 VLAN 10 标记。

执行“arp broadcast enable”命令，允许当前子接口发送和接收 ARP 广播。

测试 PC1 到 PC2、PC3、PC4 的连通性。测试结果与 4.5.3 小节（1）中的测试结果是否不同？

（2）测试 PC1 到 PC2 的连通性之后，立即在 R1 的 GE 0/0/0 接口启动抓包，然后执行“ping 210.138.20.2 -c 1”命令，使 PC1 仅向 PC2 发送一个 ICMP 报文。分析捕获的 ICMP 报文，如图 4-63 所示，为什么会在这个接口捕获到两个 ICMP 请求分组和两个 ICMP 应答分组？捕获的 ICMP 分组首部前面有 802.1Q VLAN 标记吗？

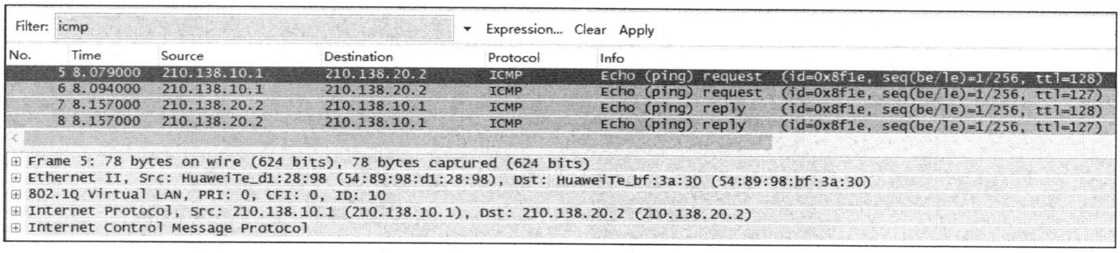

Filter: icmp Expression... Clear Apply

No.	Time	Source	Destination	Protocol	Info
5	8.079000	210.138.10.1	210.138.20.2	ICMP	Echo (ping) request (id=0x8f1e, seq(be/le)=1/256, ttl=128)
6	8.094000	210.138.10.1	210.138.20.2	ICMP	Echo (ping) request (id=0x8f1e, seq(be/le)=1/256, ttl=127)
7	8.157000	210.138.20.2	210.138.10.1	ICMP	Echo (ping) reply (id=0x8f1e, seq(be/le)=1/256, ttl=128)
8	8.157000	210.138.20.2	210.138.10.1	ICMP	Echo (ping) reply (id=0x8f1e, seq(be/le)=1/256, ttl=127)

```
⊞ Frame 5: 78 bytes on wire (624 bits), 78 bytes captured (624 bits)
⊞ Ethernet II, Src: HuaweiTe_d1:28:98 (54:89:98:d1:28:98), Dst: HuaweiTe_bf:3a:30 (54:89:98:bf:3a:30)
⊞ 802.1Q Virtual LAN, PRI: 0, CFI: 0, ID: 10
⊞ Internet Protocol, Src: 210.138.10.1 (210.138.10.1), Dst: 210.138.20.2 (210.138.20.2)
⊞ Internet Control Message Protocol
```

图 4-63　在 R1 的 GE 0/0/0 接口捕获的 ICMP 报文

（3）查看 PC1 和 PC2 的 ARP 缓存内容，其中记录的是什么？PC1 和 PC2 的 ARP 缓存中关于默认网关的记录，为什么会出现不同的 IP 地址对应的 MAC 地址相同的情况？

4.5.5　用三层交换机互连 VLAN

恢复图 4-60 所示的网络拓扑。

（1）启动 LSW1 的三层网络功能，为 VLAN 10 和 VLAN 20 创建逻辑接口并配置 IP 地址。

配置命令如下。

```
[LSW1]int vlanif 10
[LSW1-Vlanif10]ip address 210.138.10.254 24
[LSW1]int vlanif 20
[LSW1-Vlanif20]ip address 210.138.20.254 24
```

分别测试 PC1 到 PC2、PC3、PC4、PC5、PC6 的连通性。测试结果与 4.5.2 小节中的测试结果有何不同？

（2）测试 PC1 到 PC2 的连通性，然后立即查看 LSW1 的 MAC 地址表、ARP 表、路由表、VLAN 接口信息（见图 4-64～图 4-67），以及 PC1 和 PC2 的 MAC 地址与 ARP 表（见图 4-68～图 4-71），描述 PC1 发送 IP 数据报给 PC2 的逻辑转发过程。

```
<LSW1>display mac-address
MAC address table of slot 0:
-------------------------------------------------------------------------------
MAC Address    VLAN/       PEVLAN CEVLAN Port            Type      LSP/LSR-ID
               VSI/SI                                              MAC-Tunnel
-------------------------------------------------------------------------------
5489-98d1-2898 1           -      -      GE0/0/1         dynamic   0/-
5489-98d1-2898 10          -      -      GE0/0/1         dynamic   0/-
5489-9848-177b 20          -      -      GE0/0/2         dynamic   0/-
5489-9850-1727 20          -      -      GE0/0/1         dynamic   0/-
-------------------------------------------------------------------------------
Total matching items on slot 0 displayed = 4
```

图 4-64　LSW1 的 MAC 地址表

```
<LSW1>display arp
IP ADDRESS      MAC ADDRESS     EXPIRE(M) TYPE INTERFACE      VPN-INSTANCE
                                          VLAN
------------------------------------------------------------------------------
210.138.10.254  4c1f-ccc6-7d19            I -  Vlanif10
210.138.10.1    5489-98d1-2898  18        D-0  GE0/0/1
                                          10
210.138.20.254  4c1f-ccc6-7d19            I -  Vlanif20
210.138.20.4    5489-9848-177b  18        D-0  GE0/0/2
                                          20
210.138.20.2    5489-9850-1727  18        D-0  GE0/0/1
                                          20
------------------------------------------------------------------------------
Total:5         Dynamic:3       Static:0     Interface:2
<LSW1>display ip routing
<LSW1>display ip routing-table
Route Flags: R - relay, D - download to fib
------------------------------------------------------------------------------
Routing Tables: Public
         Destinations : 6        Routes : 6
```

图 4-65　LSW1 的 ARP 表

```
<LSW1>display ip routing-table
Route Flags: R - relay, D - download to fib
------------------------------------------------------------------------------
Routing Tables: Public
         Destinations : 6        Routes : 6

Destination/Mask    Proto   Pre  Cost      Flags NextHop         Interface

      127.0.0.0/8   Direct  0    0           D   127.0.0.1       InLoopBack0
      127.0.0.1/32  Direct  0    0           D   127.0.0.1       InLoopBack0
   210.138.10.0/24  Direct  0    0           D   210.138.10.254  Vlanif10
 210.138.10.254/32  Direct  0    0           D   127.0.0.1       Vlanif10
   210.138.20.0/24  Direct  0    0           D   210.138.20.254  Vlanif20
 210.138.20.254/32  Direct  0    0           D   127.0.0.1       Vlanif20
```

图 4-66　LSW1 的路由表

```
<LSW1>display interface vlanif10
Vlanif10 current state : UP
Line protocol current state : UP
Last line protocol up time : 2022-03-25 10:00:18 UTC-08:00
Description:
Route Port,The Maximum Transmit Unit is 1500
Internet Address is 210.138.10.254/24
IP Sending Frames' Format is PKTFMT_ETHNT_2, Hardware address is 4c1f-ccc6-7d19
Current system time: 2022-03-25 10:11:09-08:00
    Input bandwidth utilization  : --
    Output bandwidth utilization : --

<LSW1>display interface vlanif20
Vlanif20 current state : UP
Line protocol current state : UP
Last line protocol up time : 2022-03-25 10:00:18 UTC-08:00
Description:
Route Port,The Maximum Transmit Unit is 1500
Internet Address is 210.138.20.254/24
IP Sending Frames' Format is PKTFMT_ETHNT_2, Hardware address is 4c1f-ccc6-7d19
Current system time: 2022-03-25 10:11:15-08:00
    Input bandwidth utilization  : --
    Output bandwidth utilization : --
```

图 4-67　LSW1 的 VLAN 接口信息

PC1

基础配置　命令行　组播　UDP发包工具　串口

主机名：

MAC 地址：54-89-98-D1-28-98

IPv4 配置

◉静态　○DHCP　□自动获取 DNS 服务器地址

IP 地址：210 . 138 . 10 . 1　DNS1：0 . 0 . 0 . 0

子网掩码：255 . 255 . 255 . 0　DNS2：0 . 0 . 0 . 0

网关：210 . 138 . 10 . 254

图 4-68　PC1 的 MAC 地址

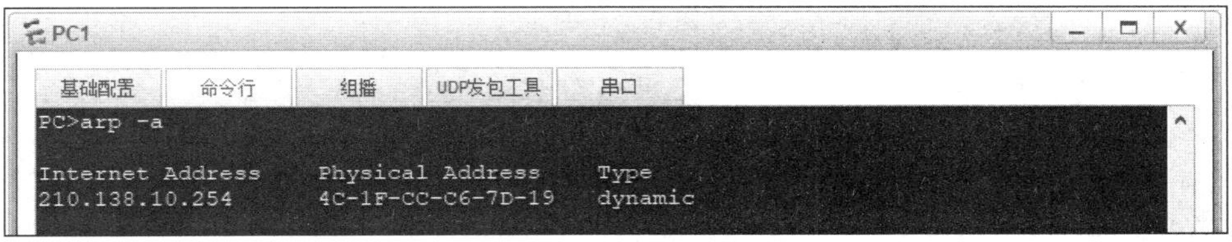

PC1

基础配置　命令行　组播　UDP发包工具　串口

```
PC>arp -a

Internet Address      Physical Address      Type
210.138.10.254        4C-1F-CC-C6-7D-19     dynamic
```

图 4-69　PC1 的 ARP 表

PC2

基础配置　命令行　组播　UDP发包工具　串口

主机名：

MAC 地址：54-89-98-50-17-27

IPv4 配置

◉静态　○DHCP　□自动获取 DNS 服务器地址

IP 地址：210 . 138 . 20 . 2　DNS1：0 . 0 . 0 . 0

子网掩码：255 . 255 . 255 . 0　DNS2：0 . 0 . 0 . 0

网关：210 . 138 . 20 . 254

图 4-70　PC2 的 MAC 地址

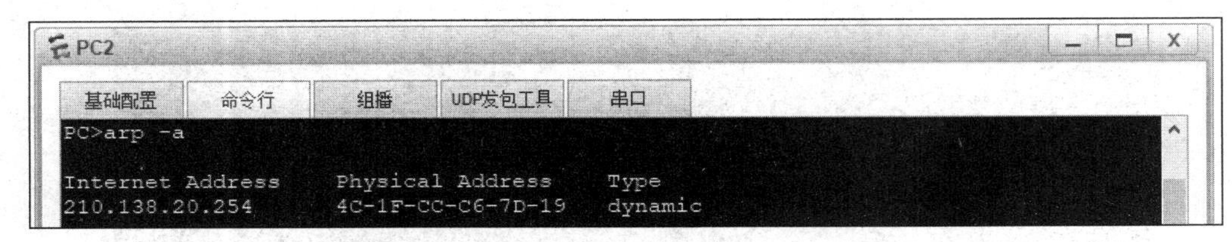

图 4-71　PC2 的 ARP 表

由于 PC2 与 PC1 不在同一网络中，因此 PC1 先将 IP 数据报（包含 ICMP 请求报文）发送给默认网关。PC1 通过 ARP 表获得默认网关 IP 地址对应的 LSW1 接口 VLANIF 10 的 MAC 地址，然后将发送给 PC2 的 IP 数据报封装成 MAC 帧（目的 MAC 地址为 LSW1 接口 VLANIF 10 的 MAC 地址）发送出去，MAC 帧通过 LSW2 到 LSW1 的 Trunk 链路时会被打上 VLAN 10 标记。LSW1 收到后，根据帧中 IP 数据报的目的 IP 地址查找路由表，发现目的 IP 地址属于其 VLANIF 20 接口连接的直连网络，通过 ARP 表获得目的 IP 地址（PC2）的 MAC 地址，将 MAC 帧的源 MAC 地址和目的 MAC 地址分别替换为 VLANIF 20 接口的 MAC 地址（实际上与 VLANIF 10 的 MAC 地址一样）和 PC2 的 MAC 地址，然后查找 LSW1 的 MAC 地址表，找到连接 PC2 的接口为 GE 0/0/1。由于该接口为 Trunk 接口，打上 VLAN 20 标记将 MAC 帧从该接口发送出去。LSW2 根据 VLAN 20 标记和目的 MAC 地址，将 MAC 帧转发给 PC2。

注意，第一次转发 PC1 到 PC2 的 IP 数据报时，LSW1 需要查找路由表，但由于 LSW1 已将下一跳（这里是 PC2）的 IP 地址与 MAC 地址的映射关系记录在高速缓存中，当后续 IP 数据报到达时就不用再查找路由表了，而是根据目的 IP 地址直接从缓存中查找相应的下一跳的 MAC 地址，并用自己的 MAC 地址和查找到的下一跳的 MAC 地址直接替换包含该 IP 数据报的以太网帧的源和目的 MAC 地址，直接在第二层将帧转发出去。在上述整个过程中，主机感觉不到三层交换机与路由器有什么不同，因此三层交换机在逻辑上就是路由器与交换机的集成体。

4.5.6　实验小结

（1）路由器可以像对待普通局域网一样对待 VLAN，通过两个接口分别连接不同 VLAN 即可将 VLAN 进行互连。

（2）单臂路由器通过将物理接口划分为多个逻辑子接口，分别连接不同 VLAN，从而仅用一条链路实现 VLAN 之间的互连，但需要接口支持 802.1Q 协议。

（3）三层交换机在原有二层交换机的基础上增加了路由功能，在逻辑上相当于路由器与交换机的集成体，可以很方便地互连 VLAN。

4.5.7　思考题

在 4.5.5 小节中，若将 PC1、PC2、LSW1 的 ARP 表中的动态表项清除，然后 PC1 ping PC2，在 LSW3 的 GE 0/0/1 和 GE 0/0/2 接口上能捕获到此通信中的什么分组（类型、源地址与目的地址）？为什么？请通过实验进行验证。

4.6 网络地址转换

实验目的

（1）理解 NAT 的作用与工作原理。

（2）掌握静态 NAT、动态 NAT 和 NAPT 的基本配置方法。

实验内容

（1）静态 NAT 配置与分析。

（2）动态 NAT 配置与分析。

（3）NAPT 配置与分析。

4.6.1 相关知识

网络地址转换（Network Address Translation，NAT）的基本作用是实现内网 IP 地址与外网 IP 地址的转换。NAT 不仅能解决 IP 地址不足的问题，而且能够有效地避免来自网络外部的攻击，隐藏并保护网络内部的计算机。

1. NAT 的实现方式

NAT 的实现方式主要有 3 种，即静态地址转换、动态地址转换和网络地址端口转换。

静态地址转换是指将内网 IP 地址转换为外网 IP 地址，IP 地址对是一对一的，是静态配置的，某个内网 IP 地址只转换为某个外网 IP 地址。借助于静态地址转换，可以实现外部网络对内部网络中某些特定设备（如服务器）的访问。

动态地址转换是指将内网 IP 地址转换为外网 IP 地址时，外网 IP 地址是不确定的，是从某个地址池中随机选取的，内网 IP 地址与外网 IP 地址之间不是一对一固定对应的。

网络地址端口转换（Network Address and Port Translation，NAPT），也称端口地址转换（Port Address Translation，PAT），将运输层协议的端口号与 IP 地址一起进行转换，实现内部网络的多个进程（可能分布在不同主机或同一主机上）可共享同一个外网 IP 地址，实现对外部网络的访问，从而最大限度地节约 IP 地址资源。同时，NAPT 又可隐藏网络内部的所有主机，有效地避免来自外网的攻击。因此，网络中应用最多的就是 NAPT。实际上 NAPT 也可以配置静态转换，以支持外网对内网的访问，但一般采用的是动态方式，仅允许内网访问外网。具体原理参见《计算机网络教程（第 6 版）（微课版）》4.6.2 小节。

需要说明的是，NAPT 对某些协议还会有一些特殊处理，如 ICMP，将 ICMP 报文中的 Identifer 与 IP 地址一起进行转换，就如同将运输层协议的端口号与 IP 地址一起进行转换一样。

2. 相关 CLI 命令

（1）为路由器配置静态 NAT。

在接口视图下建立公网 IP 地址与内网 IP 地址之间的一对一映射，有多少对映射就设置多少条命令。

```
[R1-GigabitEthernet0/0/1]nat static global 210.1.1.1 inside 192.168.1.1
```

（2）为路由器配置动态 NAT。

首先要为 NAT 创建地址池。一个地址池是连续 IP 地址的集合。地址池的起始地址必须小于或等于结束地址，并且地址数量不能超过 255 个。

例如，配置一个从 210.138.10.101 到 210.138.10.200、索引号为 1 的地址池，命令如下。

```
[R1]nat address-group 1 210.138.10.101 210.138.10.200
```

然后，为 NAT 配置访问控制列表 ACL，控制允许进行地址转换的内部网络。

例如，创建 ACL 2000，允许内网 192.168.1.0/24 进行地址转换，命令如下。

```
[R1]acl 2000            #基本 ACL，2000～2999
[R1-acl-basic-2000]rule permit source 192.168.1.0 0.0.0.255
```

最后，在接口视图下配置出网地址转换（NAT Outbound），建立 ACL 与公网地址池之间的关联。

例如，在该路由器的 GE 0/0/1 接口使用 ACL 2000 和地址池 1 进行出网地址转换，并且不使用 NAPT（在华为设备中将 NAPT 称为端口地址转换 PAT）方式，命令如下。

```
[R1-GigabitEthernet0/0/1]nat outbound 2000 address-group 1 no-pat
```

no-pat 表示不使用 NAPT，内网地址和公网地址只能进行一对一转换，而不是多对一转换。

（3）NAPT 配置。

这里仅介绍简单的内网共享路由器公网接口 IP 地址的配置方法。该方法无须配置地址池，只需要创建 ACL 并指定需要 NAPT 的内部网络。示例如下。

```
[R1]acl 2000            #基本 ACL，2000～2999
[R1-acl-basic-2000]rule permit source 192.168.1.0 0.0.0.255
[R1-acl-basic-2000]quit
[R1]int g0/0/1
[R1-GigabitEthernet0/0/1]nat outbound 2000
```

4.6.2 建立网络拓扑

创建图 4-72 所示的网络拓扑，内外网主机各选用两台 Client 和一台 Server，路由器选用 Router。R2 模拟互联网公网路由器，R1 模拟接入路由器，按照表 4-6 配置各设备的 IP 地址。公网路由器不转发目的地址为专用地址的 IP 数据报。

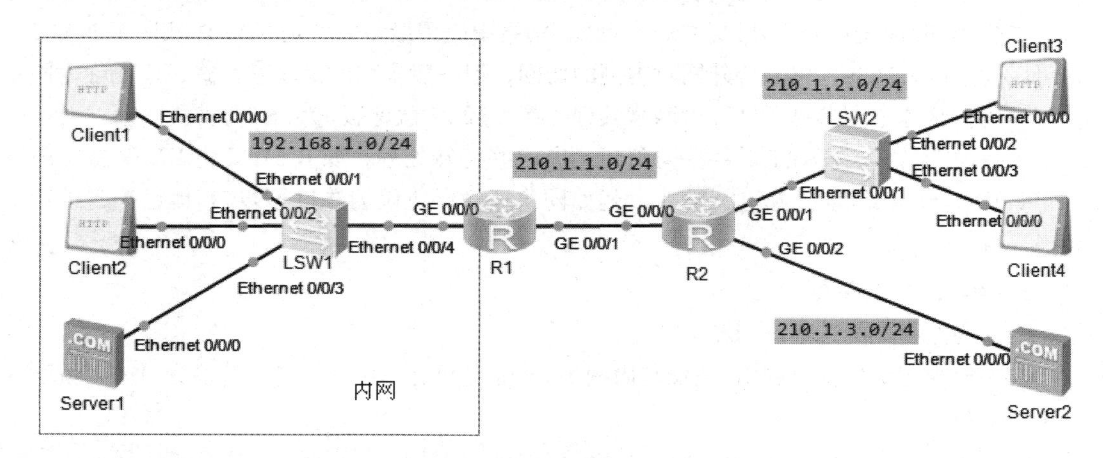

图 4-72 网络拓扑

表 4-6　　各设备的 IP 地址配置

设备名称	接口	IP 地址
R1	GE 0/0/0	192.168.1.254/24
	GE 0/0/1	210.1.1.253/24
R2	GE 0/0/0	210.1.1.254/24
	GE 0/0/1	210.1.2.254/24
	GE 0/0/2	210.1.3.254/24
Client1	Ethernet 0/0/1	192.168.1.1/24
Client2	Ethernet 0/0/1	192.168.1.2/24
Client3	Ethernet 0/0/1	210.1.2.1/24
Client4	Ethernet 0/0/1	210.1.2.2/24
Server1	Ethernet 0/0/0	192.168.1.3/24
Server2	Ethernet 0/0/0	210.1.3.1/24

为路由器 R1 配置默认路由，命令如下。

```
[R1]ip route-static 0.0.0.0 0.0.0.0 210.1.1.254
```

预测内网主机到公网主机的连通性（如 Client1 ping Client3），以及公网主机到内网主机的连通性（如 Client3 ping Client1），然后进行实验验证并分析原因。

以测试 Client1 到 Client3 的连通性为例（开始有可能个别测试会失败），如图 4-73 所示。

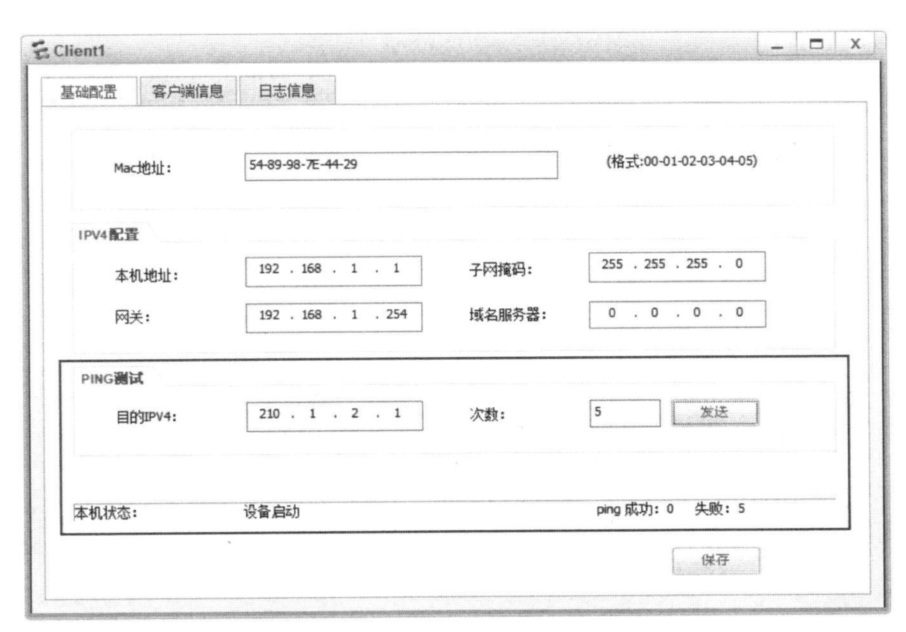

图 4-73　测试 Client1 到 Client3 的连通性

4.6.3　静态 NAT 配置与分析

（1）在 R1 上配置静态 NAT，为 3 台内网主机分别配置转换的公网地址，命令如下。

```
[R1-GigabitEthernet0/0/1]nat static global 210.1.1.1 inside 192.168.1.1
[R1-GigabitEthernet0/0/1]nat static global 210.1.1.2 inside 192.168.1.2
```

```
[R1-GigabitEthernet0/0/1]nat static global 210.1.1.3 inside 192.168.1.3
```

如果此时测试内网主机到公网主机的连通性（如 Client1 ping Client3），以及公网主机到内网主机的连通性（如 Client3 ping Client1），会是什么结果？

（2）在 R1 的 GE 0/0/0 和 GE 0/0/1 接口同时启动抓包，Client1 ping Client3，结果与前面预测的是否一致？分析捕获的 ICMP 报文，如图 4-74、图 4-75 所示，在 R1 的 GE 0/0/0 和 GE 0/0/1 接口捕获的 ICMP 报文的源 IP 地址和目的 IP 地址有何不同？分析产生该结果的原因。

No.	Time	Source	Destination	Protocol	Info
110	140.343000	192.168.1.1	210.1.2.1	ICMP	Echo (ping) request (id=0xadc8, seq(be/le)=1/256, ttl=128)
111	140.390000	210.1.2.1	192.168.1.1	ICMP	Echo (ping) reply (id=0xadc8, seq(be/le)=1/256, ttl=126)
112	141.437000	192.168.1.1	210.1.2.1	ICMP	Echo (ping) request (id=0xaec8, seq(be/le)=2/512, ttl=128)
113	141.484000	210.1.2.1	192.168.1.1	ICMP	Echo (ping) reply (id=0xaec8, seq(be/le)=2/512, ttl=126)
115	142.531000	192.168.1.1	210.1.2.1	ICMP	Echo (ping) request (id=0xafc8, seq(be/le)=3/768, ttl=128)
116	142.578000	210.1.2.1	192.168.1.1	ICMP	Echo (ping) reply (id=0xafc8, seq(be/le)=3/768, ttl=126)
117	143.609000	192.168.1.1	210.1.2.1	ICMP	Echo (ping) request (id=0xb0c8, seq(be/le)=4/1024, ttl=128)
118	143.640000	210.1.2.1	192.168.1.1	ICMP	Echo (ping) reply (id=0xb0c8, seq(be/le)=4/1024, ttl=126)
120	144.656000	192.168.1.1	210.1.2.1	ICMP	Echo (ping) request (id=0xb1c8, seq(be/le)=5/1280, ttl=128)
121	144.703000	210.1.2.1	192.168.1.1	ICMP	Echo (ping) reply (id=0xb1c8, seq(be/le)=5/1280, ttl=126)

图 4-74 在 R1 的 GE 0/0/0 接口捕获的 ICMP 报文

No.	Time	Source	Destination	Protocol	Info
43	113.984000	210.1.1.1	210.1.2.1	ICMP	Echo (ping) request (id=0xadc8, seq(be/le)=1/256, ttl=127)
44	114.016000	210.1.2.1	210.1.1.1	ICMP	Echo (ping) reply (id=0xadc8, seq(be/le)=1/256, ttl=127)
45	115.078000	210.1.1.1	210.1.2.1	ICMP	Echo (ping) request (id=0xaec8, seq(be/le)=2/512, ttl=127)
46	115.125000	210.1.2.1	210.1.1.1	ICMP	Echo (ping) reply (id=0xaec8, seq(be/le)=2/512, ttl=127)
47	116.172000	210.1.1.1	210.1.2.1	ICMP	Echo (ping) request (id=0xafc8, seq(be/le)=3/768, ttl=127)
48	116.219000	210.1.2.1	210.1.1.1	ICMP	Echo (ping) reply (id=0xafc8, seq(be/le)=3/768, ttl=127)
49	117.250000	210.1.1.1	210.1.2.1	ICMP	Echo (ping) request (id=0xb0c8, seq(be/le)=4/1024, ttl=127)
50	117.281000	210.1.2.1	210.1.1.1	ICMP	Echo (ping) reply (id=0xb0c8, seq(be/le)=4/1024, ttl=127)
51	118.297000	210.1.1.1	210.1.2.1	ICMP	Echo (ping) request (id=0xb1c8, seq(be/le)=5/1280, ttl=127)
52	118.344000	210.1.2.1	210.1.1.1	ICMP	Echo (ping) reply (id=0xb1c8, seq(be/le)=5/1280, ttl=127)

图 4-75 在 R1 的 GE 0/0/1 接口捕获的 ICMP 报文

（3）在 R1 的 GE 0/0/0 和 GE 0/0/1 接口同时启动抓包，Client3 ping Client1（目的地址为 192.168.1.1），结果与前面预测的是否一致？在 R1 的 GE 0/0/0 和 GE 0/0/1 接口能捕获到 Client3 和 Client1 之间的 ICMP 报文吗？分析产生该结果的原因。

（4）在 R1 的 GE 0/0/0 和 GE 0/0/1 接口同时启动抓包，Client3 ping Client1（目的地址为 210.1.1.1），结果与（3）是否一致？分析捕获的 ICMP 报文，如图 4-76、图 4-77 所示，在 R1 的 GE 0/0/0 和 GE 0/0/1 接口捕获的 ICMP 报文的源 IP 地址和目的 IP 地址有何不同？分析产生该结果的原因。

No.	Time	Source	Destination	Protocol	Info
161	324.547000	210.1.2.1	192.168.1.1	ICMP	Echo (ping) request (id=0x51ce, seq(be/le)=1/256, ttl=126)
162	324.578000	192.168.1.1	210.1.2.1	ICMP	Echo (ping) reply (id=0x51ce, seq(be/le)=1/256, ttl=128)
164	325.609000	210.1.2.1	192.168.1.1	ICMP	Echo (ping) request (id=0x52ce, seq(be/le)=2/512, ttl=126)
165	325.640000	192.168.1.1	210.1.2.1	ICMP	Echo (ping) reply (id=0x52ce, seq(be/le)=2/512, ttl=128)
166	326.687000	210.1.2.1	192.168.1.1	ICMP	Echo (ping) request (id=0x53ce, seq(be/le)=3/768, ttl=126)
167	326.734000	192.168.1.1	210.1.2.1	ICMP	Echo (ping) reply (id=0x53ce, seq(be/le)=3/768, ttl=128)
169	327.765000	210.1.2.1	192.168.1.1	ICMP	Echo (ping) request (id=0x54ce, seq(be/le)=4/1024, ttl=126)
170	327.797000	192.168.1.1	210.1.2.1	ICMP	Echo (ping) reply (id=0x54ce, seq(be/le)=4/1024, ttl=128)
171	328.812000	210.1.2.1	192.168.1.1	ICMP	Echo (ping) request (id=0x55ce, seq(be/le)=5/1280, ttl=126)
172	328.844000	192.168.1.1	210.1.2.1	ICMP	Echo (ping) reply (id=0x55ce, seq(be/le)=5/1280, ttl=128)

图 4-76 在 R1 的 GE 0/0/0 接口捕获的 ICMP 报文

No.	Time	Source	Destination	Protocol	Info
10	7.844000	210.1.2.1	210.1.1.1	ICMP	Echo (ping) request (id=0x51ce, seq(be/le)=1/256, ttl=127)
11	7.875000	210.1.1.1	210.1.2.1	ICMP	Echo (ping) reply (id=0x51ce, seq(be/le)=1/256, ttl=127)
12	8.891000	210.1.2.1	210.1.1.1	ICMP	Echo (ping) request (id=0x52ce, seq(be/le)=2/512, ttl=127)
13	8.937000	210.1.1.1	210.1.2.1	ICMP	Echo (ping) reply (id=0x52ce, seq(be/le)=2/512, ttl=127)
14	9.984000	210.1.2.1	210.1.1.1	ICMP	Echo (ping) request (id=0x53ce, seq(be/le)=3/768, ttl=127)
15	10.031000	210.1.1.1	210.1.2.1	ICMP	Echo (ping) reply (id=0x53ce, seq(be/le)=3/768, ttl=127)
16	11.062000	210.1.2.1	210.1.1.1	ICMP	Echo (ping) request (id=0x54ce, seq(be/le)=4/1024, ttl=127)
17	11.094000	210.1.1.1	210.1.2.1	ICMP	Echo (ping) reply (id=0x54ce, seq(be/le)=4/1024, ttl=127)
18	12.109000	210.1.2.1	210.1.1.1	ICMP	Echo (ping) request (id=0x55ce, seq(be/le)=5/1280, ttl=127)
19	12.141000	210.1.1.1	210.1.2.1	ICMP	Echo (ping) reply (id=0x55ce, seq(be/le)=5/1280, ttl=127)

图 4-77 在 R1 的 GE 0/0/1 接口捕获的 ICMP 报文

4.6.4 动态 NAT 配置与分析

（1）清除 R1 的静态 NAT 设置，命令如下。

```
[R1-GigabitEthernet0/0/1]undo nat static global 210.1.1.1 inside 192.168.1.1
[R1-GigabitEthernet0/0/1]undo nat static global 210.1.1.2 inside 192.168.1.2
[R1-GigabitEthernet0/0/1]undo nat static global 210.1.1.3 inside 192.168.1.3
```

（2）为 R1 配置动态 NAT，内网主机可动态使用 210.1.1.1 和 210.1.1.2 这两个地址访问公网主机，命令如下。

```
[R1]acl 2000
[R1-acl-basic-2000]rule 5 permit source 192.168.1.0 0.0.0.255
[R1-acl-basic-2000]q
[R1]nat address-group 1 210.1.1.1 210.1.1.2   #地址池中有两个可用地址
[R1]int g0/0/1
[R1-GigabitEthernet0/0/1]nat outbound 2000 address-group 1 no-pat
[R1-GigabitEthernet0/0/1]q
```

（3）在 R1 的 GE 0/0/1 接口启动抓包，先用 Client1 ping Client3，然后立即用 Client2 ping Client4，是否都能 ping 通？分析捕获的 ICMP 报文，如图 4-78 所示，Client1 和 Client2 经过 NAT 后的公网 IP 地址分别是什么？

No.	Time	Source	Destination	Protocol	Info
1	0.000000	210.1.1.1	210.1.2.1	ICMP	Echo (ping) request (id=0x0100, seq(be/le)=18176/71, ttl=254)
2	0.031000	210.1.2.1	210.1.1.1	ICMP	Echo (ping) reply (id=0x0100, seq(be/le)=18176/71, ttl=254)
3	0.062000	210.1.1.1	210.1.2.1	ICMP	Echo (ping) request (id=0x0100, seq(be/le)=18432/72, ttl=254)
4	0.094000	210.1.2.1	210.1.1.1	ICMP	Echo (ping) reply (id=0x0100, seq(be/le)=18432/72, ttl=254)
5	0.140000	210.1.1.1	210.1.2.1	ICMP	Echo (ping) request (id=0x0100, seq(be/le)=18688/73, ttl=254)
6	0.156000	210.1.2.1	210.1.1.1	ICMP	Echo (ping) reply (id=0x0100, seq(be/le)=18688/73, ttl=254)
7	0.203000	210.1.1.1	210.1.2.1	ICMP	Echo (ping) request (id=0x0100, seq(be/le)=18944/74, ttl=254)
8	0.219000	210.1.2.1	210.1.1.1	ICMP	Echo (ping) reply (id=0x0100, seq(be/le)=18944/74, ttl=254)
9	0.250000	210.1.1.1	210.1.2.1	ICMP	Echo (ping) request (id=0x0100, seq(be/le)=19200/75, ttl=254)
10	0.265000	210.1.2.1	210.1.1.1	ICMP	Echo (ping) reply (id=0x0100, seq(be/le)=19200/75, ttl=254)
11	1.312000	210.1.1.2	210.1.2.2	ICMP	Echo (ping) request (id=0x0100, seq(be/le)=62208/243, ttl=254)
12	1.328000	210.1.2.2	210.1.1.2	ICMP	Echo (ping) reply (id=0x0100, seq(be/le)=62208/243, ttl=254)
13	1.344000	210.1.1.2	210.1.2.2	ICMP	Echo (ping) request (id=0x0100, seq(be/le)=62464/244, ttl=254)
14	1.359000	210.1.2.2	210.1.1.2	ICMP	Echo (ping) reply (id=0x0100, seq(be/le)=62464/244, ttl=254)
15	1.390000	210.1.1.2	210.1.2.2	ICMP	Echo (ping) request (id=0x0100, seq(be/le)=62720/245, ttl=254)
16	1.437000	210.1.2.2	210.1.1.2	ICMP	Echo (ping) reply (id=0x0100, seq(be/le)=62720/245, ttl=254)
17	1.484000	210.1.1.2	210.1.2.2	ICMP	Echo (ping) request (id=0x0100, seq(be/le)=62976/246, ttl=254)
18	1.500000	210.1.2.2	210.1.1.2	ICMP	Echo (ping) reply (id=0x0100, seq(be/le)=62976/246, ttl=254)
19	1.547000	210.1.1.2	210.1.2.2	ICMP	Echo (ping) request (id=0x0100, seq(be/le)=63232/247, ttl=254)
20	1.578000	210.1.2.2	210.1.1.2	ICMP	Echo (ping) reply (id=0x0100, seq(be/le)=63232/247, ttl=254)

图 4-78　在 R1 的 GE 0/0/1 接口捕获的 ICMP 报文

（4）在 R1 的 GE 0/0/1 接口重新启动抓包，先用 Client1 ping Client3，然后用 Client2 ping Client4，再用 Server1 ping Server2，中间不要停顿，是否都能 ping 通？

结果是 Server1 不能 ping 通 Servers2。等待半分钟，再用 Server1 ping Server2，并立即用 Client2 ping Client4、用 Client1 ping Client3，会发现这时 Client1 不能 ping 通 Client3。

在此过程中，Client1、Client2 和 Client3 经过 NAT 后的公网 IP 地址分别是什么？试分析产生该结果的原因。

提示：当多台内网主机动态共享地址池中的公网地址时，若地址池中的地址都已分配给其他主机，则必须等其他主机不再使用超时释放地址后，才能获得地址分配。

（5）用公网主机 ping 内网主机，能 ping 通吗？以 Client3 ping Client1（目的地址为 210.1.1.1）为例，进行实验验证，并分析产生该结果的原因。

4.6.5 NAPT 配置与分析

（1）清除 R1 的动态 NAT 设置，命令如下。

```
[R1]int g0/0/1
[R1-GigabitEthernet0/0/1]undo nat outbound 2000 address-group 1 no-pat
[R1-GigabitEthernet0/0/1]q
[R1]undo acl 2000
[R1]undo nat address-group 1
```

（2）为 R1 配置 NAPT 功能，所有内网主机共享其公网接口的 IP 地址，命令如下。

```
[R1]acl 2000
[R1-acl-basic-2000]rule 5 permit source 192.168.1.0 0.0.0.255
[R1-acl-basic-2000]q
[R1]int g0/0/1
[R1-GigabitEthernet0/0/1]nat outbound 2000
```

（3）在 R1 的 GE 0/0/0 和 GE 0/0/1 接口同时启动抓包，先用 Client1 ping Client3，然后用 Client2 ping Client4，再用 Server1 ping Server2，中间不要停顿，是否都能 ping 通？分析捕获的 ICMP 报文，如图 4-79、图 4-80 所示，在此过程中，Client1、Client2 和 Client3 经过 NAT 后的公网 IP 地址是什么？它们发送的 ICMP 报文中的 Identifer （id）字段的值在转换过程中有什么变化？

No.	Time	Source	Destination	Protocol	Info
9	17.218000	192.168.1.1	210.1.2.1	ICMP	Echo (ping) request (id=0x0100, seq(be/le)=22016/86, ttl=255)
10	17.234000	210.1.2.1	192.168.1.1	ICMP	Echo (ping) reply (id=0x0100, seq(be/le)=22016/86, ttl=253)
11	17.250000	192.168.1.1	210.1.2.1	ICMP	Echo (ping) request (id=0x0100, seq(be/le)=22272/87, ttl=255)
12	17.281000	210.1.2.1	192.168.1.1	ICMP	Echo (ping) reply (id=0x0100, seq(be/le)=22272/87, ttl=253)
13	17.328000	192.168.1.1	210.1.2.1	ICMP	Echo (ping) request (id=0x0100, seq(be/le)=22528/88, ttl=255)
14	17.359000	210.1.2.1	192.168.1.1	ICMP	Echo (ping) reply (id=0x0100, seq(be/le)=22528/88, ttl=253)
15	17.390000	192.168.1.1	210.1.2.1	ICMP	Echo (ping) request (id=0x0100, seq(be/le)=22784/89, ttl=255)
17	17.421000	210.1.2.1	192.168.1.1	ICMP	Echo (ping) reply (id=0x0100, seq(be/le)=22784/89, ttl=253)
18	17.468000	192.168.1.1	210.1.2.1	ICMP	Echo (ping) request (id=0x0100, seq(be/le)=23040/90, ttl=255)
19	17.484000	210.1.2.1	192.168.1.1	ICMP	Echo (ping) reply (id=0x0100, seq(be/le)=23040/90, ttl=253)
20	18.359000	192.168.1.2	210.1.2.2	ICMP	Echo (ping) request (id=0x0100, seq(be/le)=513/258, ttl=255)
21	18.375000	210.1.2.2	192.168.1.2	ICMP	Echo (ping) reply (id=0x0100, seq(be/le)=513/258, ttl=253)
22	18.421000	192.168.1.2	210.1.2.2	ICMP	Echo (ping) request (id=0x0100, seq(be/le)=769/259, ttl=255)
23	18.468000	210.1.2.2	192.168.1.2	ICMP	Echo (ping) reply (id=0x0100, seq(be/le)=769/259, ttl=253)
24	18.515000	192.168.1.2	210.1.2.2	ICMP	Echo (ping) request (id=0x0100, seq(be/le)=1025/260, ttl=255)
25	18.562000	210.1.2.2	192.168.1.2	ICMP	Echo (ping) reply (id=0x0100, seq(be/le)=1025/260, ttl=253)
26	18.578000	192.168.1.2	210.1.2.2	ICMP	Echo (ping) request (id=0x0100, seq(be/le)=1281/261, ttl=255)
27	18.625000	210.1.2.2	192.168.1.2	ICMP	Echo (ping) reply (id=0x0100, seq(be/le)=1281/261, ttl=253)
28	18.671000	192.168.1.2	210.1.2.2	ICMP	Echo (ping) request (id=0x0100, seq(be/le)=1537/262, ttl=255)
29	18.687000	210.1.2.2	192.168.1.2	ICMP	Echo (ping) reply (id=0x0100, seq(be/le)=1537/262, ttl=253)
31	19.875000	192.168.1.3	210.1.3.1	ICMP	Echo (ping) request (id=0x0100, seq(be/le)=13056/51, ttl=255)
32	19.890000	210.1.3.1	192.168.1.3	ICMP	Echo (ping) reply (id=0x0100, seq(be/le)=13056/51, ttl=253)
33	19.921000	192.168.1.3	210.1.3.1	ICMP	Echo (ping) request (id=0x0100, seq(be/le)=13312/52, ttl=255)
34	19.937000	210.1.3.1	192.168.1.3	ICMP	Echo (ping) reply (id=0x0100, seq(be/le)=13312/52, ttl=253)
35	19.968000	192.168.1.3	210.1.3.1	ICMP	Echo (ping) request (id=0x0100, seq(be/le)=13568/53, ttl=255)
36	19.984000	210.1.3.1	192.168.1.3	ICMP	Echo (ping) reply (id=0x0100, seq(be/le)=13568/53, ttl=253)
37	20.015000	192.168.1.3	210.1.3.1	ICMP	Echo (ping) request (id=0x0100, seq(be/le)=13824/54, ttl=255)
38	20.031000	210.1.3.1	192.168.1.3	ICMP	Echo (ping) reply (id=0x0100, seq(be/le)=13824/54, ttl=253)
39	20.062000	192.168.1.3	210.1.3.1	ICMP	Echo (ping) request (id=0x0100, seq(be/le)=14080/55, ttl=255)
40	20.078000	210.1.3.1	192.168.1.3	ICMP	Echo (ping) reply (id=0x0100, seq(be/le)=14080/55, ttl=253)

图 4-79 在 R1 的 GE 0/0/0 接口捕获的 ICMP 报文

No.	Time	Source	Destination	Protocol	Info
1	0.000000	210.1.1.253	210.1.2.1	ICMP	Echo (ping) request (id=0x0328, seq(be/le)=22016/86, ttl=254)
2	0.016000	210.1.2.1	210.1.1.253	ICMP	Echo (ping) reply (id=0x0328, seq(be/le)=22016/86, ttl=254)
3	0.032000	210.1.1.253	210.1.2.1	ICMP	Echo (ping) request (id=0x0328, seq(be/le)=22272/87, ttl=254)
4	0.063000	210.1.2.1	210.1.1.253	ICMP	Echo (ping) reply (id=0x0328, seq(be/le)=22272/87, ttl=254)
5	0.110000	210.1.1.253	210.1.2.1	ICMP	Echo (ping) request (id=0x0328, seq(be/le)=22528/88, ttl=254)
6	0.125000	210.1.2.1	210.1.1.253	ICMP	Echo (ping) reply (id=0x0328, seq(be/le)=22528/88, ttl=254)
7	0.172000	210.1.1.253	210.1.2.1	ICMP	Echo (ping) request (id=0x0328, seq(be/le)=22784/89, ttl=254)
8	0.203000	210.1.2.1	210.1.1.253	ICMP	Echo (ping) reply (id=0x0328, seq(be/le)=22784/89, ttl=254)
9	0.250000	210.1.1.253	210.1.2.1	ICMP	Echo (ping) request (id=0x0328, seq(be/le)=23040/90, ttl=254)
10	0.266000	210.1.2.1	210.1.1.253	ICMP	Echo (ping) reply (id=0x0328, seq(be/le)=23040/90, ttl=254)
11	1.141000	210.1.1.253	210.1.2.2	ICMP	Echo (ping) request (id=0x0428, seq(be/le)=513/258, ttl=254)
12	1.157000	210.1.2.2	210.1.1.253	ICMP	Echo (ping) reply (id=0x0428, seq(be/le)=513/258, ttl=254)
13	1.219000	210.1.1.253	210.1.2.2	ICMP	Echo (ping) request (id=0x0428, seq(be/le)=769/259, ttl=254)
14	1.250000	210.1.2.2	210.1.1.253	ICMP	Echo (ping) reply (id=0x0428, seq(be/le)=769/259, ttl=254)
15	1.297000	210.1.1.253	210.1.2.2	ICMP	Echo (ping) request (id=0x0428, seq(be/le)=1025/260, ttl=254)
16	1.344000	210.1.2.2	210.1.1.253	ICMP	Echo (ping) reply (id=0x0428, seq(be/le)=1025/260, ttl=254)
17	1.375000	210.1.1.253	210.1.2.2	ICMP	Echo (ping) request (id=0x0428, seq(be/le)=1281/261, ttl=254)
18	1.407000	210.1.2.2	210.1.1.253	ICMP	Echo (ping) reply (id=0x0428, seq(be/le)=1281/261, ttl=254)
19	1.453000	210.1.1.253	210.1.2.2	ICMP	Echo (ping) request (id=0x0428, seq(be/le)=1537/262, ttl=254)
20	1.469000	210.1.2.2	210.1.1.253	ICMP	Echo (ping) reply (id=0x0428, seq(be/le)=1537/262, ttl=254)
21	2.657000	210.1.1.253	210.1.3.1	ICMP	Echo (ping) request (id=0x0528, seq(be/le)=13056/51, ttl=254)
22	2.672000	210.1.3.1	210.1.1.253	ICMP	Echo (ping) reply (id=0x0528, seq(be/le)=13056/51, ttl=254)
23	2.703000	210.1.1.253	210.1.3.1	ICMP	Echo (ping) request (id=0x0528, seq(be/le)=13312/52, ttl=254)
24	2.719000	210.1.3.1	210.1.1.253	ICMP	Echo (ping) reply (id=0x0528, seq(be/le)=13312/52, ttl=254)
25	2.750000	210.1.1.253	210.1.3.1	ICMP	Echo (ping) request (id=0x0528, seq(be/le)=13568/53, ttl=254)
26	2.766000	210.1.3.1	210.1.1.253	ICMP	Echo (ping) reply (id=0x0528, seq(be/le)=13568/53, ttl=254)
27	2.797000	210.1.1.253	210.1.3.1	ICMP	Echo (ping) request (id=0x0528, seq(be/le)=13824/54, ttl=254)
28	2.813000	210.1.3.1	210.1.1.253	ICMP	Echo (ping) reply (id=0x0528, seq(be/le)=13824/54, ttl=254)
29	2.844000	210.1.1.253	210.1.3.1	ICMP	Echo (ping) request (id=0x0528, seq(be/le)=14080/55, ttl=254)
30	2.860000	210.1.3.1	210.1.1.253	ICMP	Echo (ping) reply (id=0x0528, seq(be/le)=14080/55, ttl=254)

图 4-80 在 R1 的 GE 0/0/1 接口捕获的 ICMP 报文

说明：NAPT 方式，对于 ICMP 报文，除了转换 IP 地址，还转换 ICMP 报文的 Identifer 字段的值，这与转换 TCP 或 UDP 中的端口号的道理完全相同，是为了实现多个内网主机共享同一公网地址。

（4）内网客户访问公网服务器，验证 TCP 报文段中的端口转换。

在 Server2 的“服务器信息”选项卡中选择“HttpServer”，选择配置文件 default.htm（将任意文本文件改为.htm 文件即可）所在的目录，“端口号”设为“80”，单击“启动”按钮，如图 4-81 所示。

图 4-81　Server2 的 HttpServer 配置

在 Client1 的“客户端信息”选项卡中选择“HttpClient”，在“地址”文本输入框中输入“http://210.1.3.1/default.htm”，单击“获取”按钮，就可以访问 Server2 并下载文件 default.htm，如图 4-82 所示。

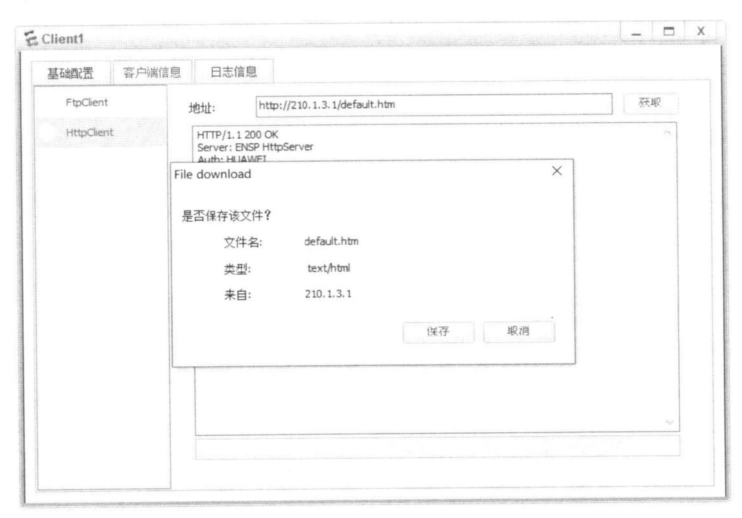

图 4-82　Client1 访问 Server1

在 R1 的 GE 0/0/0 和 GE 0/0/1 接口同时启动抓包，捕获以上过程中的 TCP 报文段。分析 TCP [SYN]报文段，如图 4-83、图 4-84 所示，其中源 IP 地址和源端口号是如何转换的？

再分析 TCP [SYN, ACK]报文段，其中目的 IP 地址和目的端口号是如何转换的？

```
Filter: tcp                                   Expression... Clear Apply
No.   Time        Source        Destination   Protocol  Info
  923 1931.96800  192.168.1.1   210.1.3.1     TCP       nfs > http [SYN] Seq=0 Win=8192 Len=0 MSS=1460
  924 1931.98400  210.1.3.1     192.168.1.1   TCP       http > nfs [SYN, ACK] Seq=0 Ack=1 Win=8192 Len=0 MSS=1460
  925 1931.98400  192.168.1.1   210.1.3.1     TCP       nfs > http [ACK] Seq=1 Ack=1 Win=8192 Len=0
  926 1931.98400  192.168.1.1   210.1.3.1     HTTP      GET /default.htm HTTP/1.1 Continuation or non-HTTP traffic
  927 1932.00000  210.1.3.1     192.168.1.1   HTTP      HTTP/1.1 200 OK
  928 1932.23400  192.168.1.1   210.1.3.1     TCP       nfs > http [ACK] Seq=167 Ack=127 Win=8066 Len=0
  930 1933.03100  192.168.1.1   210.1.3.1     TCP       nfs > http [FIN, ACK] Seq=167 Ack=127 Win=8066 Len=0

⊞ Frame 923: 58 bytes on wire (464 bits), 58 bytes captured (464 bits)
⊞ Ethernet II, Src: HuaweiTe_7e:44:29 (54:89:98:7e:44:29), Dst: HuaweiTe_3c:76:6e (00:e0:fc:3c:76:6e)
⊞ Internet Protocol, Src: 192.168.1.1 (192.168.1.1), Dst: 210.1.3.1 (210.1.3.1)
⊟ Transmission Control Protocol, Src Port: nfs (2049), Dst Port: http (80), Seq: 0, Len: 0
    Source port: nfs (2049)
    Destination port: http (80)
    [Stream index: 0]
    Sequence number: 0    (relative sequence number)
    Header length: 24 bytes
  ⊞ Flags: 0x02 (SYN)
    Window size: 8192
  ⊞ Checksum: 0xbfbc [validation disabled]
  ⊞ Options: (4 bytes)
```

图 4-83　在 R1 的 GE 0/0/0 接口捕获的 TCP 报文段

```
Filter: tcp                                   Expression... Clear Apply
No.   Time        Source        Destination   Protocol  Info
   33 1914.75000  210.1.1.253   210.1.3.1     TCP       moldflow-lm > http [SYN] Seq=0 Win=8192 Len=0 MSS=1460
   34 1914.75000  210.1.3.1     210.1.1.253   TCP       http > moldflow-lm [SYN, ACK] Seq=0 Ack=1 Win=8192 Len=0 MSS=1460
   35 1914.76600  210.1.1.253   210.1.3.1     TCP       moldflow-lm > http [ACK] Seq=1 Ack=1 Win=8192 Len=0
   36 1914.78200  210.1.1.253   210.1.3.1     HTTP      GET /default.htm HTTP/1.1 Continuation or non-HTTP traffic
   37 1914.78200  210.1.3.1     210.1.1.253   HTTP      HTTP/1.1 200 OK
   38 1915.01600  210.1.1.253   210.1.3.1     TCP       moldflow-lm > http [ACK] Seq=167 Ack=127 Win=8066 Len=0
   39 1915.81300  210.1.1.253   210.1.3.1     TCP       moldflow-lm > http [FIN, ACK] Seq=167 Ack=127 Win=8066 Len=0

⊞ Frame 33: 58 bytes on wire (464 bits), 58 bytes captured (464 bits)
⊞ Ethernet II, Src: HuaweiTe_3c:76:6f (00:e0:fc:3c:76:6f), Dst: HuaweiTe_1a:63:4a (00:e0:fc:1a:63:4a)
⊞ Internet Protocol, Src: 210.1.1.253 (210.1.1.253), Dst: 210.1.3.1 (210.1.3.1)
⊟ Transmission Control Protocol, Src Port: moldflow-lm (1576), Dst Port: http (80), Seq: 0, Len: 0
    Source port: moldflow-lm (1576)
    Destination port: http (80)
    [Stream index: 0]
    Sequence number: 0    (relative sequence number)
    Header length: 24 bytes
  ⊞ Flags: 0x02 (SYN)
    Window size: 8192
  ⊞ Checksum: 0xaf40 [validation disabled]
  ⊞ Options: (4 bytes)
```

图 4-84　在 R1 的 GE 0/0/1 接口捕获的 TCP 报文段

（5）公网客户（如 Client3）能够访问内网服务器（如 Server1）吗？请用实验进行验证，并分析产生该结果的原因。

4.6.6　实验小结

（1）静态 NAT，其内网 IP 地址与外网 IP 地址之间是一对一固定转换，即内部可以访问外部，外部也可以访问内部。

（2）动态 NAT，其内网 IP 地址与外网 IP 地址之间的转换关系是随机的，只能内部访问外部，外部不能访问内部（除非增加其他机制）。当内网地址转换需求大于外网地址数量时，需要等待地址释放，这会影响访问性能。

（3）NAPT 实现内部网络的多个进程（可能分布在不同主机或同一主机上）可共享同一个外网 IP 地址，实现对外部网络的访问，从而可以最大限度地节约 IP 地址资源。

4.6.7　思考题

请分析、比较 NAT 的 3 种实现方式的优缺点。

第5章 运输层实验

5.1 UDP 分析

实验目的

（1）掌握 UDP 报文格式。

（2）理解 UDP 面向报文的特性。

实验内容

（1）UDP 报文格式分析。

（2）捕获并分析 UDP 长报文。

（3）捕获并分析 UDP 短报文

5.1.1 相关知识

用户数据报协议（User Datagram Protocol，UDP）报文有两个字段：数据字段和首部字段。UDP 报文格式如图 5-1 所示，其首部字段很简单，只有 8 字节，由 4 个字段组成，每个字段都是 2 字节。各字段的意义如下。

（1）源端口：源端口号。

（2）目的端口：目的端口号。

（3）长度：UDP 用户数据报的长度。

（4）检验和：差错检验码，防止 UDP 用户数据报在传输中出错。

UDP 的伪首部并不是 UDP 用户数据报真正的首部，伪首部既不向下传送，也不向上递交，仅仅是为了计算检验和，防止报文被意外地交付到错误的目的地。

UDP 是面向报文的。这就是说，UDP 不会将应用程序交来的报文划分为若干个分组来发送，也不会把收到的若干个报文合并后再交付给应用程序。应用程序交给 UDP 一个报文，UDP 就发送这个报文；而 UDP 收到一个报文，就把它交付给应用程序。因此，应用程序必须选择大小合适的报文进行传送。若报文太长，UDP 把它交给 IP 层后，IP 层在传送时可能要进行分片，这会降低 IP 层的效率。若报文太短，UDP 把它交给 IP 层后，会使 IP 数据报的首部相对太大，这也会降低 IP 层的效率。

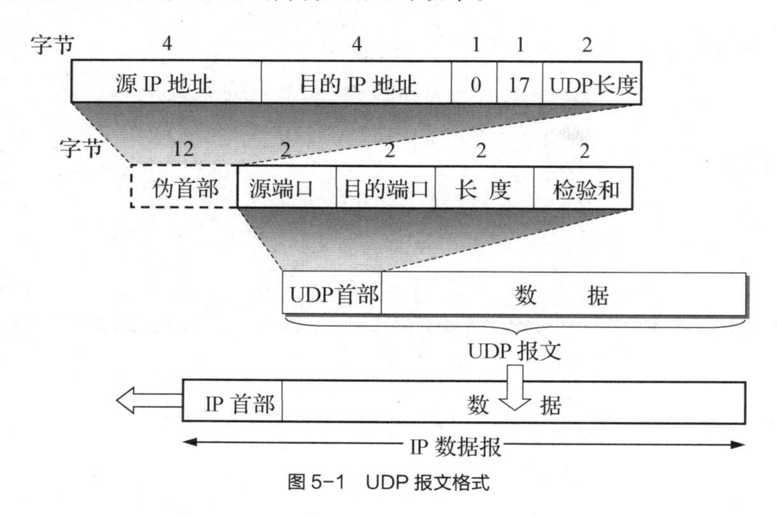

图 5-1 UDP 报文格式

5.1.2 建立网络拓扑

本实验的网络拓扑如图 5-2 所示，该网络拓扑由一台路由器（请选用 eNSP 设备型号 Router）和两台 PC 构成，各设备的 IP 地址配置如表 5-1 所示。

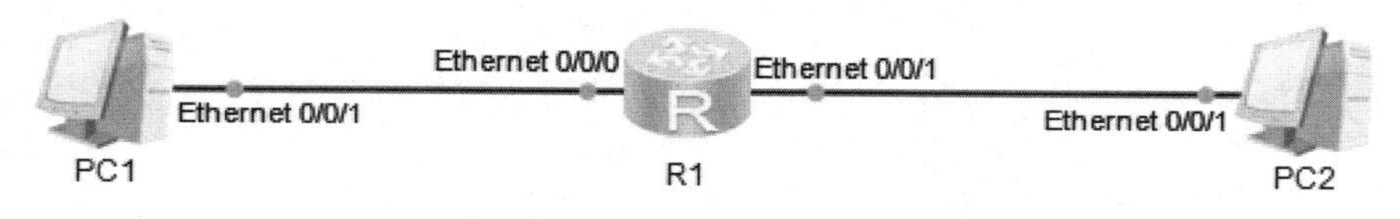

图 5-2 网络拓扑

表 5-1 各设备的 IP 地址配置

设备名称	接口	IP 地址
PC1	Ethernet 0/0/1	210.1.1.1/24
PC2	Ethernet 0/0/1	210.1.2.1/24
R1	Ethernet 0/0/0	210.1.1.254/24
	Ethernet 0/0/1	210.1.2.254/24

配置各设备的 IP 地址，并测试 PC1 与 PC2 之间的连通性。

5.1.3 UDP 报文格式分析

配置 PC1 的“UDP 发包工具”选项卡，向 PC2 发送 UDP 报文，如图 5-3 所示。“数据包长度”（IP 数据报长度，除用户数据外，还包括 20 字节 IP 固定长首部和 8 字节 UDP 首部，因此至少为 28 字节）采用默认的“56”字节，“MTU”采用默认的“1500”字节。

图 5-3　配置 PC1 的“UDP 发包工具”选项卡

发送 UDP 报文，同时在 PC2 的接口上启动抓包，捕获的 UDP 数据报如图 5-4 所示。查看分组内容，回答以下问题。

- IP 数据报的长度是多少？IP 数据报的首部长度是多少？UDP 在 IP 报文中的协议号是多少？
- 源端口号、目的端口号是多少？UDP 数据报的总长度是多少？UDP 首部的长度是多少？

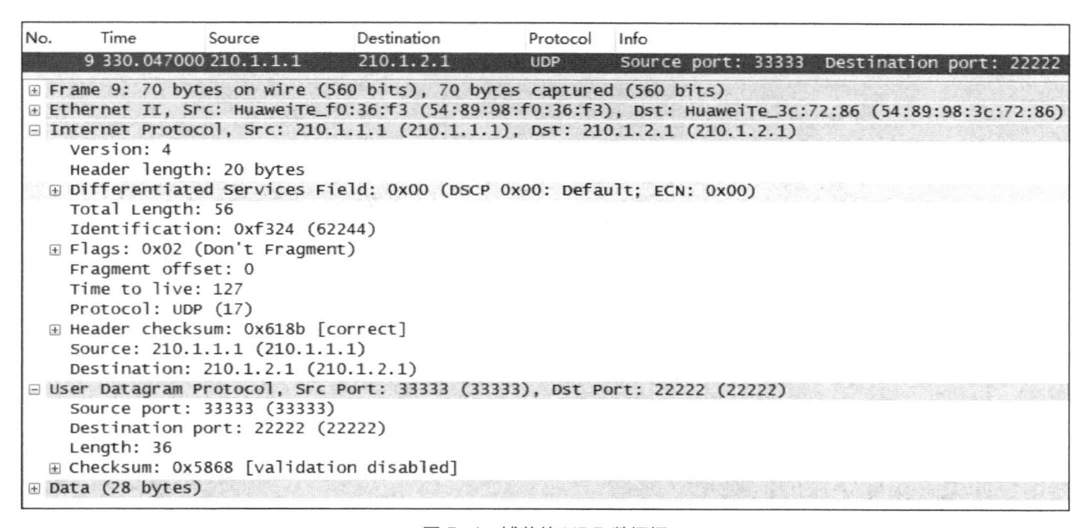

图 5-4　捕获的 UDP 数据报

5.1.4 捕获并分析 UDP 长报文

1. 设置链路的 MTU

将路由器 R1 的 Ethernet 0/0/1 接口的 MTU 设置为 820（以太网接口的默认 MTU 为 1500），命令如下。

```
[R1]interface ethernet0/0/1
[R1-Ethernet0/0/1]mtu 820
```

2. 发送 UDP 长报文

在 PC1 的“UDP 发包工具”选项卡中将“数据包长度”设置为“4000”字节并发送。如果在 R1 的 Ethernet 0/0/0 和 Ethernet 0/0/1 接口同时捕获 UDP 报文，请预测以下问题的结果。

- 在 R1 的 Ethernet 0/0/0 和 Ethernet 0/0/1 接口分别捕获到几个 IP 数据报分组？
- 各 IP 数据报的片偏移（以 8 字节为单位）、总长度、“还有分片”（More Fregments）标识位分别是多少？

在 R1 的 Ethernet 0/0/0 和 Ethernet 0/0/1 接口同时启动抓包，然后发送 UDP 报文。

由于 Wireshark 在显示时默认会将最后一个 IP 分片重装后显示，因此为显示原始 IP 分片，请在分组详细信息栏中打开右键快捷菜单，如图 5-5 所示，取消选中“Reassemble fragmented IP datagrams”菜单项。

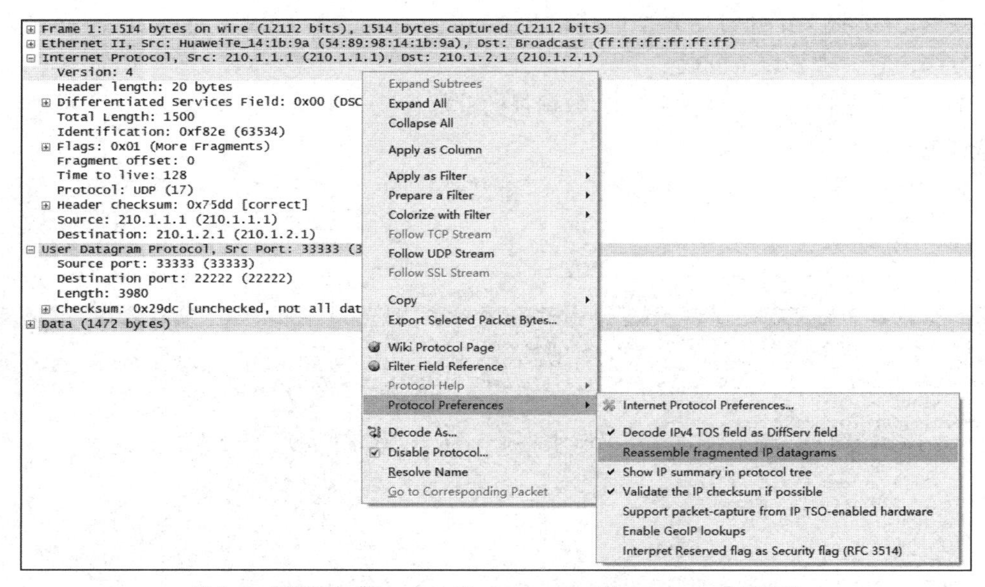

图 5-5 取消选中“Reassemble fragmented IP datagrams”菜单项

这样会显示图 5-6、图 5-7 所示的捕获分组信息。

注意，为了便于用户查看，Wireshark 在显示片偏移字段的值时，会将其换算为以字节为单位的值（实际字段的值乘 8）。

查看各捕获分组并回答以下问题。

- IP 数据报的分片个数、总长度、片偏移和“还有分片”标识位是否与你的预测结果一致？

- 各 IP 分片的标识字段是否都相同？
- UDP 首部是否被复制到每个 IP 分片中？
- 有的 IP 数据报被多次分片，是否能一次重装回原始的 IP 数据报？

```
No.   Time        Source      Destination  Protocol  Info
  1 0.000000    210.1.1.1   210.1.2.1    UDP       Source port: 33333  Destination port: 22222
  2 0.015000    210.1.1.1   210.1.2.1    IP        Fragmented IP protocol (proto=UDP 0x11, off=1480, ID=f82e)
  3 0.015000    210.1.1.1   210.1.2.1    IP        Fragmented IP protocol (proto=UDP 0x11, off=2960, ID=f82e)

⊞ Frame 1: 1514 bytes on wire (12112 bits), 1514 bytes captured (12112 bits)
⊞ Ethernet II, Src: HuaweiTe_14:1b:9a (54:89:98:14:1b:9a), Dst: Broadcast (ff:ff:ff:ff:ff:ff)
⊟ Internet Protocol, Src: 210.1.1.1 (210.1.1.1), Dst: 210.1.2.1 (210.1.2.1)
    Version: 4
    Header length: 20 bytes
  ⊞ Differentiated Services Field: 0x00 (DSCP 0x00: Default; ECN: 0x00)
    Total Length: 1500
    Identification: 0xf82e (63534)
  ⊞ Flags: 0x01 (More Fragments)
    Fragment offset: 0
    Time to live: 128
    Protocol: UDP (17)
  ⊞ Header checksum: 0x75dd [correct]
    Source: 210.1.1.1 (210.1.1.1)
    Destination: 210.1.2.1 (210.1.2.1)
⊟ User Datagram Protocol, Src Port: 33333 (33333), Dst Port: 22222 (22222)
    Source port: 33333 (33333)
    Destination port: 22222 (22222)
    Length: 3980
  ⊞ Checksum: 0x29dc [unchecked, not all data available]
⊞ Data (1472 bytes)
```

图 5-6　在 R1 的 Ethernet 0/0/0 接口捕获的分组

```
No.   Time        Source      Destination  Protocol  Info
  1 0.000000    210.1.1.1   210.1.2.1    UDP       Source port: 33333  Destination port: 22222
  2 0.000000    210.1.1.1   210.1.2.1    IP        Fragmented IP protocol (proto=UDP 0x11, off=800, ID=f82e)
  3 0.000000    210.1.1.1   210.1.2.1    IP        Fragmented IP protocol (proto=UDP 0x11, off=1480, ID=f82e)
  4 0.000000    210.1.1.1   210.1.2.1    IP        Fragmented IP protocol (proto=UDP 0x11, off=2280, ID=f82e)
  5 0.000000    210.1.1.1   210.1.2.1    IP        Fragmented IP protocol (proto=UDP 0x11, off=2960, ID=f82e)
  6 0.000000    210.1.1.1   210.1.2.1    IP        Fragmented IP protocol (proto=UDP 0x11, off=3760, ID=f82e)

⊞ Frame 1: 834 bytes on wire (6672 bits), 834 bytes captured (6672 bits)
⊞ Ethernet II, Src: HuaweiTe_f0:36:f3 (54:89:98:f0:36:f3), Dst: HuaweiTe_3c:72:86 (54:89:98:3c:72:86)
⊟ Internet Protocol, Src: 210.1.1.1 (210.1.1.1), Dst: 210.1.2.1 (210.1.2.1)
    Version: 4
    Header length: 20 bytes
  ⊞ Differentiated Services Field: 0x00 (DSCP 0x00: Default; ECN: 0x00)
    Total Length: 820
    Identification: 0xf82e (63534)
  ⊞ Flags: 0x01 (More Fragments)
    Fragment offset: 0
    Time to live: 127
    Protocol: UDP (17)
  ⊞ Header checksum: 0x7985 [correct]
    Source: 210.1.1.1 (210.1.1.1)
    Destination: 210.1.2.1 (210.1.2.1)
⊟ User Datagram Protocol, Src Port: 33333 (33333), Dst Port: 22222 (22222)
    Source port: 33333 (33333)
    Destination port: 22222 (22222)
    Length: 3980
  ⊞ Checksum: 0x29dc [unchecked, not all data available]
⊞ Data (792 bytes)
```

图 5-7　在 R1 的 Ethernet 0/0/1 接口捕获的分组

5.1.5　捕获并分析 UDP 短报文

在 PC1 的“UDP 发包工具”选项卡中将“数据包长度”设置为最小长度“28”字节并发送。在 PC2 的接口上启动抓包，捕获的分组如图 5-8 所示。请回答以下问题。

- UDP 报文的数据部分有多长？
- IP 数据报总长度是多少？
- 查看分组详细信息栏的第一行，为什么捕获的字节数为 60？（注意：以太网帧的差错检测由硬件执行，捕获的字节不包括帧尾部的帧校验序列。）

注意：因为 eNSP 模拟 PC 的功能实现不够标准，以上实验需在 PC2 的接口上捕获路由器转发的分组，而不是在 PC1 的接口上。

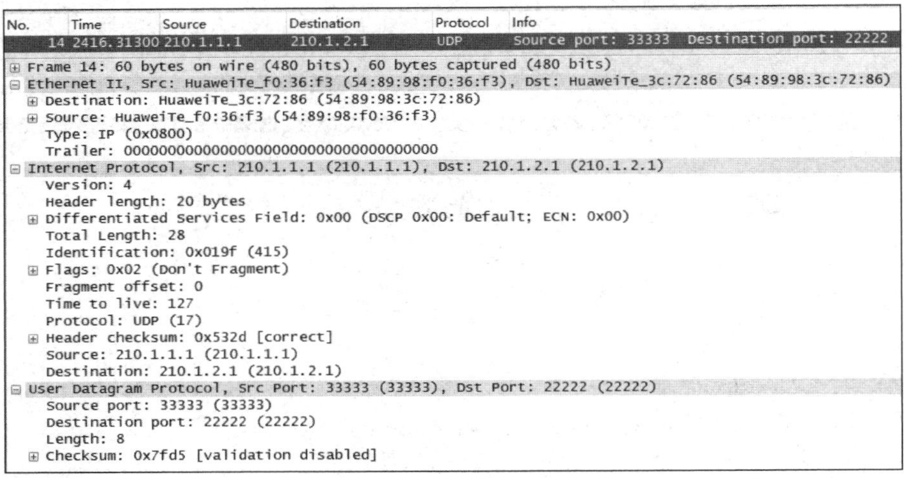

```
No.   Time          Source      Destination   Protocol   Info
   14 2416.31300 210.1.1.1   210.1.2.1     UDP        Source port: 33333  Destination port: 22222

⊞ Frame 14: 60 bytes on wire (480 bits), 60 bytes captured (480 bits)
⊟ Ethernet II, Src: HuaweiTe_f0:36:f3 (54:89:98:f0:36:f3), Dst: HuaweiTe_3c:72:86 (54:89:98:3c:72:86)
  ⊞ Destination: HuaweiTe_3c:72:86 (54:89:98:3c:72:86)
  ⊞ Source: HuaweiTe_f0:36:f3 (54:89:98:f0:36:f3)
    Type: IP (0x0800)
    Trailer: 000000000000000000000000000000000000
⊟ Internet Protocol, Src: 210.1.1.1 (210.1.1.1), Dst: 210.1.2.1 (210.1.2.1)
    Version: 4
    Header length: 20 bytes
  ⊞ Differentiated Services Field: 0x00 (DSCP 0x00: Default; ECN: 0x00)
    Total Length: 28
    Identification: 0x019f (415)
  ⊞ Flags: 0x02 (Don't Fragment)
    Fragment offset: 0
    Time to live: 127
    Protocol: UDP (17)
  ⊞ Header checksum: 0x532d [correct]
    Source: 210.1.1.1 (210.1.1.1)
    Destination: 210.1.2.1 (210.1.2.1)
⊟ User Datagram Protocol, Src Port: 33333 (33333), Dst Port: 22222 (22222)
    Source port: 33333 (33333)
    Destination port: 22222 (22222)
    Length: 8
  ⊞ Checksum: 0x7fd5 [validation disabled]
```

图 5-8　在 PC2 的接口捕获的分组

5.1.6　实验小结

（1）UDP 是一个无连接协议，传输数据之前发送方和接收方之间不建立连接。

（2）UDP 是面向报文的。发送方的 UDP 对应用程序交来的报文，在添加首部后就向下交付给 IP 层。对于这些报文，既不拆分，也不合并，而是保留这些报文的边界。

5.1.7　思考题

在 5.1.5 小节中，若 IP 数据报中没有设计总长度这个字段，则会导致什么错误情况？

5.2　TCP 分析

实验目的

（1）理解 TCP 的可靠数据传输机制、拥塞控制机制、流量控制机制的工作原理。

（2）掌握使用 Wireshark 分析 TCP 踪迹文件的技能。

实验内容

（1）捕获 TCP 踪迹文件。

（2）熟悉 TCP 踪迹文件。

（3）分析 TCP 序号和流量控制。

（4）分析应用层内容。

（5）分析 TCP 拥塞控制。

5.2.1　相关知识

传输控制协议（Transmission Control Protocol，TCP）是 TCP/IP 体系中面向连接的运

输层协议，它提供全双工、可靠交付的服务。TCP 报文段结构如图 5-9 所示，各字段的含义请参考《计算机网络教程（第 6 版）（微课版）》5.3.2 小节。TCP 与 UDP 最大的区别就是 TCP 是面向连接的，而 UDP 是无连接的。

TCP 的面向连接分为 3 个阶段：连接建立、数据传输、连接释放。连接建立的过程通常称为“三次握手”，连接释放的过程通常称为“四次握手”。

TCP 综合回退 N 帧协议（Go-Back-N，GBN）和选择重传协议等可靠传输机制，采用累计确认、捎带确认以及复杂的超时重传策略来确保数据的可靠传输。

TCP 利用滑动窗口机制可以很方便地在 TCP 连接上实现发送方流量控制。通过接收方的确认报文中的窗口字段，发送方能够准确地控制发送字节数，从而实现让发送方的发送速率不要太快，让接收方来得及接收。

TCP 采用端到端的拥塞控制机制。拥塞控制算法通常包括 3 个主要部分：慢启动、拥塞避免、快重传快恢复。

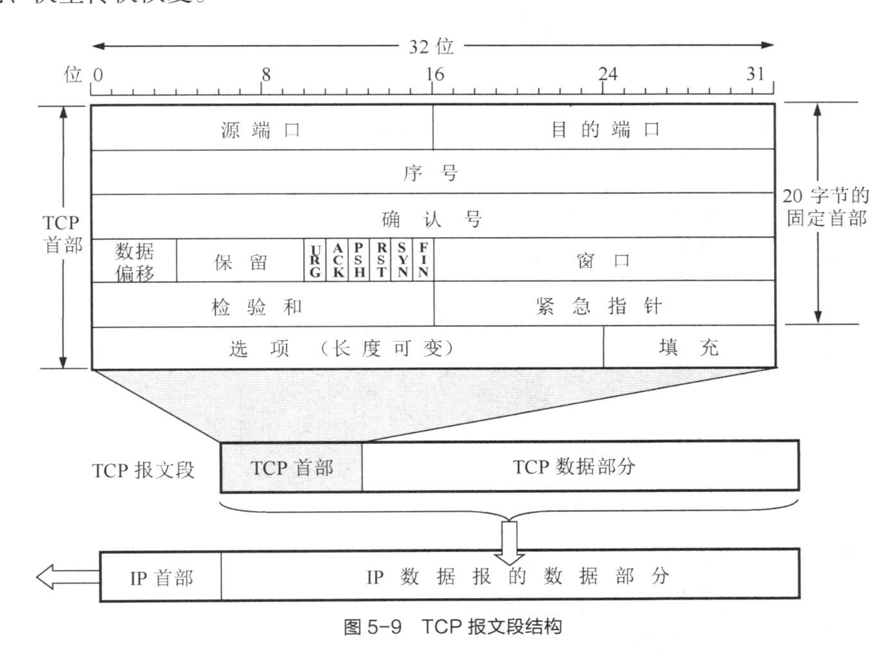

图 5-9　TCP 报文段结构

5.2.2　捕获 TCP 踪迹文件

在开始研究 TCP 的工作机制之前，需要使用 Wireshark 来捕获从本机到远程服务器的 TCP 踪迹文件。为此，我们可以用本机中的浏览器打开某网站中的网页，用 HTTP 下载包括文本文件在内的对象。与此同时，在本机上运行 Wireshark 来捕获本机收发的 TCP 报文段并将其存入“.cap”或“.pcap”踪迹文件中。为了便于比较，可以从人邮教育社区下载现成的踪迹文件压缩包进行分析。

5.2.3　熟悉 TCP 踪迹文件

打开压缩包中的踪迹文件 tcp-ethereal-trace-1.pcap，可以看到捕获机器与 Web 服务器之间交互的 TCP 和 HTTP 报文序列，如图 5-10 所示。

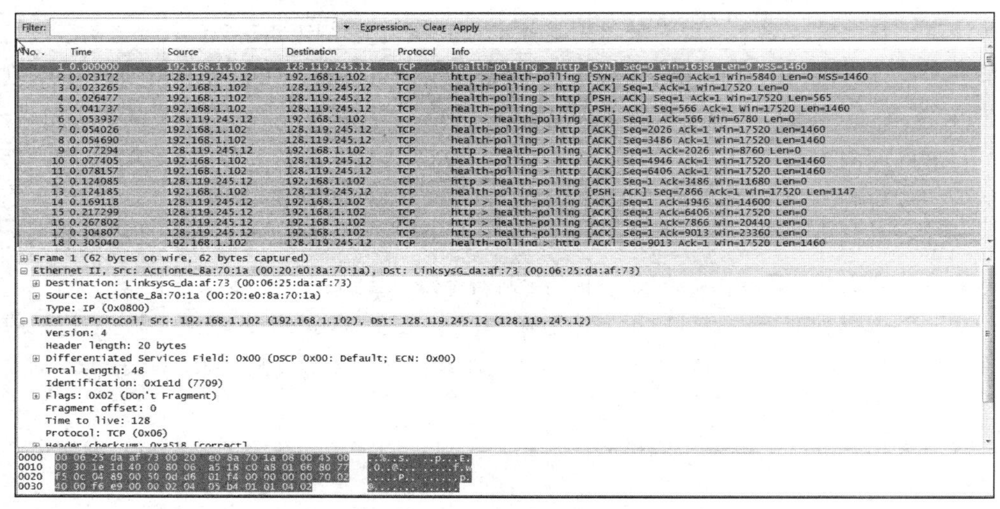

图 5-10　TCP 踪迹文件

选择一个报文，观察其各层次协议包含关系，观察 HTTP 与 TCP 之间的关系。在捕获报文列表窗口右侧，可以发现发起三次握手的 SYN 报文，还可以发现一系列交互的 HTTP 报文。

请回答下列问题。

- 向 Web 服务器传输文件的源主机所使用的 IP 地址和端口号是什么？
- Web 服务器所使用的 IP 地址和端口号是什么？
- 前 6 个 TCP 报文段的长度各为多少？
- 建立连接时，客户和服务器之间相互协商的选项字段的内容是什么？对后面的数据传输有什么影响？

5.2.4　分析 TCP 序号和流量控制

为分析 TCP 序号和确认号，可以从分组列表中观察，也可以选择“Statitics/Flow Graph”菜单，在弹出的对话框中勾选“TCP flow”复选框，则会出现图 5-11 所示的本机与服务器之间的 TCP 流图分析结果。

观察该图，回答下列问题。

- 找出 TCP 建立连接的三次握手部分。用于发起与服务器 TCP 连接的 TCP SYN 报文段的序号是多少？在该报文段中标识其为 SYN 报文段的标志是什么？该报文段的 ACK 标志位是否置位？
- 服务器应答上述 TCP SYN 报文段的 SYN ACK 报文段的序号是什么？该 SYN ACK 报文段的确认号是多少？为什么是这个值？为什么称该报文段为 SYN ACK 报文段？
- 客户发送的报文段和服务器发送的确认是一对一交替出现的吗？为什么？如何确定接收方是对哪个报文段进行应答的？
- 接收方通常的可用缓存的量是一样大的吗？最小的量是多少？出现了为抑制发送方而减少接收缓存空间的情况吗？
- 在踪迹文件中有重传报文段吗？如何检查是否出现了这种情况？
- 关于该 TCP 连接，吞吐量是多少？解释你的计算方法。

tcp-ethereal-trace-1.pcap - Graph Analysis

Time	192.168.1.102 (1161) — 128.119.245.12 (80)	Comment
0.000	SYN	Seq = 0 Ack = 3411905511
0.023	SYN, ACK	Seq = 0 Ack = 1
0.023	ACK	Seq = 1 Ack = 1
0.026	PSH, ACK - Len: 565	Seq = 1 Ack = 1
0.042	PSH, ACK - Len: 1460	Seq = 566 Ack = 1
0.054	ACK	Seq = 1 Ack = 566
0.054	ACK - Len: 1460	Seq = 2026 Ack = 1
0.055	ACK - Len: 1460	Seq = 3486 Ack = 1
0.077	ACK	Seq = 1 Ack = 2026
0.077	ACK - Len: 1460	Seq = 4946 Ack = 1
0.078	ACK - Len: 1460	Seq = 6406 Ack = 1
0.124	ACK	Seq = 1 Ack = 3486
0.124	PSH, ACK - Len: 1147	Seq = 7866 Ack = 1
0.169	ACK	Seq = 1 Ack = 4946
0.217	ACK	Seq = 1 Ack = 6406
0.268	ACK	Seq = 1 Ack = 7866
0.305	ACK	Seq = 1 Ack = 9013
0.305	ACK - Len: 1460	Seq = 9013 Ack = 1
0.306	ACK - Len: 1460	Seq = 10473 Ack = 1
0.307	ACK - Len: 1460	Seq = 11933 Ack = 1
0.308	ACK - Len: 1460	Seq = 13393 Ack = 1
0.309	ACK - Len: 1460	Seq = 14853 Ack = 1
0.310	PSH, ACK - Len: 892	Seq = 16313 Ack = 1
0.356	ACK	Seq = 1 Ack = 10473
0.400	ACK	Seq = 1 Ack = 11933
0.449	ACK	Seq = 1 Ack = 13393
0.500	ACK	Seq = 1 Ack = 14853
0.545	ACK	Seq = 1 Ack = 16313
0.576	ACK	Seq = 1 Ack = 17205
0.577	ACK - Len: 1460	Seq = 17205 Ack = 1
0.577	ACK - Len: 1460	Seq = 18665 Ack = 1
0.578	ACK - Len: 1460	Seq = 20125 Ack = 1

图 5-11　TCP 流图分析结果

为便于分析 TCP 序号和确认号，Wireshark 默认显示的是从 0 开始的相对序号，为显示原始的真实序号，请在分组详细信息栏中打开右键快捷菜单，如图 5-12 所示，取消选中“Analyze TCP sequence numbers”菜单项。再查看 TCP 流图，建立连接时客户机和服务器的 TCP 起始序号分别是多少？为什么不是固定从 0 或 1 开始？

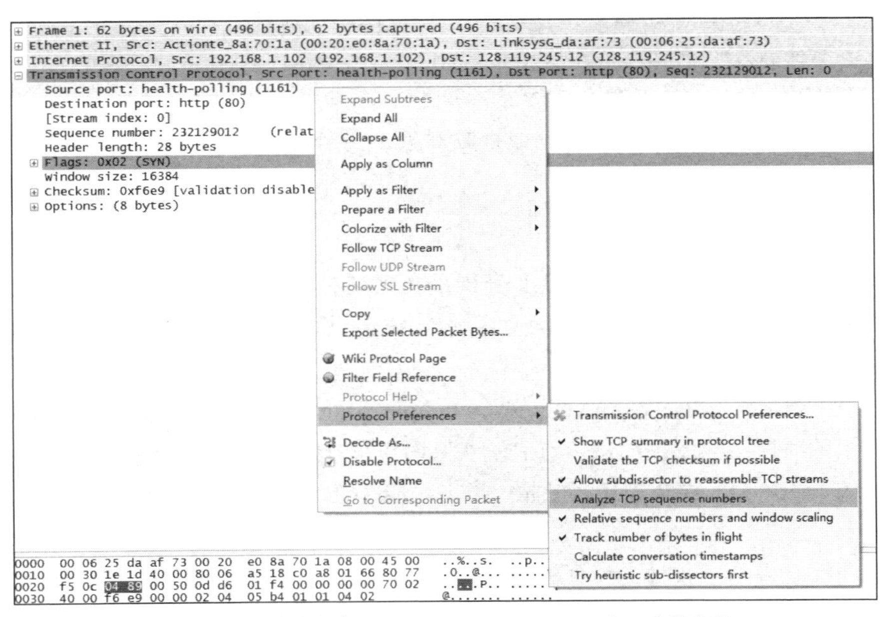

图 5-12　取消选中“Analyze TCP sequence numbers”菜单项

5.2.5 分析应用层内容

本实验中所分析的应用层协议是 HTTP，该协议的可靠传输是基于 TCP 得到的。通过分析 TCP 报文序列，可以得到 HTTP 传输的内容。为此，单击 TCP 三次握手中的第 4 号报文（一条从本机向 Web 服务器发送“HTTP POST”命令的报文），请求 Web 服务器发送特定的页面对象。对于后继报文，也可以发现其中有以 ASCII 明文发送的应用层内容。

对于分析应用层的内容，Wireshark 提供了一个很好用的工具。选择“Analyze/Follow TCP Stream”菜单，打开图 5-13 所示的窗口，该窗口显示了该 TCP 流的应用层相关信息。

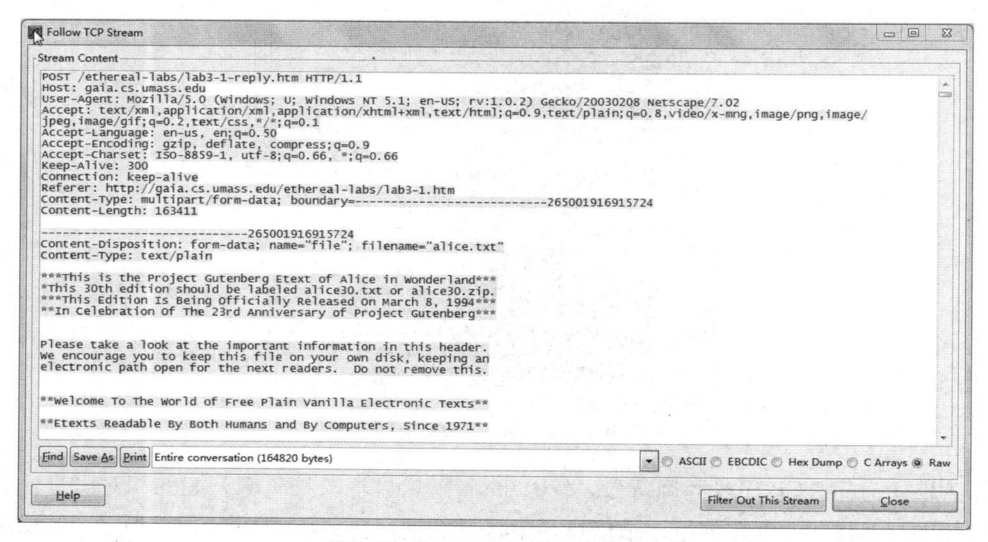

图 5-13 “Follow TCP Stream”窗口

分析应用层内容，回答下列问题。

- HTTP 首部行所使用的方法是什么？该方法的功能是什么？
- 该 Web 服务器的域名是什么？
- HTTP 传输的大约是什么内容？
- 如果 Web 页面传输的是图片或视频对象，会出现什么情况？

5.2.6 分析 TCP 拥塞控制

前面实验已经为我们用 Wireshark 分析报文序列打下了较好的基础。应当说这是一项枯燥（尽管十分有用）的工作，下面介绍 Wireshark 提供的分析 TCP 连接吞吐量的图形工具。

选择“Statistics/TCP Stream Graph/Throughput Gragh”菜单，得到图 5-14 所示的 TCP 连接吞吐量的时序图。图中的每个点表示在某时刻该 TCP 连接的吞吐量。

根据图 5-14 分析 TCP 连接吞吐量，指出对应 TCP 慢启动阶段和拥塞避免阶段的分别是哪部分。

图示曲线是否与主教材《计算机网络教程（第 6 版）（微课版）》中的理论分析曲线一致？为什么？

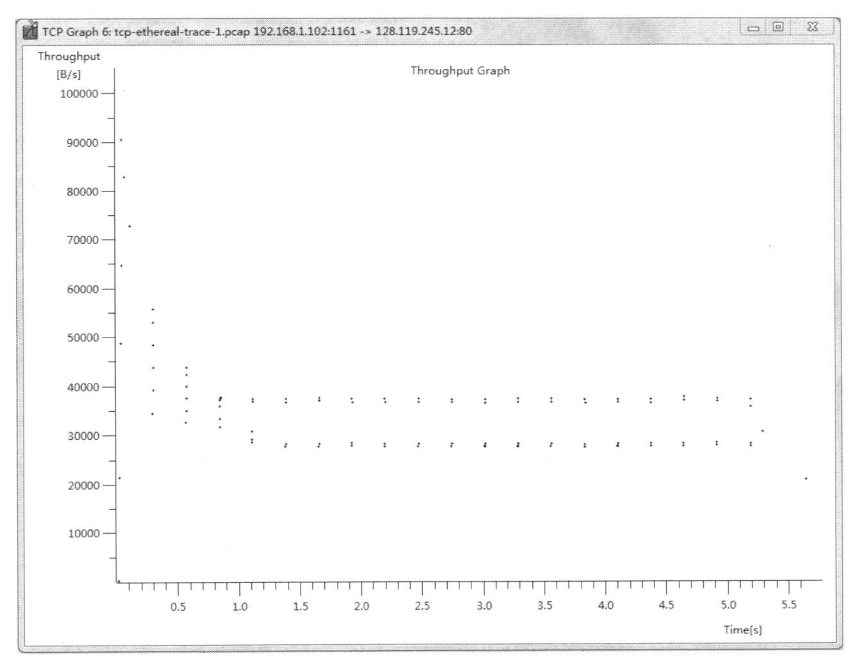

图 5-14 TCP 连接吞吐量的时序图

5.2.7 实验小结

（1）TCP 提供面向连接的可靠的数据服务，并实现了流量控制和拥塞控制机制。

（2）TCP 是面向字节的。TCP 把应用层交下来的长报文（这可能要划分为许多较短的报文段）看成一个个字节组成的数据流，并使每一个字节对应一个序号。TCP 的可靠传输、流量控制和拥塞控制都是基于字节的。

5.2.8 思考题

在 TCP 建立连接的过程中，SYN 报文段和 SYN ACK 报文段都不能包含数据，但为什么要占用 1 字节的序号？在 TCP 连接释放的过程中，FIN 报文段和 FIN ACK 报文段也不包含数据，但为什么要占用 1 字节的序号？

第6章 应用层实验

6.1 DNS、HTTP分析

实验目的

（1）理解DNS的报文格式和工作原理。

（2）理解HTTP的报文格式和工作原理。

实验内容

（1）配置eNSP使模拟网络与物理PC连通。

（2）配置DNS服务。

（3）分析DNS报文。

（4）配置WWW服务。

（5）分析HTTP。

6.1.1 相关知识

1. DNS报文格式

域名系统（Domain Name System，DNS）是互联网的一项服务。它作为将域名和IP地址相互映射的一个分布式数据库，能够使用户更方便地访问互联网。

DNS定义了两种报文：查询报文和响应报文。两种报文格式如图6-1、图6-2所示，无论是查询报文还是响应报文，都有12字节的首部和查询问题。

标识	标志
查询问题记录数	回答资源记录数
授权资源记录数	附加资源记录数
查询问题记录	

图6-1 DNS查询报文格式

标识	标志
查询问题记录数	回答资源记录数
权威资源记录数	附加资源记录数
查询问题记录	
回答资源记录	
权威资源记录	
附加资源记录	

图 6-2 DNS 响应报文格式

● 标识：占 2 字节，同一个问题的查询标识和响应标识必须相同。

● 标志：占 2 字节。其中 Response 位：0 表示查询报文，1 表示响应报文。Opcode 码：占 4 位，0 表示标准查询（根据主机名查询 IP 地址），1 表示反向查询（根据 IP 地址查询主机名），2 表示服务器状态请求。标准查询是根据给出的主机名查询其对应的 IP 地址；反向查询是根据给出的 IP 地址查询其对应的主机名。Authoritative 位：仅用于响应报文，1 表示权威服务器的响应。Recursion desired 位：1 表示查询方式期望采用递归方式。Recursion available 位：仅用于响应报文，1 表示服务器支持递归查询。

● 查询问题记录数、回答资源记录数、权威资源记录数、附加资源记录数：分别描述各自的记录数目。对于查询报文，查询问题记录数通常是 1，而其他 3 项均为 0。响应报文随问题不同而变化。

● 查询问题记录：由名字（Name）、类型（Type）、种类（Class）3 部分组成。名字是要查找的名字；常用类型包括主机地址（类型 A）、名字服务器（类型 NS）等；种类通常为 1，表示互联网地址。

● 权威资源记录和附加资源记录：只出现在响应报文中，除了包括对应查询问题的名字、类型、种类，还包括 TTL 和值。具体参见《计算机网络教程（第 6 版）（微课版）》6.2.5 小节。

2. HTTP 报文格式

超文本传输协议（Hypertext Transfer Protocol，HTTP）是 WWW 浏览器和 WWW 服务器之间的应用层协议。具体参见《计算机网络教程（第 6 版）（微课版）》6.3.3 小节。

HTTP 有两类报文：请求报文和响应报文。HTTP 的报文格式如图 6-3 所示。

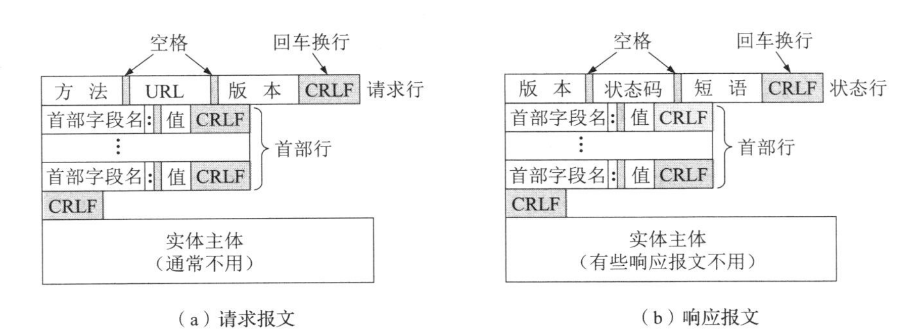

图 6-3 HTTP 的报文格式

由于 HTTP 是面向文本的，因此在报文中的每一个字段都是一些 ASCII 串，每个字段的长度都是不确定的。

HTTP 使用 TCP 来传输自己的报文，因此在发起请求前要先建立 TCP 连接，HTTP 交互结束后再释放 TCP 连接。

6.1.2 建立网络拓扑

本实验的网络拓扑如图 6-4 所示，该网络拓扑由 1 台路由器（选用 Router）、1 台交换机（S2700）、2 台服务器和 1 台物理 PC 构成（通过 Cloud1 与物理网卡连接）。各设备的 IP 地址配置如表 6-1 所示。注意，在没有为 Cloud1 绑定网卡前，Cloud1 无法与路由器接口连接。

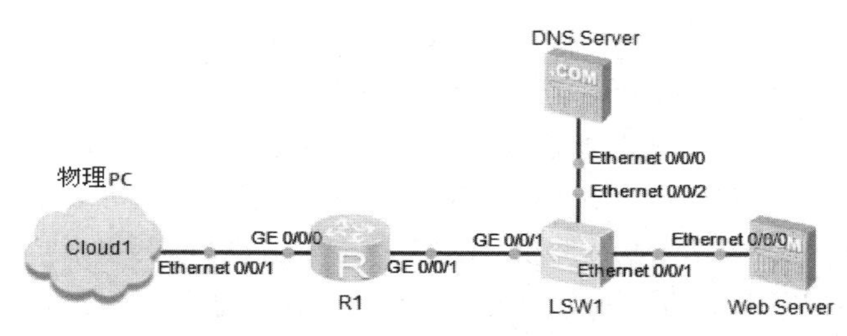

图 6-4 网络拓扑

表 6-1 各设备的 IP 地址配置

设备名称	接口	IP 地址
R1	GE 0/0/0	210.1.1.254/24
	GE 0/0/1	210.1.2.254/24
物理 PC	环回网卡	210.1.1.1/24
DNS Server	Ethernet 0/0/0	210.1.2.1/24
Web Server	Ethernet 0/0/0	210.1.2.2/24

6.1.3 配置 eNSP 使模拟网络与物理 PC 连通

为了将 eNSP 模拟网络与运行 eNSP 的物理 PC 连通，要先在物理 PC 上安装一个环回网卡。

以 Windows 10 操作系统为例，打开“设备管理器”窗口，如图 6-5 所示，选择“操作/添加过时硬件”菜单，打开“添加硬件”对话框，手动从列表中选择硬件进行安装，此处添加“网络适配器”，如图 6-6 所示，然后添加并安装 Microsoft 的环回适配器，如图 6-7 所示。

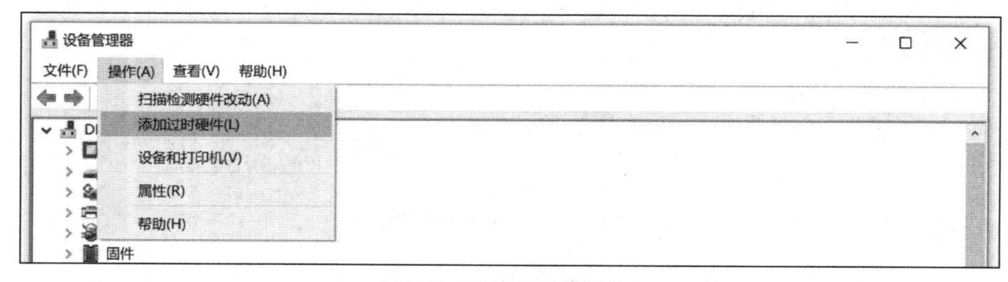

图 6-5 “设备管理器”窗口

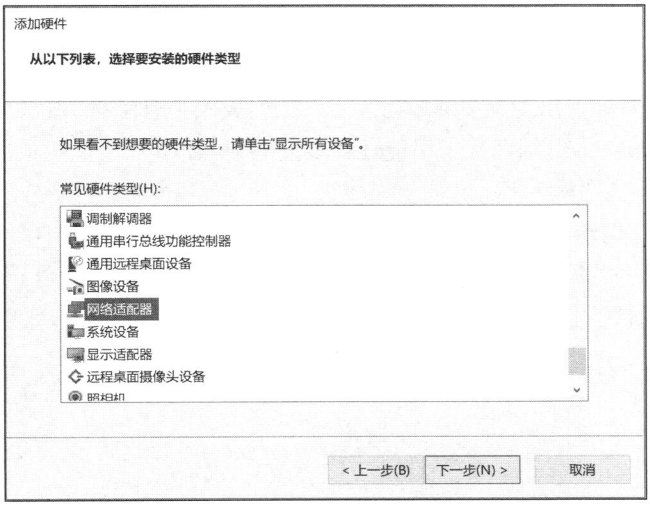
添加硬件
从以下列表，选择要安装的硬件类型
如果看不到想要的硬件类型，请单击"显示所有设备"。
常见硬件类型(H):
调制解调器
通用串行总线功能控制器
通用远程桌面设备
图像设备
网络适配器
系统设备
显示适配器
远程桌面摄像头设备
< 上一步(B)
下一步(N) >
取消

图 6-6　添加“网络适配器”

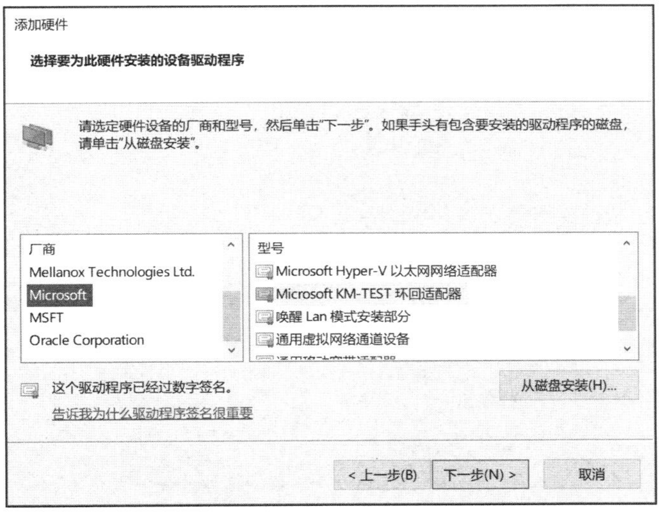
添加硬件
选择要为此硬件安装的设备驱动程序
请选定硬件设备的厂商和型号，然后单击"下一步"。如果手头有包含要安装的驱动程序的磁盘，请单击"从磁盘安装"。
厂商
Mellanox Technologies Ltd.
Microsoft
MSFT
Oracle Corporation
型号
Microsoft Hyper-V 以太网网络适配器
Microsoft KM-TEST 环回适配器
唤醒 Lan 模式安装部分
通用虚拟网络通道设备
这个驱动程序已经过数字签名。
告诉我为什么驱动程序签名很重要
从磁盘安装(H)...
< 上一步(B)
下一步(N) >
取消

图 6-7　添加并安装 Microsoft 的环回适配器

禁用其他无关网卡，启动并设置环回网卡的 IP 地址、子网掩码、默认网关和域名服务器等网络连接属性（默认网关与域名服务器均设置为 R1），如图 6-8 所示。注意，做完实验后要禁用该环回网卡，以免影响计算机正常上网。

网络连接
控制面板 › 网络和 Internet › 网络连接 ›
在 网络连接 中搜索
组织 ▾
禁用此网络设备
诊断这个连接
重命名此连接
查看此连接的状态
更改此连接的设置
VirtualBox Host-Only Network
已启用
WLAN
未连接
Intel(R) Dual Band Wireless...
蓝牙网络连接
未连接
以太网 2
网络
Microsoft KM-TEST 环回适...
禁用(B)
状态(U)
诊断(I)
桥接(G)
创建快捷方式(S)
删除(D)
重命名(M)
属性(R)
4 个项目
选中 1 个项目

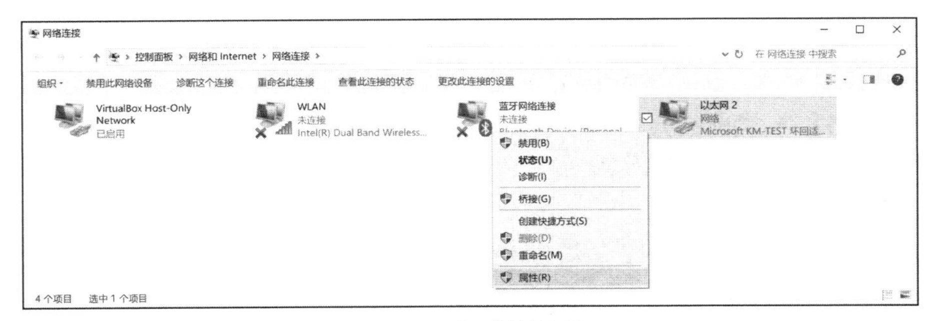

图 6-8　设置网络连接属性

安装好环回网卡后请重启计算机，然后打开 eNSP 配置网络拓扑和各设备的 IP 地址，并在 eNSP 中为 Cloud1 绑定网卡。首先增加 UDP 网卡，然后增加物理 PC 的环回网卡（若物理 PC 的环回网卡没有出现在“绑定信息”下拉列表中，则在物理 PC 中添加环回网卡后请重启计算机和 eNSP，个别情况下可能还需要重装 WinPcap 软件），最后添加以太网类型的双向端口映射，如图 6-9 所示。

为 Cloud1 绑定网卡后即可选择网线与路由器接口连接。

启动物理 PC 的“命令提示符”窗口，执行“ping”命令测试物理 PC 与 DNS 服务器、Web 服务器的连通性，保证各设备之间连通。

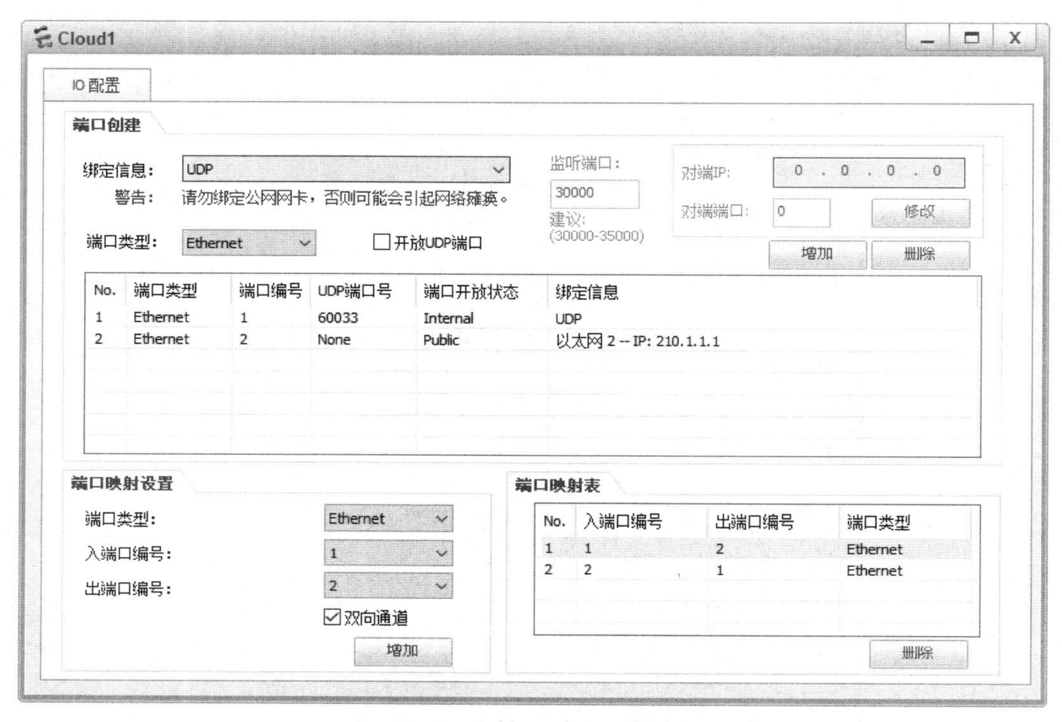

图 6-9 为 Cloud1 绑定网卡

6.1.4 配置 DNS 服务

1. 配置 DNS 服务器

在 DNS Server 服务器的“服务器信息”选项卡中选择“DNS Server”，添加相应的主机域名和其对应的 IP 地址信息，如图 6-10 所示。DNS Server 服务器域名为“dns.abc.com”，Web Server 服务器域名为“www.abc.com”，单击“启动”按钮。

2. 配置 DNS 代理

在路由器 R1 中启动 DNS 代理功能，并将 DNS 服务器地址设置为 210.1.2.1。

R1 的配置命令如下。

```
[R1]dns proxy enable          #启动 DNS 代理功能
[R1]dns resolve               #采用动态域名解析
[R1]dns server 210.1.2.1      #设置 DNS 服务器地址
```

图 6-10　DNS Server 服务器配置

3. 测试域名服务

将路由器 R1 配置为物理 PC 的本地域名服务器，并用域名测试物理 PC 到 Web 服务器的连通性（ping www.abc.com）。

6.1.5　分析 DNS 报文

执行“ipconfig/flushdns”命令清除物理 PC 上的 DNS 缓存记录。

在 R1 的 GE 0/0/0（连接物理 PC）和 GE 0/0/1 接口上同时启动抓包，然后在物理 PC 上执行“ping www.abc.com”命令。在 Wireshark 设置过滤命令为“dns”，分析捕获的 DNS 报文。由于物理 PC 发送的 DNS 报文可能会很多，在 GE 0/0/0 接口捕获的分组中找到查询“www.abc.com”的 DNS 查询报文和响应报文，如图 6-11 所示。

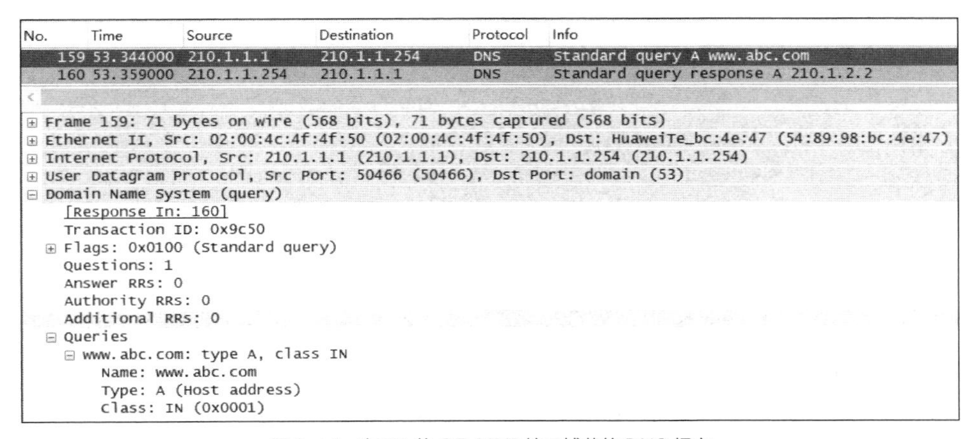

图 6-11　在 R1 的 GE 0/0/0 接口捕获的 DNS 报文

分析 DNS 查询报文和响应报文，回答以下问题。

- DNS 协议封装在什么协议数据单元中进行传输？DNS 服务器的端口号是多少？
- 该 DNS 查询采用的是递归查询还是迭代查询？
- 查看 DNS 响应报文，回答的 DNS 资源记录类型是什么？
- DNS 查询报文和响应报文的“Transaction ID”值是多少？其作用是什么？
- 为什么在 R1 的 GE 0/0/1 接口上捕获的分组中找不到该 DNS 查询报文和响应报文？
- 清除 R1 上的 DNS 缓存记录，重复上述操作，看能否捕捉到该 DNS 报文。

在路由器 R1 上执行“reset dns dynamic-host”命令（在用户视图下），清除 DNS 缓存记录。

```
<R1>reset dns dynamic-host
```

6.1.6　配置 WWW 服务

1. 创建 Web 文档

使用 TXT 文本编辑器创建并编辑第一个 HTML 文档，命名为“index.htm”。

```
<HTML>
欢迎访问该测试网页！
<P>第一个图片：<IMG SRC="image1.png" ALIGN=TOP>
<P>第二个图片：<IMG SRC="image2.jpg" ALIGN=CENTER>
<P>一个超链接例子：<A HREF="example.htm">单击这里</A>
</HTML>
```

然后编写如下第二个 HTML 文档，命名为“example.htm”。

```
<HTML>
<HEAD>
    <TITLE>一个 HTML 的例子</TITLE>
</HEAD>
<BODY>
    <H1>HTML 很容易掌握</H1>
    <P>这是第一个段落。虽然很
    短，但它仍是一个段落。</P>
    <P>这是第二个段落。</P>
</BODY>
</HTML>
```

找两个小的图片，命名为“image1.png”和“image2.jpg”。

在计算机上创建一个 WWW 服务的根目录，如“D:\www”，并将以上所有文件放置在该根目录下。

2. 配置并启动 WWW 服务

在 Web Server 服务器的“服务器信息”选项卡中选择“HttpServer”，配置相应的文件根目录信息，单击“启动”按钮，如图 6-12 所示。

3. 测试 WWW 服务

打开物理 PC 的浏览器（如 IE 浏览器），访问地址“http://www.abc.com/index.htm”，打开图 6-13 所示的网页。分析网页显示内容与对应 HTML 文本的关系。

图 6-12 Web Server 服务器配置

图 6-13 正确访问 Web Server 服务器

6.1.7 分析 HTTP

在 LSW1 的 Ethernet 0/0/1 接口上启动抓包。重新启动浏览器，访问地址 “http://www.abc.com/index.htm”，在该页面中单击 “单击这里” 超链接，打开 “example.htm” 页面，如图 6-14 所示。分析网页显示内容与对应 HTML 文本的关系。

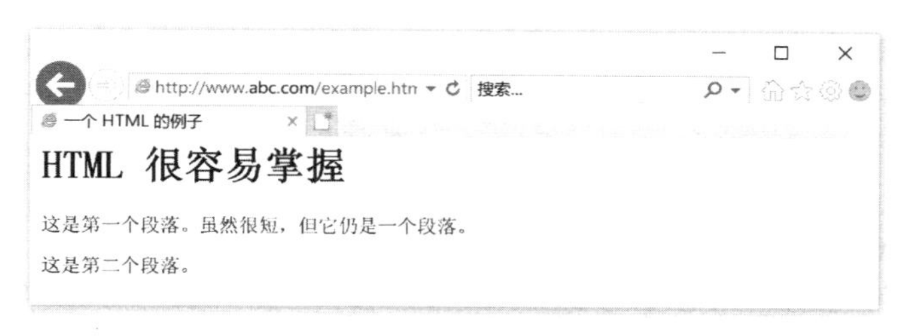

图 6-14 “example.htm” 页面

在 Wireshark 设置显示过滤，仅显示捕获的 TCP 分组，如图 6-15 所示。注意，实际可能与图略有不同。图 6-15 显示浏览器一开始就与 Web 服务器建立了两条并行的 TCP 连接来加速访问。

分析捕获的 TCP 分组，回答以下问题。

- HTTP 封装在什么协议数据单元中进行传输？
- 访问这两个网页，浏览器共发送了几次 HTTP 请求报文？为什么？
- 所使用的 HTTP 版本是多少？采用的是非持续连接方式还是持续连接方式？
- 查看第一个 HTTP 请求报文，请求行内容表示什么意思？host 首部行内容是什么？表示什么意思？
- 查看第一个 HTTP 响应报文，状态行内容表示什么意思？Content-Length 首部行内容是什么？为什么需要这个首部行？
- HTTP 请求报文和响应报文中的空行代表什么意思？
- 捕获到 TCP 释放连接的过程了吗？是访问完第二个网页就立即释放连接了吗？为什么？

No.	Time	Source	Destination	Protocol	Info
5	8.797000	210.1.1.1	210.1.2.2	TCP	51305 > http [SYN] Seq=0 Win=65535 Len=0 MSS=1460 WS=8 SACK_PERM=1
6	8.797000	210.1.2.2	210.1.1.1	TCP	http > 51305 [SYN, ACK] Seq=0 Ack=1 Win=8192 Len=0 MSS=1460
7	8.797000	210.1.1.1	210.1.2.2	TCP	51306 > http [SYN] Seq=0 Win=65535 Len=0 MSS=1460 WS=8 SACK_PERM=1
8	8.797000	210.1.2.2	210.1.1.1	TCP	http > 51306 [SYN, ACK] Seq=0 Ack=1 Win=8192 Len=0 MSS=1460
9	8.859000	210.1.1.1	210.1.2.2	TCP	51305 > http [ACK] Seq=1 Ack=1 Win=65535 Len=0
10	8.859000	210.1.1.1	210.1.2.2	HTTP	GET /index.htm HTTP/1.1
11	8.859000	210.1.1.1	210.1.2.2	TCP	51306 > http [ACK] Seq=1 Ack=1 Win=65535 Len=0
12	8.922000	210.1.2.2	210.1.1.1	HTTP	HTTP/1.1 200 OK (text/html)
14	8.969000	210.1.1.1	210.1.2.2	TCP	51305 > http [ACK] Seq=325 Ack=367 Win=65535 Len=0
15	9.000000	210.1.1.1	210.1.2.2	HTTP	GET /image1.png HTTP/1.1
16	9.000000	210.1.1.1	210.1.2.2	HTTP	GET /image2.jpg HTTP/1.1
17	9.000000	210.1.2.2	210.1.1.1	HTTP	HTTP/1.1 200 OK
18	9.000000	210.1.2.2	210.1.1.1	TCP	[TCP segment of a reassembled PDU]
19	9.000000	210.1.2.2	210.1.1.1	TCP	[TCP segment of a reassembled PDU]
20	9.062000	210.1.1.1	210.1.2.2	TCP	51305 > http [ACK] Seq=702 Ack=1153 Win=65535 Len=0
21	9.062000	210.1.1.1	210.1.2.2	TCP	51306 > http [ACK] Seq=378 Ack=1461 Win=65535 Len=0
22	9.062000	210.1.2.2	210.1.1.1	TCP	[TCP segment of a reassembled PDU]
23	9.062000	210.1.1.1	210.1.2.2	TCP	51306 > http [ACK] Seq=378 Ack=2921 Win=65535 Len=0
24	9.062000	210.1.2.2	210.1.1.1	TCP	[TCP segment of a reassembled PDU]
25	9.094000	210.1.1.1	210.1.2.2	TCP	51306 > http [ACK] Seq=378 Ack=4381 Win=65535 Len=0
26	9.094000	210.1.1.1	210.1.2.2	TCP	51306 > http [ACK] Seq=378 Ack=5841 Win=65535 Len=0
27	9.094000	210.1.2.2	210.1.1.1	HTTP	HTTP/1.1 200 OK (JPEG JFIF image)
28	9.141000	210.1.1.1	210.1.2.2	TCP	51306 > http [ACK] Seq=378 Ack=6888 Win=65535 Len=0
30	11.656000	210.1.1.1	210.1.2.2	HTTP	GET /example.htm HTTP/1.1
31	11.672000	210.1.2.2	210.1.1.1	HTTP	HTTP/1.1 200 OK (text/html)
32	11.719000	210.1.1.1	210.1.2.2	TCP	51306 > http [ACK] Seq=743 Ack=7264 Win=65535 Len=0
79	114.437000	210.1.1.1	210.1.2.2	TCP	51306 > http [FIN, ACK] Seq=743 Ack=7264 Win=65535 Len=0
80	114.437000	210.1.2.2	210.1.1.1	TCP	http > 51306 [ACK] Seq=7264 Ack=744 Win=7449 Len=0
81	114.437000	210.1.2.2	210.1.1.1	TCP	http > 51306 [FIN, ACK] Seq=7264 Ack=744 Win=7449 Len=0
82	114.437000	210.1.1.1	210.1.2.2	TCP	51305 > http [FIN, ACK] Seq=702 Ack=1153 Win=65535 Len=0
83	114.437000	210.1.2.2	210.1.1.1	TCP	http > 51305 [ACK] Seq=1153 Ack=703 Win=7490 Len=0
84	114.437000	210.1.2.2	210.1.1.1	TCP	http > 51305 [FIN, ACK] Seq=1153 Ack=703 Win=7490 Len=0
85	114.469000	210.1.1.1	210.1.2.2	TCP	51306 > http [ACK] Seq=744 Ack=7265 Win=65535 Len=0
86	114.469000	210.1.1.1	210.1.2.2	TCP	51305 > http [ACK] Seq=703 Ack=1154 Win=65535 Len=0

图 6-15　捕获的 TCP 分组

6.1.8　实验小结

（1）DNS 是互联网上的域名服务系统，采用客户机/服务器模式。DNS 查询报文和响应报文使用 UDP 数据报进行传输。

（2）HTTP 定义了浏览器向 Web 服务器请求获取 Web 页面的协议。HTTP 有两类报文——HTTP 请求报文和 HTTP 响应报文。通常浏览器默认使用 HTTP/1.1，采用持续连接方式传送 HTTP 报文。

6.1.9　思考题

TCP 提供的是面向连接的字节流服务。若不使用 PUSH 操作，有没有可能两个连续的

HTTP 响应报文封装在一个 TCP 报文段中进行传输？为什么？若可能，Web 浏览器如何识别两个 HTTP 响应报文之间的边界？

6.2 DHCP 配置与分析

实验目的

（1）掌握 DHCP 服务的基本配置方法。

（2）理解 DHCP 的工作原理。

实验内容

（1）配置 DHCP 服务器。

（2）分析 PC 通过 DHCP 自动获取 IP 地址配置的过程。

（3）配置 DHCP 中继代理服务。

（4）分析 PC 通过 DHCP 代理自动获取 IP 地址配置的过程。

6.2.1 相关知识

动态主机配置协议（Dynamic Host Configuration Protocol，DHCP）是早期 BOOTP（Bootstrap Protocol，自举协议）的增强版本。局域网主机通过 DHCP 可以自动获取 IP 地址、子网掩码、默认网关地址、DNS 服务器地址等 IP 配置信息，无须手动配置。DHCP 的基本原理参见《计算机网络教程（第 6 版）（微课版）》6.7 节。

1. DHCP 的基本工作过程

DHCP 采用客户机/服务器方式，其基本工作过程如图 6-16 所示。

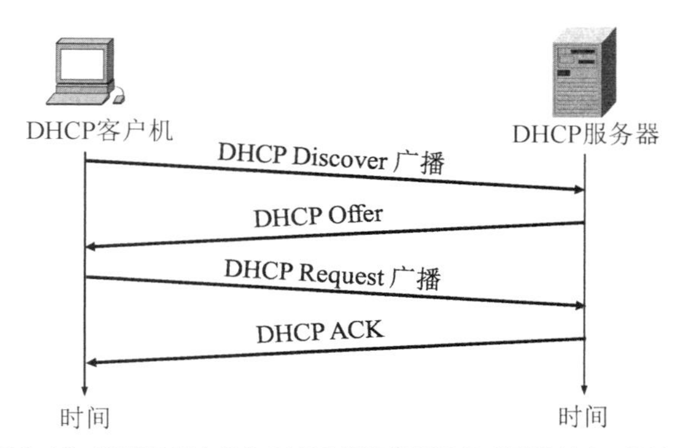

图 6-16　DHCP 客户机从 DHCP 服务器获取 IP 地址的基本工作过程

在发现阶段，需要自动获取 IP 地址的主机（DHCP 客户机）在启动时用 UDP 广播发送一个 DHCP Discover 报文，局域网中的所有主机和路由器都会收到该报文。

在响应阶段，收到 DHCP Discover 报文的 DHCP 服务器，如果在地址池中能找到合适的 IP 地址，则会给 DHCP 客户机发送一个 DHCP Offer 报文，提供可分配给 DHCP 客户机的相关 IP 配置信息。

在请求阶段，DHCP 客户机可能会收到来自多个 DHCP 服务器的 DHCP Offer 报文，

DHCP 客户机需要选择其中的一个（一般是收到的第一个）并广播一个 DHCP Request 报文，请求所选报文中提供的配置信息。

在确认使用阶段，被请求的 DHCP 服务器会用 DHCP ACK 报文对 DHCP 客户机发送的 DHCP Request 报文进行确认，而其他 DHCP 服务器收到该请求报文后会释放预分配的资源。

DHCP 发现报文和请求报文都使用的是 UDP 广播，但提供报文和确认报文既可以使用广播也可以使用单播，这取决于具体实现。因为有些 IP 在完成 IP 地址的配置前（收到 DHCP 确认报文后才能真正使用所分配的 IP 地址），是不能接收任何单播 IP 数据报的，只能接收广播 IP 数据报。对于这种情况，DHCP 客户机会在发送的 DHCP 报文中设置广播标志位，要求 DHCP 服务器采用广播方式进行应答。

当 DHCP 客户机与 DHCP 服务器不在同一个局域网时，就必须有 DHCP 中继代理来转发 DHCP 请求消息和应答消息。

2. DHCP 的报文格式

DHCP 使用 UDP 传输自己的报文，其报文格式如图 6-17 所示。

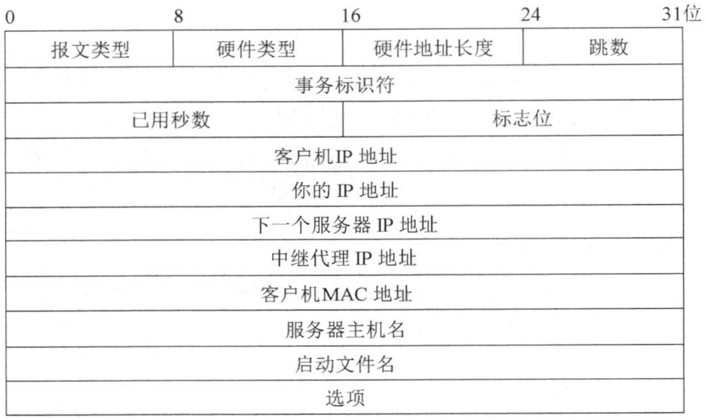

0	8	16	24 31位
报文类型	硬件类型	硬件地址长度	跳数
事务标识符			
已用秒数		标志位	
客户机IP 地址			
你的 IP 地址			
下一个服务器 IP 地址			
中继代理 IP 地址			
客户机MAC 地址			
服务器主机名			
启动文件名			
选项			

图 6-17　DHCP 的报文格式

DHCP 报文中主要字段的意义如下。

报文类型（Message Type）：也称操作类型，请求为 1，应答为 2。

硬件类型（Hardware Type）：以太网为 1。

硬件地址长度（Hardware Address Length）：以太网为 6。

跳数（Hops）：报文需经过路由器转发的次数，若在同一局域网内，则为 0。

事务标识符（Transaction ID）：客户机发送 DHCP Discover 报文时随机产生，用来标识后续同一次地址请求的 DHCP 交互报文。

标志位（Flags）：最高位为 1 时表示要求服务器以广播方式发送 DHCP 报文给客户机，其余位尚未使用。

客户机 IP 地址（Client IP address）：客户机希望继续使用的 IP 地址，0 表示无。

你的 IP 地址（Your IP address）：服务器分配给客户机的 IP 地址。

选项（Options）：包括 DHCP 报文类型、子网掩码、路由器（默认网关）地址、DNS

服务器地址、租用时间、DHCP 服务器等信息。

6.2.2 建立网络拓扑

本实验的网络拓扑如图 6-18 所示，该网络拓扑由 2 台路由器（选用 AR2240）、2 台交换机（选用 S3700）、3 台 PC 和 1 台服务器构成，AR1 作为 DHCP 服务器，AR2 作为 DHCP 中继代理，为局域网 1 和局域网 2 提供 DHCP 服务。各设备的 IP 地址配置如表 6-2 所示。

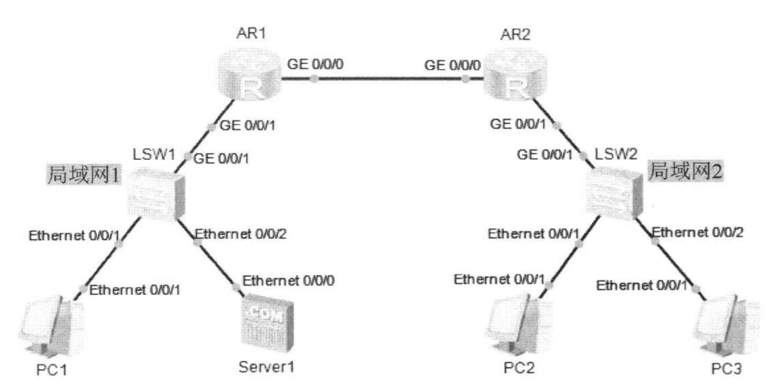

图 6-18 网络拓扑

表 6-2 各设备的 IP 地址配置

设备名称	接口	IP 地址
AR1	GE 0/0/0	210.1.3.1/24
	GE 0/0/1	210.1.1.254/24
AR2	GE 0/0/0	210.1.3.2/24
	GE 0/0/1	210.1.2.254/24
PC1	Ethernet 0/0/1	自动获取
PC2	Ethernet 0/0/1	自动获取
PC3	Ethernet 0/0/1	自动获取
Server	Ethernet 0/0/0	210.1.1.253/24

为路由器 AR1 配置接口 IP 地址及路由协议，命令如下。

```
[AR1]int g0/0/0
[AR1-GigabitEthernet0/0/0]ip address 210.1.3.1 24
[AR1]int g0/0/1
[AR1-GigabitEthernet0/0/1]ip address 210.1.1.254 24
[AR1]ospf 1 router-id 1.1.1.1
[AR1-ospf-1]area 0
[AR1-ospf-1-area-0.0.0.0]network 210.1.1.0 0.0.0.255
[AR1-ospf-1-area-0.0.0.0]network 210.1.3.1 0.0.0.0
```

为路由器 AR2 配置接口 IP 地址及路由协议，命令如下。

```
[AR2]int g0/0/0
[AR2-GigabitEthernet0/0/0]ip add 210.1.3.2 24
[AR2]int g0/0/1
[AR2-GigabitEthernet0/0/1]ip add 210.1.2.254 24
```

```
[AR2]ospf 1 router-id 2.2.2.2
[AR2-ospf-1]area 0
[AR2-ospf-1-area-0.0.0.0]network 210.1.2.0 0.0.0.255
[AR2-ospf-1-area-0.0.0.0]network 210.1.3.2 0.0.0.0
```

为各 PC 配置静态 IP 地址，并测试连通性，检验路由器配置是否正确。

6.2.3 配置 DHCP 服务器

在路由器 AR1 上启动并配置 DHCP 服务，命令如下。

```
[AR1]dhcp enable                                       #启动 DHCP 服务
[AR1]ip pool 10                                        #创建地址池 10
[AR1-ip-pool-10]network 210.1.1.0 mask 24              #为地址池创建地址块
[AR1-ip-pool-10]gateway-list 210.1.1.254               #为地址池设置网关地址
[AR1-ip-pool-10]dns-list 210.10.1.1                    #为地址池设置域名服务器地址
[AR1-ip-pool-10]excluded-ip-address 210.1.1.250 210.1.1.253
[AR1]int g0/0/1
[AR1-GigabitEthernet0/0/1]dhcp select global           #该接口 DHCP 选择全局地址池
[AR1]ip pool 20                                        #创建地址池 20
[AR1-ip-pool-20]network 210.1.2.0 mask 24              #为地址池创建地址块
[AR1-ip-pool-20]gateway-list 210.1.2.254               #为地址池设置网关地址
[AR1-ip-pool-20]dns-list 210.10.1.1                    #为地址池设置域名服务器地址
[AR1]int g0/0/0
[AR1-GigabitEthernet0/0/0]dhcp select global           #该接口 DHCP 选择全局地址池
```

地址池中有些 IP 地址因特殊用途需要保留，有些 IP 地址被长期固定分配给某些特定主机（如 DNS 服务器、WWW 服务器等）后就不能再进行自动分配了，可以在地址池中执行“excluded-ip-address”命令排除这些地址。

本实验为 AR1 的地址池 10 设置从 210.1.1.250 到 210.1.1.253 的保留地址，以用于各种服务器，命令如下。

```
[AR1-ip-pool-10]excluded-ip-address 210.1.1.250 210.1.1.253
```

修改各 PC 的 IPv4 配置，将静态配置 IP 地址改为 DHCP 动态配置 IP 地址，并选中“自动获取 DNS 服务器地址”复选框，如图 6-19 所示。

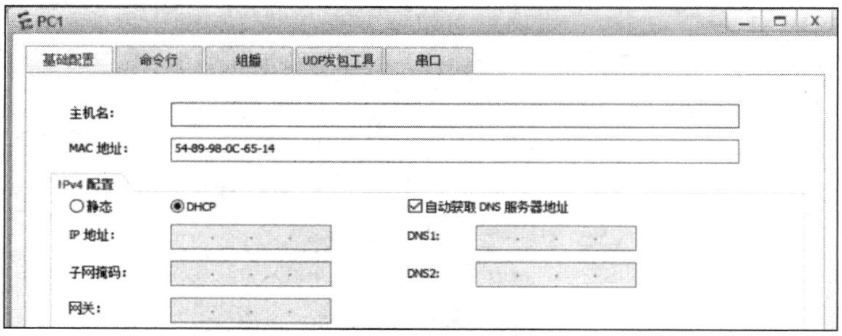

图 6-19 修改 PC 的 IPv4 配置

执行“ipconfig”命令查看各 PC 的 IP 地址。PC1 的 IP 地址配置如图 6-20 所示。PC1 自动获取的 IP 地址为什么是这个结果？PC2 和 PC3 从 DHCP 服务器获取到 IP 地址配置了吗？为什么？

```
PC>ipconfig

Link local IPv6 address...........: fe80::5689:98ff:fee1:563a
IPv6 address......................: :: / 128
IPv6 gateway......................: ::
IPv4 address......................: 210.1.1.249
Subnet mask.......................: 255.255.255.0
Gateway...........................: 210.1.1.254
Physical address..................: 54-89-98-E1-56-3A
DNS server........................: 210.10.1.1
```

图 6-20　PC1 的 IP 地址配置

6.2.4　分析 PC1 通过 DHCP 自动获取 IP 地址配置的过程

在 PC1 的 IPv4 配置中先将 DHCP 动态配置 IP 地址改为静态配置 IP 地址并应用，然后在 AR1 的 GE 0/0/1 接口上启动抓包，并将 PC1 的 IPv4 配置改回 DHCP 动态配置 IP 地址并应用。分析捕获的 DHCP 报文，如图 6-21 所示。

Filter: udp　Expression... Clear Apply

No.	Time	Source	Destination	Protocol	Info
10	14.141000	0.0.0.0	255.255.255.255	DHCP	DHCP Discover - Transaction ID 0x313c
11	14.156000	210.1.1.254	210.1.1.249	DHCP	DHCP Offer - Transaction ID 0x313c
13	16.172000	0.0.0.0	255.255.255.255	DHCP	DHCP Request - Transaction ID 0x313c
14	16.172000	210.1.1.254	210.1.1.249	DHCP	DHCP ACK - Transaction ID 0x313c

图 6-21　捕获的 DHCP 报文

1. 发现阶段

DHCP 客户机开始运行后会以广播的方式发送一个 DHCP Discover 报文，如图 6-22 所示。分析该报文并回答以下问题。

No.	Time	Source	Destination	Protocol	Info
10	14.141000	0.0.0.0	255.255.255.255	DHCP	DHCP Discover - Transaction ID 0x313c
11	14.156000	210.1.1.254	210.1.1.249	DHCP	DHCP Offer - Transaction ID 0x313c
13	16.172000	0.0.0.0	255.255.255.255	DHCP	DHCP Request - Transaction ID 0x313c
14	16.172000	210.1.1.254	210.1.1.249	DHCP	DHCP ACK - Transaction ID 0x313c

```
⊞ Frame 10: 410 bytes on wire (3280 bits), 410 bytes captured (3280 bits)
⊞ Ethernet II, Src: HuaweiTe_e1:56:3a (54:89:98:e1:56:3a), Dst: Broadcast (ff:ff:ff:ff:ff:ff)
⊞ Internet Protocol, Src: 0.0.0.0 (0.0.0.0), Dst: 255.255.255.255 (255.255.255.255)
⊞ User Datagram Protocol, Src Port: bootpc (68), Dst Port: bootps (67)
⊟ Bootstrap Protocol
    Message type: Boot Request (1)
    Hardware type: Ethernet
    Hardware address length: 6
    Hops: 0
    Transaction ID: 0x0000313c
    Seconds elapsed: 0
  ⊞ Bootp flags: 0x0000 (Unicast)
    Client IP address: 0.0.0.0 (0.0.0.0)
    Your (client) IP address: 0.0.0.0 (0.0.0.0)
    Next server IP address: 0.0.0.0 (0.0.0.0)
    Relay agent IP address: 0.0.0.0 (0.0.0.0)
    Client MAC address: HuaweiTe_e1:56:3a (54:89:98:e1:56:3a)
    Client hardware address padding: 00000000000000000000
    Server host name not given
    Boot file name not given
    Magic cookie: DHCP
  ⊞ Option: (t=53,l=1) DHCP Message Type = DHCP Discover
  ⊞ Option: (t=61,l=7) Client identifier
  ⊞ Option: (t=55,l=9) Parameter Request List
    End Option
    Padding
```

图 6-22　DHCP Discover 报文

- DHCP Discover 报文为什么采用 UDP 广播？
- DHCP 服务器和 DHCP 客户机采用的 UDP 端口号分别是多少？
- 报文中“flags”字段的值为 0x0000，这代表什么意思？

- 报文中“Option：（t=53, l=1）”代表什么意思？

2. 提供阶段

接收到 DHCP Discover 报文的 DHCP 服务器都会从自己维护的地址池中选择一个合适的 IP 地址，加上相应的租期和其他配置信息构造一个 DHCP Offer 报文发送给 DHCP 客户机，如图 6-23 所示。分析 DHCP Offer 报文，回答以下问题。

- 为什么 DHCP 服务器发送的 DHCP Offer 报文可以采用单播方式？什么时候需要采用广播方式？
- 在报文中找到 DHCP 服务器为 DHCP 客户机提供的 IP 地址、子网掩码、默认网关和域名服务器地址。
- 此次地址租期为多长？

No.	Time	Source	Destination	Protocol	Info
10	14.141000	0.0.0.0	255.255.255.255	DHCP	DHCP Discover - Transaction ID 0x313c
11	14.156000	210.1.1.254	210.1.1.249	DHCP	DHCP Offer - Transaction ID 0x313c
13	16.172000	0.0.0.0	255.255.255.255	DHCP	DHCP Request - Transaction ID 0x313c
14	16.172000	210.1.1.254	210.1.1.249	DHCP	DHCP ACK - Transaction ID 0x313c

```
⊞ Frame 11: 342 bytes on wire (2736 bits), 342 bytes captured (2736 bits)
⊞ Ethernet II, Src: HuaweiTe_6f:10:c6 (00:e0:fc:6f:10:c6), Dst: HuaweiTe_e1:56:3a (54:89:98:e1:56:3a)
⊞ Internet Protocol, Src: 210.1.1.254 (210.1.1.254), Dst: 210.1.1.249 (210.1.1.249)
⊞ User Datagram Protocol, Src Port: bootps (67), Dst Port: bootpc (68)
⊟ Bootstrap Protocol
    Message type: Boot Reply (2)
    Hardware type: Ethernet
    Hardware address length: 6
    Hops: 0
    Transaction ID: 0x0000313c
    Seconds elapsed: 0
  ⊞ Bootp flags: 0x0000 (Unicast)
    Client IP address: 0.0.0.0 (0.0.0.0)
    Your (client) IP address: 210.1.1.249 (210.1.1.249)
    Next server IP address: 0.0.0.0 (0.0.0.0)
    Relay agent IP address: 0.0.0.0 (0.0.0.0)
    Client MAC address: HuaweiTe_e1:56:3a (54:89:98:e1:56:3a)
    Client hardware address padding: 00000000000000000000
    Server host name not given
    Boot file name not given
    Magic cookie: DHCP
  ⊞ Option: (t=53,l=1) DHCP Message Type = DHCP Offer
  ⊞ Option: (t=1,l=4) Subnet Mask = 255.255.255.0
  ⊞ Option: (t=3,l=4) Router = 210.1.1.254
  ⊞ Option: (t=6,l=4) Domain Name Server = 210.10.1.1
  ⊞ Option: (t=51,l=4) IP Address Lease Time = 1 day
  ⊞ Option: (t=59,l=4) Rebinding Time Value = 21 hours
  ⊞ Option: (t=58,l=4) Renewal Time Value = 12 hours
  ⊞ Option: (t=54,l=4) DHCP Server Identifier = 210.1.1.254
    End Option
    Padding
```

图 6-23　DHCP Offer 报文

3. 请求阶段

DHCP 客户机收到来自 DHCP 服务器的 DHCP Offer 报文后，会广播发送一个 DHCP Request 报文，如图 6-24 所示，向 DHCP 服务器提出 IP 配置请求。如果同时收到来自多个 DHCP 服务器的 DHCP Offer 报文，DHCP 客户机会选择来自第一个 DHCP 服务器的 DHCP 请求。分析 DHCP Request 报文，回答以下问题。

- 既然已经选定了 DHCP 服务器，为什么 DHCP 客户机要以广播方式发送 DHCP Request 报文？
- 既然是广播，那么如何知道该报文请求的是哪个 DHCP 服务器？
- 该报文的源 IP 地址是 0.0.0.0，DHCP 服务器如何知道请求的是哪个 IP 地址？

No.	Time	Source	Destination	Protocol	Info
10	14.141000	0.0.0.0	255.255.255.255	DHCP	DHCP Discover - Transaction ID 0x313c
11	14.156000	210.1.1.254	210.1.1.249	DHCP	DHCP Offer - Transaction ID 0x313c
13	16.172000	0.0.0.0	255.255.255.255	DHCP	DHCP Request - Transaction ID 0x313c
14	16.172000	210.1.1.254	210.1.1.249	DHCP	DHCP ACK - Transaction ID 0x313c

```
⊞ Frame 13: 410 bytes on wire (3280 bits), 410 bytes captured (3280 bits)
⊞ Ethernet II, Src: HuaweiTe_e1:56:3a (54:89:98:e1:56:3a), Dst: Broadcast (ff:ff:ff:ff:ff:ff)
⊞ Internet Protocol, Src: 0.0.0.0 (0.0.0.0), Dst: 255.255.255.255 (255.255.255.255)
⊞ User Datagram Protocol, Src Port: bootpc (68), Dst Port: bootps (67)
⊟ Bootstrap Protocol
    Message type: Boot Request (1)
    Hardware type: Ethernet
    Hardware address length: 6
    Hops: 0
    Transaction ID: 0x0000313c
    Seconds elapsed: 0
  ⊞ Bootp flags: 0x0000 (Unicast)
    Client IP address: 0.0.0.0 (0.0.0.0)
    Your (client) IP address: 0.0.0.0 (0.0.0.0)
    Next server IP address: 0.0.0.0 (0.0.0.0)
    Relay agent IP address: 0.0.0.0 (0.0.0.0)
    Client MAC address: HuaweiTe_e1:56:3a (54:89:98:e1:56:3a)
    Client hardware address padding: 00000000000000000000
    Server host name not given
    Boot file name not given
    Magic cookie: DHCP
  ⊞ Option: (t=53,l=1) DHCP Message Type = DHCP Request
  ⊞ Option: (t=54,l=4) DHCP Server Identifier = 210.1.1.254
  ⊞ Option: (t=50,l=4) Requested IP Address = 210.1.1.249
  ⊞ Option: (t=61,l=7) Client identifier
  ⊞ Option: (t=55,l=4) Parameter Request List
    End Option
    Padding
```

图 6-24　DHCP Request 报文

4. 确认阶段

DHCP 服务器收到 DHCP Request 报文后，根据 DHCP Request 报文中的 Request IP 和 DHCP Server ID 查找为 DHCP 客户机分配的 IP 配置信息，并发送 DHCP ACK 报文对 DHCP 客户机的请求进行确认，如图 6-25 所示。分析 DHCP ACK 报文，回答以下问题。

- 该 DHCP ACK 报文采用的是单播方式还是广播方式？什么时候需要采用广播方式？
- DHCP ACK 和 DHCP Offer 报文的内容是否相同？

No.	Time	Source	Destination	Protocol	Info
10	14.141000	0.0.0.0	255.255.255.255	DHCP	DHCP Discover - Transaction ID 0x313c
11	14.156000	210.1.1.254	210.1.1.249	DHCP	DHCP Offer - Transaction ID 0x313c
13	16.172000	0.0.0.0	255.255.255.255	DHCP	DHCP Request - Transaction ID 0x313c
14	16.172000	210.1.1.254	210.1.1.249	DHCP	DHCP ACK - Transaction ID 0x313c

```
⊞ Frame 14: 342 bytes on wire (2736 bits), 342 bytes captured (2736 bits)
⊞ Ethernet II, Src: HuaweiTe_6f:10:c6 (00:e0:fc:6f:10:c6), Dst: HuaweiTe_e1:56:3a (54:89:98:e1:56:3a)
⊞ Internet Protocol, Src: 210.1.1.254 (210.1.1.254), Dst: 210.1.1.249 (210.1.1.249)
⊞ User Datagram Protocol, Src Port: bootps (67), Dst Port: bootpc (68)
⊟ Bootstrap Protocol
    Message type: Boot Reply (2)
    Hardware type: Ethernet
    Hardware address length: 6
    Hops: 0
    Transaction ID: 0x0000313c
    Seconds elapsed: 0
  ⊞ Bootp flags: 0x0000 (Unicast)
    Client IP address: 0.0.0.0 (0.0.0.0)
    Your (client) IP address: 210.1.1.249 (210.1.1.249)
    Next server IP address: 0.0.0.0 (0.0.0.0)
    Relay agent IP address: 0.0.0.0 (0.0.0.0)
    Client MAC address: HuaweiTe_e1:56:3a (54:89:98:e1:56:3a)
    Client hardware address padding: 00000000000000000000
    Server host name not given
    Boot file name not given
    Magic cookie: DHCP
  ⊞ Option: (t=53,l=1) DHCP Message Type = DHCP ACK
  ⊞ Option: (t=1,l=4) Subnet Mask = 255.255.255.0
  ⊞ Option: (t=3,l=4) Router = 210.1.1.254
  ⊞ Option: (t=6,l=4) Domain Name Server = 210.10.1.1
  ⊞ Option: (t=51,l=4) IP Address Lease Time = 1 day
  ⊞ Option: (t=59,l=4) Rebinding Time Value = 21 hours
  ⊞ Option: (t=58,l=4) Renewal Time Value = 12 hours
  ⊞ Option: (t=54,l=4) DHCP Server Identifier = 210.1.1.254
    End Option
    Padding
```

图 6-25　DHCP ACK 报文

6.2.5 配置 DHCP 中继代理服务

在路由器 AR2 上启动并配置 DHCP 中继代理服务，命令如下。

```
[AR2]dhcp enable
[AR2]int g0/0/1
[AR2-GigabitEthernet0/0/1]dhcp select relay
[AR2-GigabitEthernet0/0/1]dhcp relay server-ip 210.1.3.1
```

6.2.6 分析 PC2 通过 DHCP 代理自动获取 IP 地址配置的过程

在 PC2 的 IPv4 配置中先将 DHCP 动态配置 IP 地址改为静态配置 IP 地址并应用，然后在 AR2 的 GE 0/0/0 和 GE 0/0/1 接口上分别启动抓包，并将 PC2 的 IPv4 配置改回 DHCP 动态配置 IP 地址并应用。分析捕获的 DHCP 中继报文，如图 6-26、图 6-27 所示，回答以下问题。

- PC2 与 AR2 之间的 DHCP 交互过程和 PC1 与 AR1 之间的 DHCP 交互过程有没有什么不同？为什么？
- AR2 与 AR1 之间的 DHCP 交互过程和 PC1 与 AR1 之间的 DHCP 交互过程有没有什么不同？为什么？
- AR2 发送的 DHCP Discover 报文与 PC2 发送的 DHCP Discover 报文在内容上有什么不同？两个报文中的 Client MAC address 是谁的 MAC 地址？

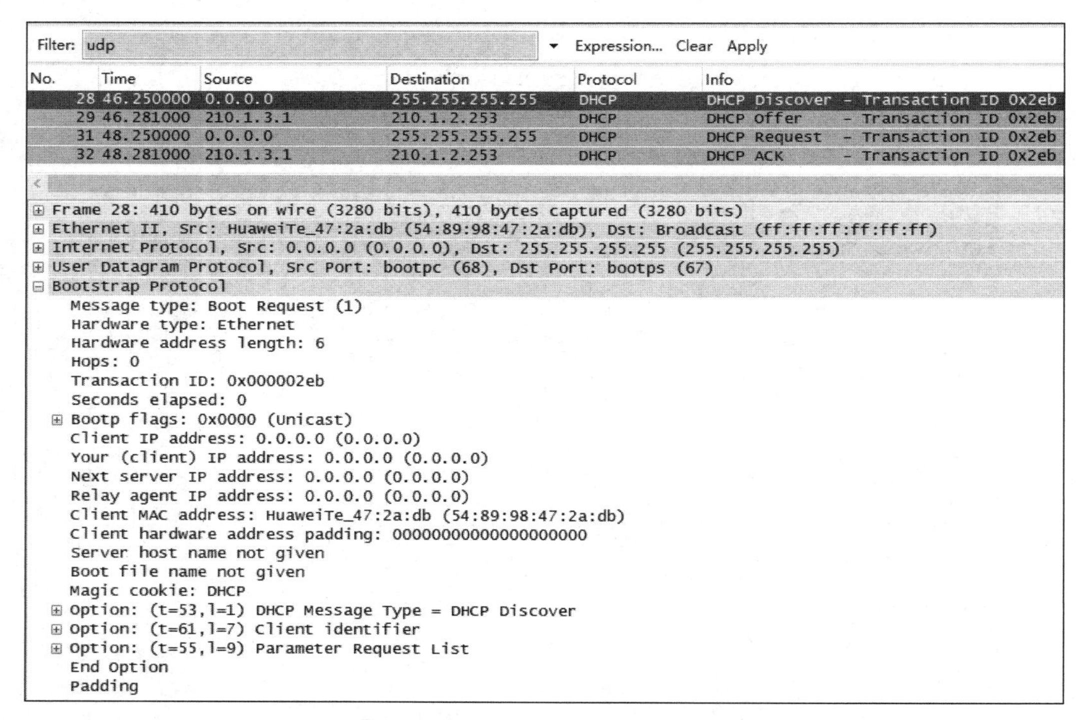

图 6-26　PC2 与 AR2 之间的 DHCP 报文

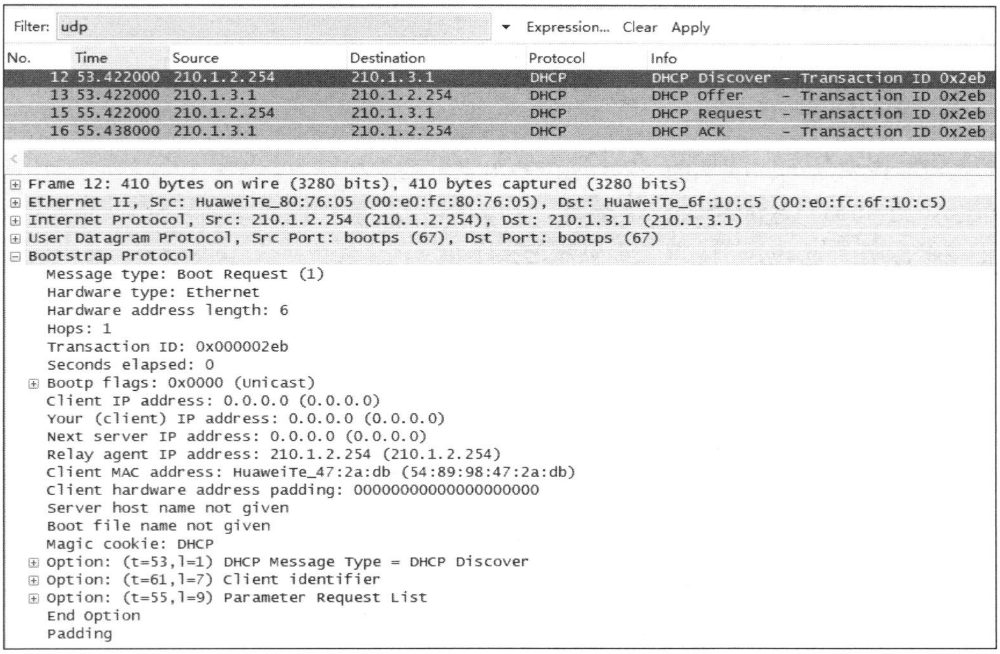

```
Filter: udp                                      Expression... Clear Apply
No.  Time          Source         Destination    Protocol  Info
  12 53.422000     210.1.2.254    210.1.3.1      DHCP      DHCP Discover - Transaction ID 0x2eb
  13 53.422000     210.1.3.1      210.1.2.254    DHCP      DHCP Offer    - Transaction ID 0x2eb
  15 55.422000     210.1.2.254    210.1.3.1      DHCP      DHCP Request  - Transaction ID 0x2eb
  16 55.438000     210.1.3.1      210.1.2.254    DHCP      DHCP ACK      - Transaction ID 0x2eb

⊞ Frame 12: 410 bytes on wire (3280 bits), 410 bytes captured (3280 bits)
⊞ Ethernet II, Src: HuaweiTe_80:76:05 (00:e0:fc:80:76:05), Dst: HuaweiTe_6f:10:c5 (00:e0:fc:6f:10:c5)
⊞ Internet Protocol, Src: 210.1.2.254 (210.1.2.254), Dst: 210.1.3.1 (210.1.3.1)
⊞ User Datagram Protocol, Src Port: bootps (67), Dst Port: bootps (67)
⊟ Bootstrap Protocol
    Message type: Boot Request (1)
    Hardware type: Ethernet
    Hardware address length: 6
    Hops: 1
    Transaction ID: 0x000002eb
    Seconds elapsed: 0
  ⊞ Bootp flags: 0x0000 (Unicast)
    Client IP address: 0.0.0.0 (0.0.0.0)
    Your (client) IP address: 0.0.0.0 (0.0.0.0)
    Next server IP address: 0.0.0.0 (0.0.0.0)
    Relay agent IP address: 210.1.2.254 (210.1.2.254)
    Client MAC address: HuaweiTe_47:2a:db (54:89:98:47:2a:db)
    Client hardware address padding: 00000000000000000000
    Server host name not given
    Boot file name not given
    Magic cookie: DHCP
  ⊞ Option: (t=53,l=1) DHCP Message Type = DHCP Discover
  ⊞ Option: (t=61,l=7) Client identifier
  ⊞ Option: (t=55,l=9) Parameter Request List
    End Option
    Padding
```

图 6-27 AR2 与 AR1 之间的 DHCP 报文

6.2.7 实验小结

（1）DHCP 的主要作用是为局域网的主机提供自动的 IP 地址配置服务，使网络环境中的主机动态地获得 IP 地址、Gateway 地址、DNS 服务器地址等网络参数信息。

（2）采用 DHCP 可以减轻网络管理员的负担，提高 IP 地址的使用率。

6.2.8 思考题

若一个局域网中配置了多个 DHCP 服务器，应注意什么？

6.3 TCP 套接字编程

实验目的

（1）掌握 Windows 操作系统下开发 Socket 的方法。

（2）掌握使用 Socket 实现 TCP 通信的流程。

（3）理解 TCP 面向字节流的概念。

实验内容

（1）编写并编译 TCP 服务器端代码。

（2）编写并编译 TCP 客户端代码。

（3）运行程序。

（4）程序功能分析。

（5）修改程序以增加功能。

（6）编写新的文件传输程序。

6.3.1　相关知识

本实验使用 Windows Socket 2.0 开发 TCP 文件传输程序，套接字（Socket）应用程序接口（Application Programming Interface，API）的使用方法具体参见《计算机网络教程（第 6 版）（微课版）》6.10 小节。本实验使用的程序开发环境为 Code::Blocks。Code::Blocks 是一个开源、免费、跨平台（支持 Windows、GNU/Linux、Mac OS X，以及其他类 UNIX）、支持插件扩展的 C/C++集成开发环境。

1. Code::Blocks 下载与安装

Code::Blocks 可从其官方网站下载。本实验建议下载 Windows 64 位环境的.exe 文件，如"codeblocks-20.03mingw-setup.exe"。双击安装文件即可进行安装，Code::Blocks 自带 GCC 编译器和常用帮助文件。注意，Code::Blocks 的安装目录不要包含中文字符。

安装完成后，桌面上和"开始"菜单运行程序里都有 codeblocks.exe 的可执行快捷方式，Code::Blocks 的主界面如图 6-28 所示。

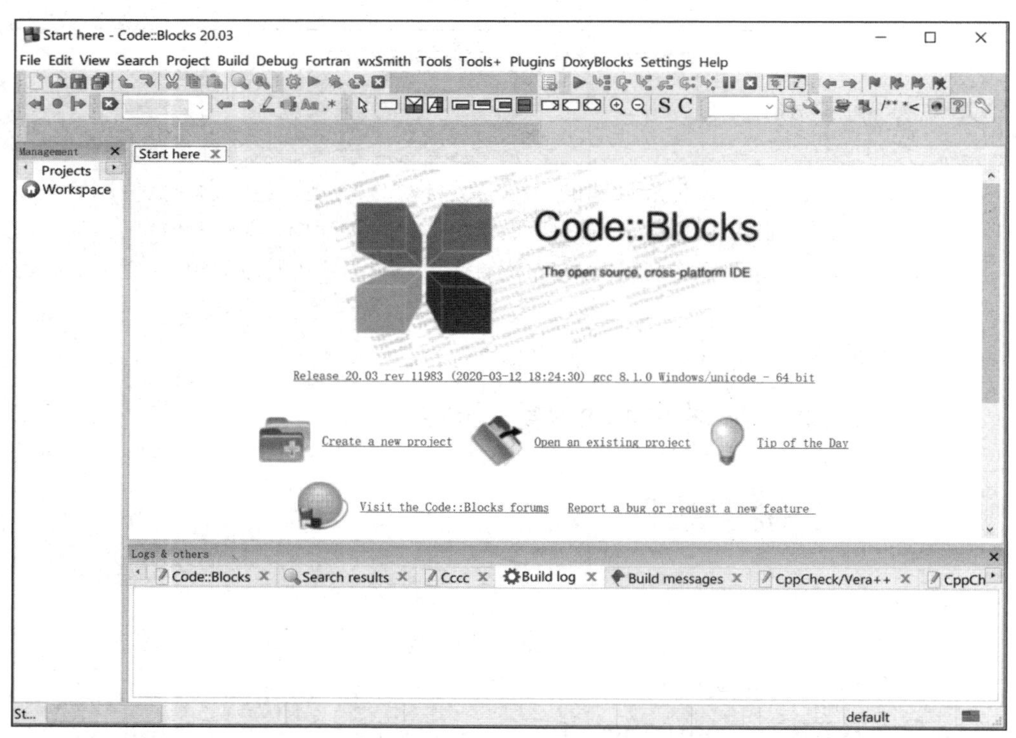

图 6-28　Code::Blocks 的主界面

2. 创建 Code::Blocks 项目

在 Code::Blocks 主界面中，选择"File/New/Project"菜单，弹出对话框，新建一个项目，如图 6-29 所示。由于本实验开发的是控制台程序，因此此处选择"Console application"，单击"Go"按钮进入下一步。

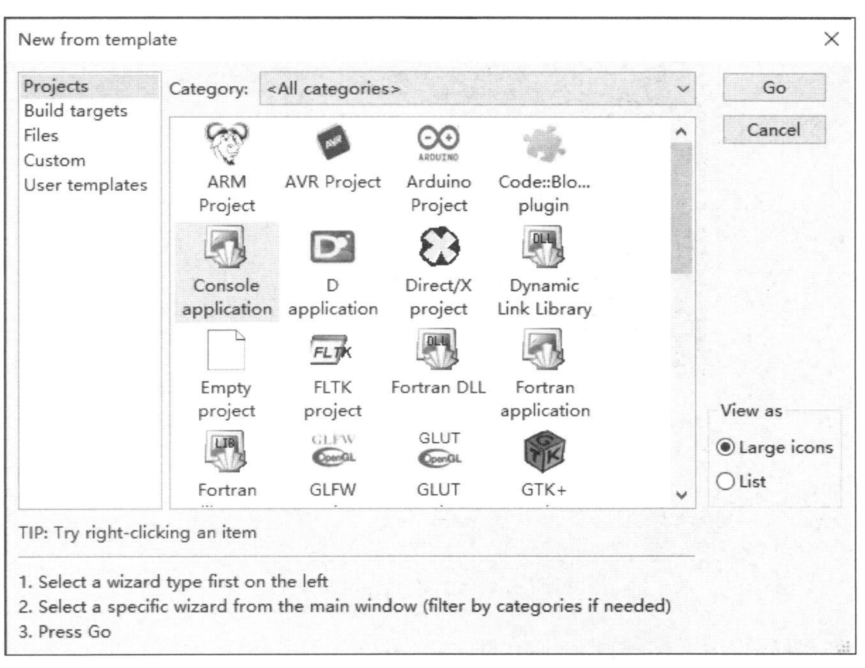

图 6-29　创建控制台应用项目

在语言选项中选择“C”，如图 6-30 所示。注意，C 和 C++在语法上是有一定区别的，语言的选择将影响编译器的参数设置和默认代码的生成。单击“Next”按钮，进入下一步。

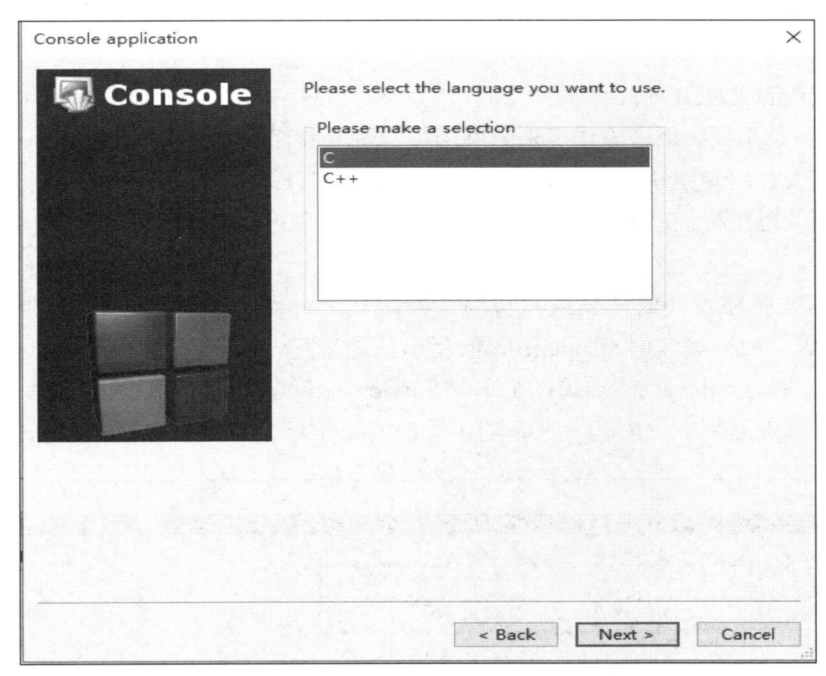

图 6-30　选择使用 C 语言

注意项目的名称和目录不能包含中文字符，如图 6-31 所示。然后继续单击“Next”按钮，直到创建好项目。

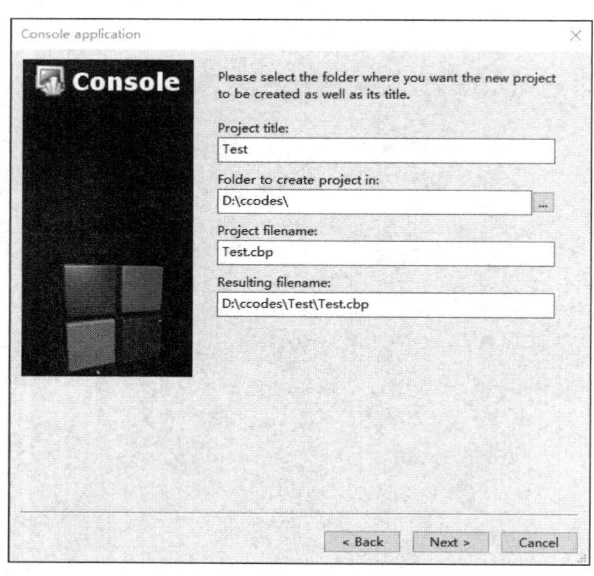

图 6-31　设置项目名称和目录

项目创建好后，展开左侧“Projects”目录树，可以看到系统已经默认创建了一个“main.c”文件。该文件的内容很简单，即输出“Hello world”。后续可以在此文件的基础上进行开发，也可以在项目中新建其他的.c 文件和.h 文件。

3．编译与执行

选择“Build/Build”菜单可以编译项目，如果有错误，错误将会在下方的“Build log”面板中显示。

选择“Build/Select target”菜单，其中的子项可以切换编译目标，默认有“Debug”和“Release”两种选择。前者编译出来的可执行程序中带有调试符号，可以进行调试，缺点是文件比较大；后者编译出来的文件小，适合调试通过后正式发布用。

编译后的可执行程序位于项目对应目录中，选择“Build/Run”菜单即可运行编译好的程序。

由于本实验需要同时调试或运行服务器端和客户端两个项目，因此需要运行两个Code::Blocks 开发环境实例。Code::Blocks 默认只能运行一个实例，要运行多个实例需要选择“Settings/Environment…”菜单，打开“Environment settings”对话框，如图 6-32 所示，取消选中方框里的两个复选框，然后关闭 Code::Blocks，之后就可以运行多个实例了。

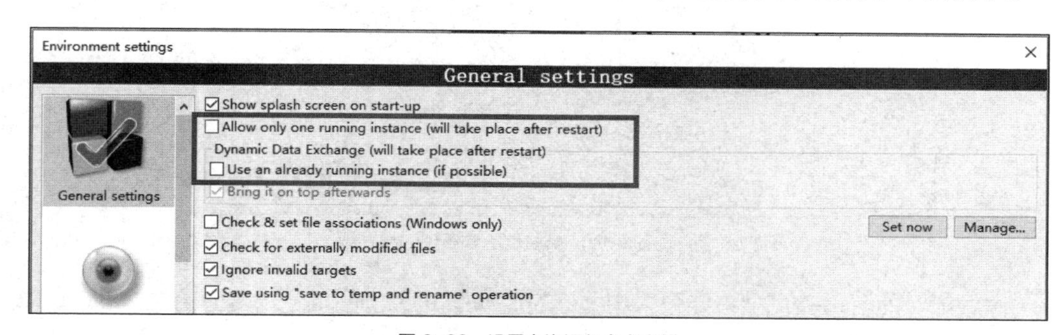

图 6-32　设置允许运行多个实例

4. 添加 ws2_32 库文件

Windows Socket 函数的定义包含在 winsock2.h 头文件中，而具体实现位于 ws2_32.dll 中，程序链接的时候必须包含 ws2_32.lib 库文件。开发 Windows Socket 应用必须在项目中添加 ws2_32.lib 库文件。打开项目文件，选择“Project/Build options…”菜单，如图 6-33 所示。在弹出的窗口中，选择“Linker settings”选项卡，在“Link libraries”列表中添加库文件“ws2_32”，如图 6-34 和图 6-35 所示。

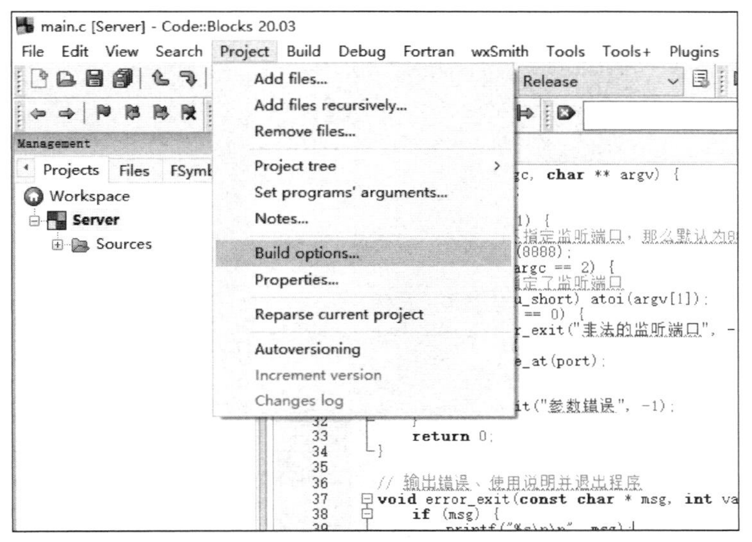

图 6-33 设置项目编译选项

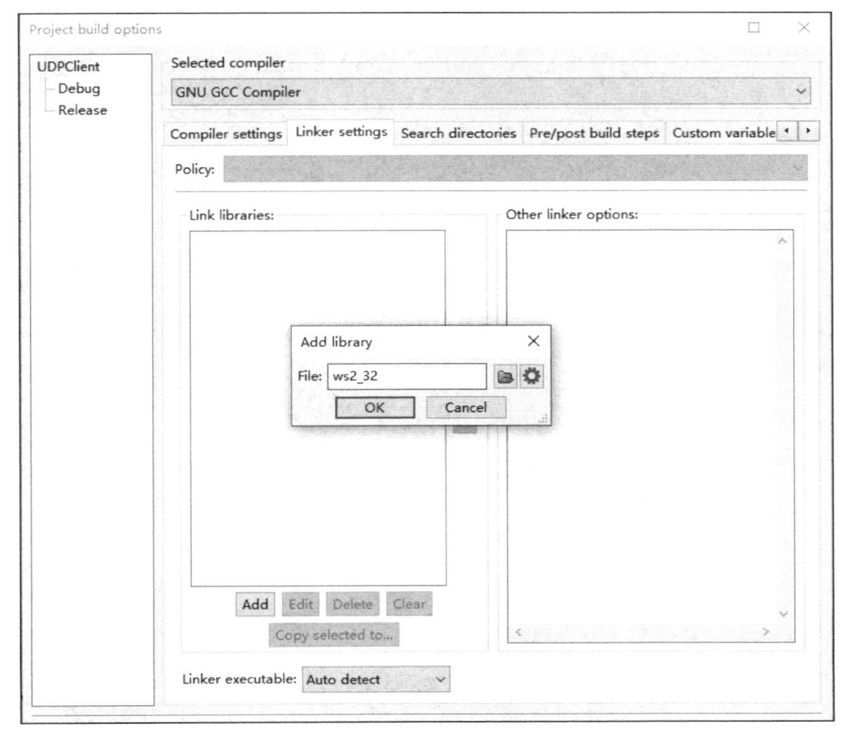

图 6-34 添加库文件

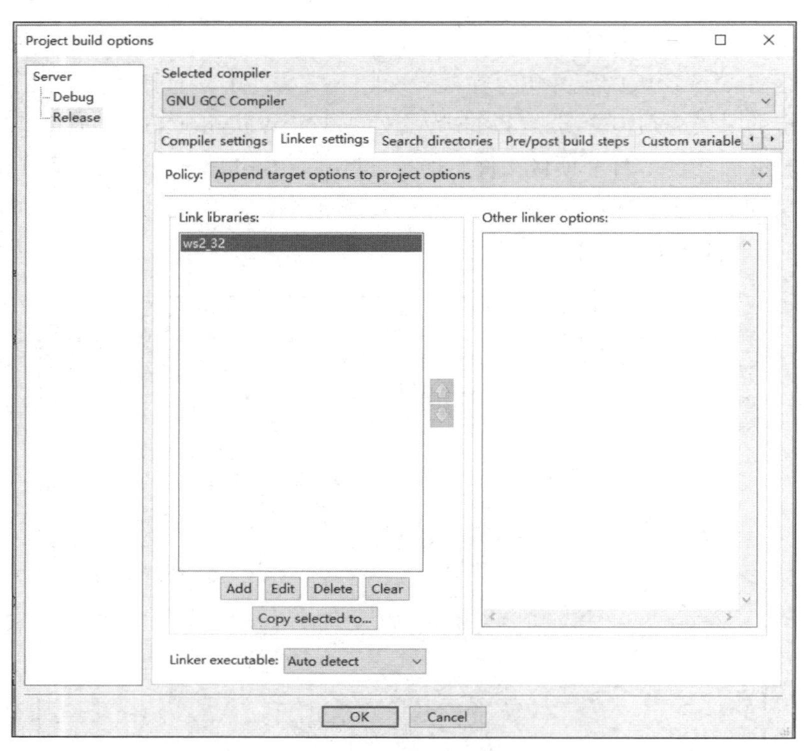

图 6-35　成功添加库文件

6.3.2　编写并编译 TCP 服务器端代码

阅读以下 TCP 服务器端代码，理解该程序的主要功能。

```
//////////////////////////////////////////
// 文件传送服务器端
//////////////////////////////////////////
#include <stdio.h>
#include <stdlib.h>
#include <winsock2.h>

// 定义接收缓冲区大小
#define MAX_DATA_BLOCK_SIZE 8192

void error_exit(const char *msg,int val);
void serve_at(u_short port);
void serve_client(SOCKET s);

// 主函数
int main(int argc,char **argv) {
   u_short port;

   if(argc==1) {
      // 如果不指定监听端口，那么默认为 8888
      serve_at(8888);
   } else if(argc==2) {
```

```
        // 用户指定监听端口
        port=(u_short)atoi(argv[1]);
        if(port==0) {
            error_exit("非法的监听端口",-1);
        } else {
            serve_at(port);
        }
    } else {
        error_exit("参数错误",-1);
    }
    return 0;
}

// 输出错误信息和使用方法说明，然后退出程序
void error_exit(const char *msg,int val) {
    if(msg) {
        printf("%s\n\n",msg);
    }
    printf("使用方法：ft_server [监听端口]\n");
    printf("监听端口是可选参数，默认为 8888\n\n");
    exit(val);
}

// 在指定端口监听并等待客户端连接
void serve_at(u_short port) {
    WSADATA wsaData;
    SOCKET ls; // 监听套接字
    SOCKET as; // 处理客户端连接的套接字
    struct sockaddr_in addr;
    struct sockaddr_in cli_addr;
    int cli_addr_len;

    // Windows 操作系统特有的初始化动作
    WSAStartup(0x202,&wsaData);

    // 创建监听套接字
    ls=socket(AF_INET,SOCK_STREAM,0);

    // 填写地址结构
    memset((void *)&addr,0,sizeof(addr));
    addr.sin_family=AF_INET;
    addr.sin_addr.s_addr=inet_addr("0.0.0.0"); // 在所有 IP 地址上监听
    addr.sin_port=htons(port);

    // 绑定监听套接字和地址结构，并做好监听准备
    bind(ls,(struct sockaddr *)&addr,sizeof(addr));
    listen(ls,SOMAXCONN);

    printf("服务器已启动，监听于端口%d…\n",port);
```

```
        for(;;) {
            cli_addr_len=sizeof(cli_addr);
            memset((void *)&cli_addr,0,cli_addr_len);
            // 等待客户端连接，返回标识该客户端连接的套接字
            // 该函数是阻塞的
            as=accept(ls,(struct sockaddr *)&cli_addr,&cli_addr_len);
            printf("客户端%s:%d 已连接\n",inet_ntoa(cli_addr.sin_addr),
ntohs(cli_addr.sin_port));
            // 处理该客户端的连接
            serve_client(as);
        }

        // 关闭套接字
        closesocket(ls);
        // Windows 操作系统特有的关闭动作
        WSACleanup();
    }

    // 处理某一个客户端的连接
    void serve_client(SOCKET s) {
        char file_name[MAX_PATH];
        char data[MAX_DATA_BLOCK_SIZE]; // 接收缓冲区
        int i;
        char c;
        FILE *fp;

        // 接收文件名，文件名以\0 结尾
        printf("接收文件名…\n");
        memset((void *)file_name,0,sizeof(file_name));
        for(i=0;i<sizeof(file_name);i++) {
            if(recv(s,&c,1,0)!=1) {
                printf("接收失败或客户端已关闭连接\n");
                closesocket(s);
                return;
            }
            if(c==0) {
                break;
            }
            file_name[i]=c;
        }
        // 文件名传过来，需要另存，假设保存在 D:\\recvFile 里面
        if(i==sizeof(file_name)) {
            printf("文件名过长\n");
            closesocket(s);
            return;
        }

        printf("文件名为%s\n",file_name);
        /*假设存在 D:\\recvFile\\*/
        int a=sizeof(file_name);
```

```
    int k=0;
    for(k=a-1;k>0;k--){
        if(file_name[k]=='\\'){
            break;
        }
    }
    char lastname[a-k-1];
    int j;
    for(j=0;j<a;j++){
        lastname[j]=file_name[k+1];
        k++;
    }
    char savePath[]="D:\\recvFile\\";// 注意该文件夹不会自动创建，必须先存在，否则保存操作会失败
    char *fullPath=strcat(savePath,lastname);
    printf("存储路径%s\n",fullPath);
    // 文件名处理完毕

    fp=fopen(fullPath,"wb");
    if(fp==NULL) {
        printf("无法以写方式打开文件\n");
        closesocket(s);
        return;
    }

    // 接收文件内容
    // 注意观察缓冲区 data 是如何使用的，以及 recv()函数的返回值是如何处理的
    printf("接收文件内容");
    for(;;) {
        memset((void *)data,0,sizeof(data));
        i=recv(s,data,sizeof(data),0);
        putchar('.');
        if(i==SOCKET_ERROR) {
            printf("\n 接收失败，文件可能不完整\n");
            break;
        } else if(i==0) {
            printf("\n 接收成功\n");
            break;
        } else {
            fwrite((void *)data,1,i,fp);
        }
    }

    // 关闭文件句柄和套接字
    fclose(fp);
    closesocket(s);
}
```

在 Code::Blocks 中创建 TCP 服务器端项目，在项目的“Project build options”窗口中，添加库文件“ws2_32”。在主程序 main.c 文件中输入以上 TCP 服务器端代码，然后进行编

译，生成可执行文件。

6.3.3 编写并编译 TCP 客户端代码

阅读以下 TCP 客户端代码，理解该程序的主要功能。

```
/////////////////////////////////////////
// 文件传送客户端
/////////////////////////////////////////
#include <stdio.h>
#include <stdlib.h>
#include <winsock2.h>

// 定义发送缓冲区大小
#define MAX_DATA_BLOCK_SIZE 8192

void error_exit(const char *msg,int val);
void send_file(const char *file_name,const char *ip,u_short port);

// 主函数
int main(int argc,char **argv) {
    u_short port;

   if(argc==3) {
      // 如果不指定服务器端口，那么默认为 8888
      send_file(argv[1],argv[2],8888);
   } else if(argc==4) {
      // 用户指定服务器端口
      port=(u_short)atoi(argv[1]);
      if(port==0) {
         error_exit("非法的服务器端口",-1);
      } else {
         send_file(argv[1],argv[2],port);
      }
   } else {
      error_exit("参数错误",-1);
   }

   return 0;
}

// 输出错误信息和使用方法说明，然后退出程序
void error_exit(const char *msg,int val) {
   if(msg) {
      printf("%s\n\n",msg);
   }
   printf("使用方法: ft_client <文件名> <服务器 IP 地址> [服务器端口]\n");
   printf("服务器端口是可选参数，默认为 8888\n\n");
   exit(val);
}
```

```
// 发送文件到服务器
void send_file(const char *file_name,const char *ip,u_short port) {
    WSADATA wsaData;
    SOCKET s;
    FILE *fp;
    struct sockaddr_in server_addr;
    char data[MAX_DATA_BLOCK_SIZE];
    int i;
    int ret;

    fp=fopen(file_name,"rb");
    if(fp==NULL) {
        printf("无法打开文件\n");
        return;
    }

    WSAStartup(0x202,&wsaData);

    // 创建套接字
    s=socket(AF_INET,SOCK_STREAM,0);

    // 填写服务器的地址结构
    memset((void *)&server_addr,0,sizeof(server_addr));
    server_addr.sin_family=AF_INET;
    server_addr.sin_addr.s_addr=inet_addr(ip);
    server_addr.sin_port=htons(port);

    // 连接到服务器，注意观察这里是如何处理连接失败问题的
    if(connect(s,(struct  sockaddr  *)&server_addr,sizeof(server_addr))==
SOCKET_ERROR) {
        printf("连接服务器失败\n");
        fclose(fp);
        closesocket(s);
        WSACleanup();
        return;
    }

    // 发送文件名以及标识文件名结束的\0
    printf("发送文件名…\n");
    send(s,file_name,strlen(file_name),0);
    send(s,"\0",1,0);  // 为什么要发送字符"\0"?

    // 发送文件内容
    // 注意观察缓冲区 data 是如何使用的，以及 fread()、send()函数的返回值是如何处理的
    printf("发送文件内容");
    for(;;) {
        memset((void *)data,0,sizeof(data));
        i=fread(data,1,sizeof(data),fp);
        if(i==0) {
```

```
            printf("\n发送成功\n");
            break;
        }
        ret=send(s,data,i,0);
        putchar('.');
        if(ret==SOCKET_ERROR) {
            printf("\n发送失败，文件可能不完整\n");
            break;
        }
    }
    fclose(fp);
    closesocket(s);
    WSACleanup();
}
```

在 Code::Blocks 中创建 TCP 客户端项目，在项目的“Project build options”窗口中，添加库文件“ws2_32”。在主程序 main.c 文件中输入以上 TCP 客户端代码，然后进行编译，生成可执行文件。

6.3.4 运行程序

可以在 Windows 操作系统的“命令提示符”窗口中运行编译好的程序，在 Code::Blocks 中也可以直接运行程序，指定程序运行参数的方式如图 6-36 所示。

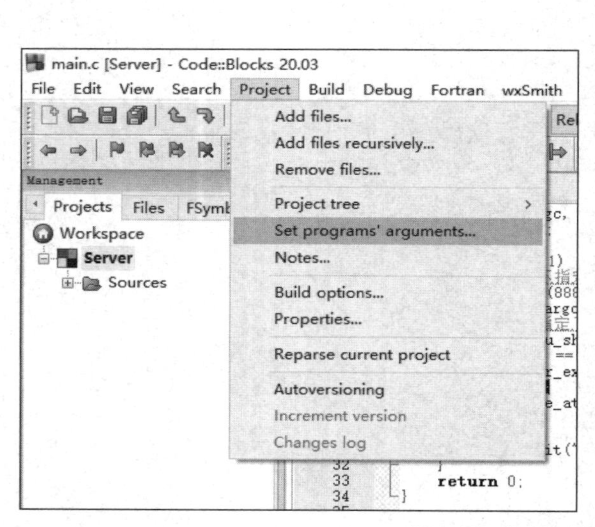

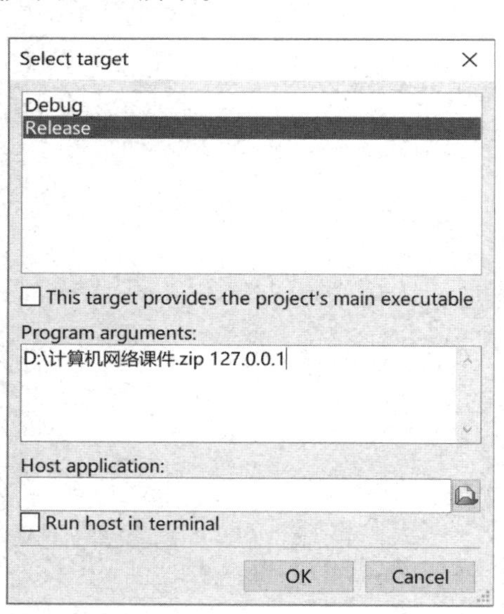

图 6-36　指定程序运行参数

6.3.5 程序功能分析

（1）分析 TCP 服务器端和客户端代码，描述程序的功能。

（2）在客户端代码中找到以下语句：

```
send(s,"\0",1,0);  //为什么要发送字符"\0"?
```

为什么要发送字符"\0"？总结该文件传输程序的应用层协议。

（3）若服务器端的“MAX_DATA_BLOCK_SIZE”与客户端的不同，会不会有问题？将服务器端的“MAX_DATA_BLOCK_SIZE”改为1024，重新编译并测试，验证你的结论。

（4）TCP能否保证每一次send( )函数发送的数据和recv( )函数接收到的数据是一一对应的？为什么？

（5）当多个客户（运行在多个计算机上）向同一个服务器传输大文件时，会出现什么问题？

6.3.6 增加功能

请修改TCP服务器端和客户端代码，增加以下功能：服务器端记录服务过的客户端数量，当客户端连接到服务器端时，服务器端首先发送字符串“您好！您是第n个客户。”给客户端，其中“n”为服务器端记录的客户端数；客户端收到后，在控制台显示该字符串，然后发送文件名和文件内容。

编译并测试你的代码。

6.3.7 编写新的文件传输程序

参考上文编写的TCP服务器端和客户端代码，编写客户端向服务器端请求下载文件的程序：客户端向服务器端发送文件名（含路径），服务器端将文件发送给客户端，客户端将该文件保存在接收文件夹中。

编译并测试你的代码。

6.3.8 实验小结

（1）一条TCP连接必须包含本地IP地址、本地端口、对端IP地址、对端端口这4个要素，那么在Socket中也必须包含这4个要素。

（2）服务器端调用 accept( )函数采用阻塞方式等待接收客户端的连接请求。一旦连接建立成功，该函数返回一个用于在该连接上进行操作的新套接字的描述符，此后在该连接上进行收发数据都要使用这个新套接字的描述符，而原套接字可以继续用来等待新的客户端的连接请求。

（3）服务器端启动后会一直循环等待客户端的连接以及文件发送，当一个客户端正在传输数据时，其他客户端是无法与其连接的。如果要允许多个客户端同时连接，则必须在程序中引入线程，也就是 accept( )函数返回的套接字应该交由新创建的线程处理，而主线程继续处理其他客户端发来的请求。感兴趣的读者可尝试对其进行改进，加入线程机制。

6.3.9 思考题

若利用UDP来实现以上文件传输功能，在实现上主要的不同是什么？要考虑传输大文件并且多个客户端同时向服务器端传输文件的情况。

第7章 网络安全实验

7.1 ACL 配置

实验目的

（1）理解分组过滤路由器的基本原理。

（2）掌握配置 ACL 的基本方法。

实验内容

（1）配置基本 ACL。

（2）配置高级 ACL。

7.1.1 相关知识

1. ACL 简介

访问控制列表（Access Control List，ACL）是一种基于分组过滤的访问控制技术，它根据事先设定好的分组匹配规则对经过网络设备的分组进行匹配，并根据匹配结果执行相应的动作。网络管理员需要根据具体网络安全要求设定相应的分组匹配规则。

ACL 实际上是由一条或多条规则组成的集合。所谓规则，是指描述分组匹配条件的判断语句，这些条件可以是分组的源地址、目的地址、端口号等。

当网络设备收到分组后，会将该分组与 ACL 中的规则逐条匹配。如果不匹配当前规则，则会尝试匹配下一条规则。一旦分组匹配上了某条规则，则网络设备会对该分组执行规则中定义的动作，并且不会再尝试匹配后面的规则。网络设备对分组的动作包括 deny 和 permit，即拒绝通行和允许通行。如果收到的分组与 ACL 中所有的规则均不匹配，则网络设备对这个分组执行 permit 动作。

基于 ACL 规则定义方式，可以将 ACL 分为基本 ACL、高级 ACL、二层 ACL、用户自定义 ACL 等类型。其中，应用最为广泛的是基本 ACL 和高级 ACL。基本 ACL 只能基于 IP 分组的源 IP 地址、分组分片标记和时间段信息来定义规则。高级 ACL 可以根据 IP 分组的源 IP 地址、目的 IP 地址、协议字段值、优先级值、长度值，以及 TCP/UDP 分组的源端口号、目的端口号等信息来定义规则。每一个 ACL 都有一个编号，称为 ACL 编号，不同类型的编号对应不同的编号范围。基本 ACL 和高级 ACL 的编号范围分别为 2000～2999、3000～3999。

一个 ACL 中，每条规则都有一个编号，称为规则编号。默认情况下，规则编号从小到大排列，步长为 5，即默认情况下规则编号依次按照 5、10、15…进行分配。分组匹配时也是按照规则编号的大小从小到大进行匹配。步长反映了 ACL 中相邻规则编号之间的默认间隔，设置间隔是为了方便在规则间插入新的规则。

2. 相关 CLI 命令

（1）创建和删除 ACL。

创建并进入 ACL 视图的命令如下。

```
acl acl-number
```

删除 ACL 的命令如下。

```
undo acl acl-number
```

参数“*acl-number*”用来指定 ACL 的编号。示例如下。

```
<R1>sys
[R1]acl 2000
[R1-acl-basic-2000]
```

（2）创建和删除基本 ACL 规则。

创建基本 ACL 规则的命令如下。

```
rule [ rule-id ] { deny | permit } [ source { source-address source-wildcard
| any } | vpn-instance vpn-instance-name | [ fragment | none-first-fragment ]
| logging | time-range time-name ]
```

删除基本 ACL 规则的命令如下。

```
undo rule rule-id
```

这两条命令的参数的具体含义如下。

rule：表示这是一条规则。

rule-id：规则编号。

deny | permit：二选一，表示与这条规则相关联的处理动作。

source：表示源 IP 地址。

source-address：指定分组的源 IP 地址。

source-wildcard：与源 IP 地址 *source-address* 对应的通配符，为点分十进制格式；其二进制“0”表示“匹配”、“1”表示“不关心”，相当于掩码的反码。

any：表示源 IP 地址可以是任何地址。

fragment：表示该规则只对分片分组有效。

none-first-fragment：表示该规则只对非首个分片分组有效。

logging：表示需要将匹配上的 IP 分组进行日志记录。

vpn-instance *vpn-instance-name*：指定根据 VPN 实例名称过滤数据包；当接口的入方向

绑定了 VPN 时，ACL 规则中必须配置相应的 *vpn-instance-name*，用户才能登录设备。

time-range *time-name*：指定规则生效的时间段，时间段名称为 time-name。

示例如下。

```
[R2]acl 2000
[R2-acl-basic-2000]rule 5 permit source 10.2.5.0 0.0.0.255
[R2-acl-basic-2000]rule deny source any
```

查看 ACL 的命令如下。

```
[R2-acl-basic-2000]display acl 2000
Basic ACL 2000,2 rules
Acl's step is 5
 rule 5 permit source 10.2.5.0 0.0.0.255
 rule 10 deny
```

上述例子中首先创建了编号为 2000 的基本 ACL；然后创建了编号为 5 的规则，该规则允许源 IP 地址为 10.2.5.0/24 的分组通过；最后创建了编号为 10 的规则，拒绝其他所有源地址的分组通过。注意，默认规则编号间隔为 5。

（3）创建和删除高级 ACL 规则。

高级 ACL 规则比较复杂，针对不同的协议，高级 ACL 规则的命令有所差别。为了降低复杂性，这里对高级 ACL 规则的命令做简化处理，保留实验中的必要项，详细命令可以参考华为路由器、交换机的使用手册。高级 ACL 的删除规则命令与基本 ACL 的删除规则命令相同，这里不赘述。

针对 IPv4 分组，创建高级 ACL 规则的命令格式如下。

```
rule [ rule-id ] { deny | permit } ip [ destination { destination-address destination-wildcard | any } | source { source-address source-wildcard | any } ]
```

该命令主要部分的含义如下。

destination { *destination-address destination-wildcard* | any }：指定 ACL 规则匹配分组的目的地址信息。如果不指定，表示分组的任何目的地址都匹配。其中，*destination-address* 表示分组的目的地址；*destination-wildcard* 表示目的地址通配符；any 表示分组的任意目的地址。

source { *source-address source-wildcard* | any }：指定 ACL 规则匹配分组的目的地址信息。

示例如下。

```
[R2]acl 3000
[R2-acl-adv-3000]rule deny ip destination 10.2.3.1 0.0.0.0 source 10.2.4.0 0.0.0.255
```

上述规则拒绝源 IP 地址为 10.2.4.0/24、目的地址为 10.2.3.1 的分组通行。

应用于 TCP 和 UDP 的规则略有区别，主要体现在 TCP 可以对分组标志位进行判断。这里主要关注对端口的判断，这时创建高级 ACL 规则的命令格式如下。

```
rule [ rule-id ] { deny | permit } { protocol-number | tcp I udp} [ destination { destination-address destination-wildcard | any } | destination-port { eq port | gt port | lt port | range port-start port-end | port-set port-set-name } | source { source-address source-wildcard | any } | source-port { eq port | gt port | lt port | range port-start port-end | port-set port-set-name } ]
```

该命令主要部分的具体含义如下。

protocol-number：数字表示的协议类型。

destination-port { eq *port* | gt *port* | lt *port* | range *port-start port-end* | port-set *port-set-name* }：UDP 或者 TCP 分组的目的端口。如果不指定，则表示 TCP/UDP 分组的任何目的端口都匹配。其中，eq *port* 表示等于目的端口 *port*；gt *port* 表示大于目的端口 *port*，lt *port* 表示小于目的端口 *port*。range *port-start port-end*：端口的范围，*port-start* 是端口范围的起始，*port-end* 是端口范围的结束。port-set *port-set-name*：通过绑定端口集指定目的端口。

示例如下。

```
[R2]acl 3000
[R2-acl-adv-3000]rule deny tcp destination-port eq 80
```

上述规则拒绝目的端口为 TCP 80 端口的分组通行。

（4）分组过滤命令。

traffic-filter 命令用来在接口上配置基于 ACL 的分组过滤，命令格式如下。

```
traffic-filter { inbound | outbound } { acl | ipv6 acl } { acl-number | name acl-name }
```

该命令的参数的具体含义如下。

inbound | outbound：二选一，inbound 用于指定在接口入方向上配置分组过滤，outbound 用于指定在接口出方向上配置分组过滤。

acl | ipv6 acl：二选一，acl 用于指定基于 IPv4 ACL 的分组过滤，ipv6 acl 用于指定基于 IPv6 ACL 的分组过滤。

acl-number | name *acl-name*：二选一，acl-number 用于指定 ACL 的编号，name acl-name 用于指定基于命名型 ACL 的分组过滤，其中，acl-name 表示 ACL 的名称。

undo traffic-filter 命令用于取消接口上配置的基于 ACL 的分组过滤，命令格式如下。

```
undo traffic-filter { inbound | outbound } [ ipv6 acl ]
```

例如，将 acl 2000 用于过滤 GigabitEthernet0/0/0 接口上进入方向的分组，具体命令如下。

```
[R1-GigabitEthernet0/0/0]traffic-filter inbound acl 2000
```

查看在接口上已经配置的用于分组过滤的 ACL 的命令如下。

```
[R1]display traffic-filter applied-record
-----------------------------------------------------------
Interface                  Direction  AppliedRecord
-----------------------------------------------------------
GigabitEthernet0/0/0       inbound    acl 2000
```

取消 GigabitEthernet0/0/0 接口上配置的 ACL 的命令如下。

```
[R1-GigabitEthernet0/0/0]undo traffic-filter inbound
```

7.1.2 建立网络拓扑

创建图 7-1 所示的网络拓扑，路由器选择 AR2220，交换机选择 S3700。请按照表 7-1 所示配置各设备的 IP 地址。

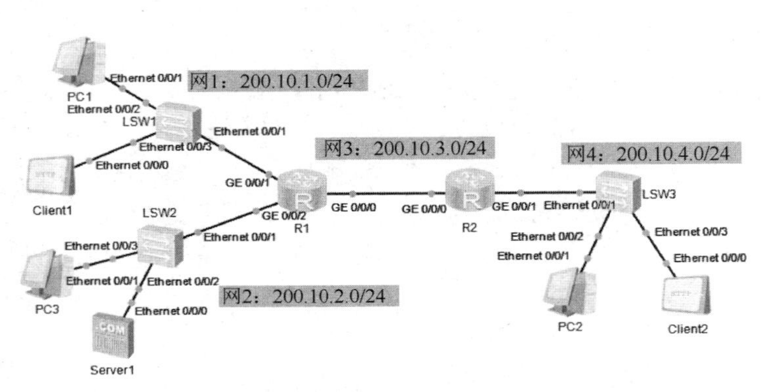

图 7-1　网络拓扑

表 7-1　　各设备的 IP 地址配置

设备名称	接口	IP 地址	默认网关
R1	GE 0/0/0	200.10.3.1/24	
	GE 0/0/1	200.10.1.254/24	
	GE 0/0/2	200.10.2.254/24	
R2	GE 0/0/0	200.10.3.2/24	
	GE 0/0/1	200.10.4.254/24	
Client1	Ethernet 0/0/0	200.10.1.2/24	200.10.1.254
Client2	Ethernet 0/0/0	200.10.4.2/24	200.10.4.254
PC1	Ethernet 0/0/1	200.10.1.1/24	200.10.1.254
PC2	Ethernet 0/0/1	200.10.4.1/24	200.10.4.254
PC3	Ethernet 0/0/1	200.10.2.2/24	200.10.2.254
Server1	Ethernet 0/0/0	200.10.2.1/24	200.10.2.254

7.1.3　完成路由和服务器配置

在路由器上完成 OSPF 的配置。

路由器 R1 的配置命令如下。

```
[R1]ospf 1
[R1-ospf-1]area 0
[R1-ospf-1-area-0.0.0.0]network 200.10.1.0 0.0.0.255
[R1-ospf-1-area-0.0.0.0]network 200.10.2.0 0.0.0.255
[R1-ospf-1-area-0.0.0.0]network 200.10.3.0 0.0.0.255
```

路由器 R2 的配置命令如下。

```
[R2]ospf 1
[R2-ospf-1]area 0
[R2-ospf-1-area-0.0.0.0]network 200.10.3.0 0.0.0.255
[R2-ospf-1-area-0.0.0.0]network 200.10.4.0 0.0.0.255
```

完成服务器的设置，在服务器 Server1 上设置 HttpServer 的文件根目录，并启动服务器，如图 7-2 所示。

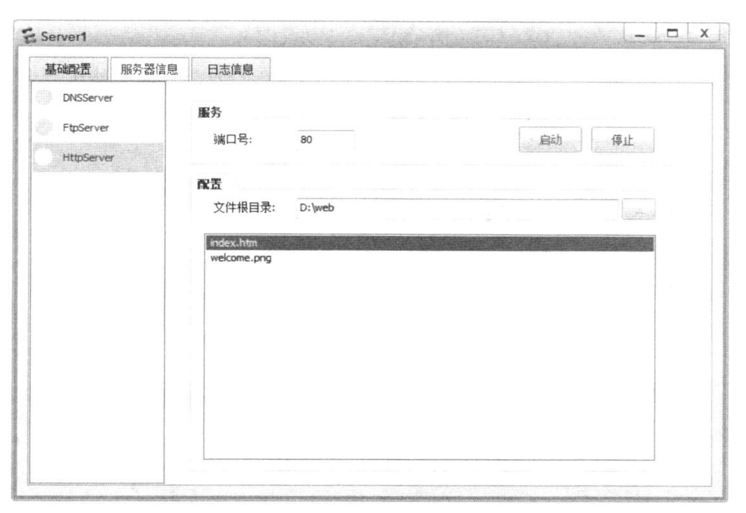

图 7-2 设置 HttpServer 的文件根目录

在服务器 Server1 上设置 FtpServer 的文件根目录，并启动服务器，如图 7-3 所示。

图 7-3 设置 FtpServer 的文件根目录

尝试分别使用 Client1 和 Client2 访问 HTTP 和 FTP 服务器，可以访问吗？

7.1.4 配置基本 ACL

（1）在路由器 R1 的 GE 0/0/0 接口上进行 ACL 配置，具体命令如下。

```
[R1]acl 2000
[R1-acl-basic-2000]rule deny source 200.10.4.0 0.0.0.255
[R1-acl-basic-2000]interface g0/0/0
[R1-GigabitEthernet0/0/0]traffic-filter inbound acl 2000
```

请查看在接口上已经配置的用于分组过滤的 ACL，以及 ACL 2000 中包含的规则。

分别使用 Client1 和 Client2 访问 HTTP 服务器，可以访问吗？

测试 PC1 与 PC2 的连通性，它们能够通信吗？PC1 ping PC2，PC2 能够收到 ICMP 的回送请求分组吗？在路由器 R1 的 GE 0/0/0 接口上能否收到 ICMP 的回送应答分组？请用

Wireshark 进行抓包分析并验证你的答案。

取消 R1 的 GE 0/0/0 接口上配置的基于 ACL 的分组过滤。为了使网 4 的分组无法到达网 2，而网 1 与网 2 能够相互通信，在路由器 R1 的 GE 0/0/2 接口上进行配置，应如何配置？请验证你的答案。

取消 R1 的 GE 0/0/2 接口上配置的基于 ACL 的分组过滤。为了使网 4 中的 Client2 不能访问网 2，而网 4 中的 PC2 可以访问网 2，应如何配置？请验证你的答案。

（2）在路由器 R1 的 GE 0/0/0 接口上进行 ACL 配置，具体命令如下。

```
[R1]acl 2001
[R1-acl-basic-2001]rule permit source 200.10.2.1 0.0.0.0
[R1-acl-basic-2001]rule permit source 200.10.1.0 0.0.0.255
[R1-acl-basic-2001]rule deny source any
[R1-acl-basic-2001]interface g0/0/0
[R1-GigabitEthernet0/0/0]traffic-filter outbound acl 2001
```

测试 PC1、PC3 与 PC2 的连通性，它们能够通信吗？请验证你的答案。

如果 PC2 ping PC3，PC3 能够收到 ICMP 的回送请求分组吗？请用 Wireshark 进行抓包分析并验证你的答案。

如果 PC2 ping Server1，它们能够通信吗？为什么 PC2 分别 ping PC3 和 Server1 得到的是不同的结果？

7.1.5 配置高级 ACL

（1）采用下面的命令对路由器 R1 进行配置。

```
<R1>sys
[R1]acl 3000
[R1-acl-adv-3000]rule deny ip destination 200.10.2.1 0.0.0.0 source 200.10.4.0 0.0.0.255
[R1-acl-adv-3000]interface g0/0/0
[R1-GigabitEthernet0/0/0]traffic-filter inbound acl 3000
```

测试 PC2 与 PC3、Server1 之间的连通性，它们能够通信吗？验证你的结论。

Client2 能够访问 Server1 上的 HTTP 服务器吗？验证你的结论。

测试 PC2 与 PC1、Client1 之间的连通性，它们能够通信吗？验证你的结论。

为达到同样的效果，在 GE 0/0/0 接口出方向上过滤分组，应该如何配置？请完成配置并验证是否达到了预期的效果。

（2）取消 GE 0/0/0 接口上配置的基于 ACL 的分组过滤。采用下面的命令对路由器 R1 进行配置。

```
[R1]acl 3001
[R1-acl-adv-3001]rule permit ip destination 200.10.2.1 0.0.0.0 source 200.10.4.1 0.0.0.0
[R1-acl-adv-3001]rule deny ip destination 200.10.2.1 0.0.0.0 source any
[R1-acl-adv-3001]interface g0/0/0
[R1-GigabitEthernet0/0/0]traffic-filter inbound acl 3001
```

测试 PC2 与 PC3、Server1 之间的连通性，它们能够通信吗？验证你的结论。

Client2 能够访问 Server1 上的 HTTP 服务器吗？验证你的结论。

ACL 3001 中包含两条规则，交换这两条规则的编号顺序。测试 PC2 与 Server1 的连通性，它们能够通信吗？验证你的结论。Client2 能够访问 Server1 上的 HTTP 服务器吗？验证你的结论。

（3）取消 GE 0/0/0 接口上配置的基于 ACL 的分组过滤。采用下面的命令对路由器 R1 进行配置。

```
[R1]acl 3002
[R1-acl-adv-3002]rule deny tcp destination-port eq 80
[R1-acl-adv-3002]interface g0/0/0
[R1-GigabitEthernet0/0/0]traffic-filter inbound acl 3002
```

Client1 和 Client2 能够访问 Server1 上的 HTTP 和 FTP 服务器吗？验证你的结论。

将上述命令修改如下。

```
[R1]acl 3002
[R1-acl-adv-3002]rule deny tcp destination-port eq 80
[R1-acl-adv-3002]interface g0/0/2
[R1-GigabitEthernet0/0/2]traffic-filter outbound acl 3002
```

Client1 和 Client2 还能够访问 Server1 上的 HTTP 和 FTP 服务器吗？验证你的结论。

（4）取消 GE 0/0/0 和 GE 0/0/2 接口上配置的基于 ACL 的分组过滤。采用下面的命令对路由器 R1 进行配置。

```
[R1]acl 3003
[R1-acl-adv-3003]rule permit udp destination-port lt 1024
[R1-acl-adv-3003]rule deny udp destination-port gt 1023
[R1-acl-adv-3003]interface g0/0/0
[R1-GigabitEthernet0/0/0]traffic-filter inbound acl 3003
```

在 PC2 的“UDP 发包工具”选项卡中，设置“目的 IP 地址”为“200.10.2.2”，设置“目的端口号”为“1024”，设置“源端口号”为“2000”，选中“周期发送”复选框，单击“发送”按钮，如图 7-4 所示。PC2 向 PC3 发送 UDP 分组，这时利用 Wireshark 在 PC3 上进行抓包，能够捕获 UDP 分组吗？如果把目的端口号改为 1023，能够捕获 UDP 分组吗？请验证你的结论。

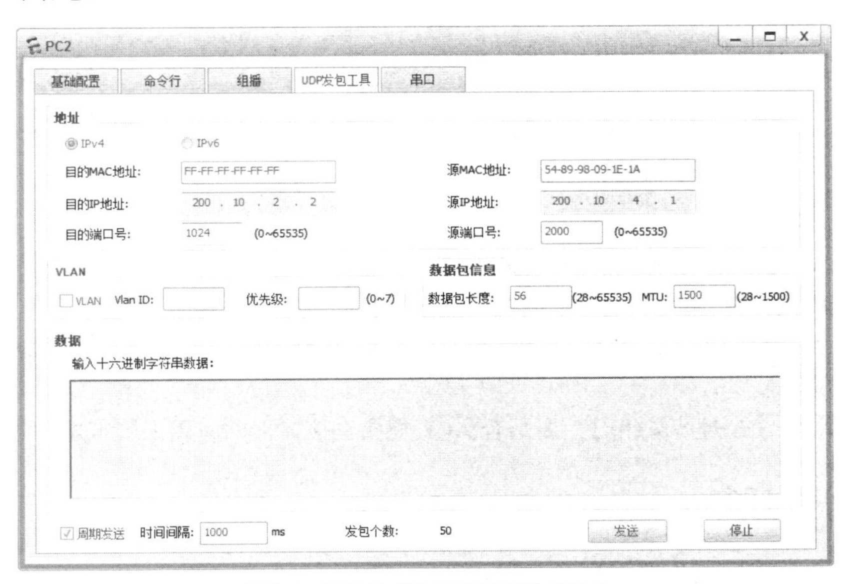

图 7-4　PC2 的“UDP 发包工具”选项卡

在此基础上，希望目的端口号为 139 的 UDP 分组不能进入路由器 R1 的 GE 0/0/0 接口，下面直接添加的方法可行吗？请验证你的结论。

```
[R1]acl 3003
[R1-acl-adv-3003]rule deny udp destination-port eq 139
```

这时查看 ACL 3003，得到如下结果。

```
[R1-acl-adv-3003]display acl 3003
Advanced ACL 3003,3 rules
Acl's step is 5
 rule 5 permit udp destination-port lt 1024
 rule 10 deny udp destination-port gt 1023 (125 matches)
 rule 15 deny udp destination-port eq netbios-ssn
```

可以看到新添加的规则的编号为 15。这时在 PC3 上能够捕获目的端口号是 139 的 UDP 分组吗？

删除编号为 15 的规则并查看 ACL，命令如下。

```
 R1-acl-adv-3003]undo rule 15
[R1-acl-adv-3003]display acl 3003
Advanced ACL 3003,2 rules
Acl's step is 5
 rule 5 permit udp destination-port lt 1024
 rule 10 deny udp destination-port gt 1023
```

重新添加如下规则。

```
[R1-acl-adv-3003]rule 4 deny udp destination-port eq 139
[R1-acl-adv-3003]display acl 3003
Advanced ACL 3003,3 rules
Acl's step is 5
 rule 4 deny udp destination-port eq netbios-ssn
 rule 5 permit udp destination-port lt 1024
 rule 10 deny udp destination-port gt 1023
```

这时在 PC3 上能够捕获目的端口号是 139 的 UDP 分组吗？

7.1.6 实验小结

（1）基本 ACL 可以基于 IP 分组的源 IP 地址、分组分片标记和时间段信息来定义规则，而高级 ACL 除了基于上述信息，还可以基于目的 IP 地址、源端口号、目的端口等信息来定义规则。

（2）ACL 中有多条规则时，按照规则编号从小到大依次进行匹配。如果匹配上了，则按照规则指定的动作执行，并且不会尝试匹配后面的规则。

（3）默认情况下，规则的编号从 5 开始，间隔为 5。保留间隔是为了在需求变化时能够插入新的规则。

（4）使用 ACL 过滤分组时，要结合 ACL 规则在接口上的应用来确定规则的编写。

7.1.7 思考题

如果希望 Client1 所在网络的计算机能够访问 Server1 的 HTTP 服务器，但不能访问

Server1 的 FTP 服务器，而 Client2 所在网络的计算机不能访问 Server1 的 HTTP 服务器，但能够访问 Server1 的 FTP 服务器，应如何配置?

7.2 IPsec VPN 配置与分析

实验目的

（1）掌握 IPsec VPN 的基本配置方法。

（2）理解 IPsec VPN 的工作原理。

实验内容

（1）在 IPsec 隧道方式下采用 AH 协议。

（2）在 IPsec 隧道方式下采用 ESP 协议。

7.2.1 相关知识

1. IPsec 简介

IP 安全（IP security，IPsec）是为互联网网络层提供安全服务的一组协议。IPsec 有两种不同的运行方式，即传输方式和隧道方式。IPsec 的隧道方式常用来实现虚拟专用网络（Virtual Private Network，VPN）。

在传输方式下，IPsec 保护运输层交给网络层的内容，即只保护 IP 数据报的有效载荷部分。在隧道方式下，IPsec 保护包括 IP 首部在内的整个 IP 数据报。关于两种运行方式的具体内容请参考《计算机网络教程（第 6 版）（微课版）》7.6.3 小节。

IPsec 协议簇包含两个主要协议：鉴别首部（Authentication Header，AH）协议和封装安全载荷（Encapsulating Security Payload，ESP）协议。AH 协议提供源鉴别和数据完整性服务，但是不提供机密性服务。ESP 协议同时提供鉴别、数据完整性和机密性服务。AH 协议和 ESP 协议的具体内容请参考《计算机网络教程（第 6 版）（微课版）》7.6.3 小节。

IPsec 的通信双方在使用 AH 或 ESP 协议之前，要先建立一条网络层逻辑连接，该逻辑连接称为安全关联（Security Association，SA）。SA 是单向的逻辑连接，为了使两个方向都能得到保护，需要在两个方向都建立 SA，如图 7-5 所示。通过 SA，双方确定采用的加密算法或鉴别算法，以及各种安全参数。为了区分不同的 SA，每个 SA 都有一个唯一标识符，即安全参数索引（Security Parameter Index，SPI）。

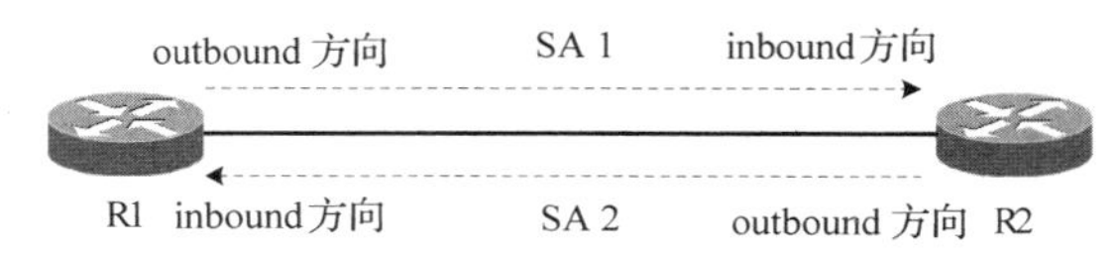

图 7-5 SA 示意

IPsec 提供机密性服务，采用对称加密算法，即用相同的密钥进行加密和解密。加密算法主要包括 DES、3DES 和 AES 算法，它们的安全级别依次由低到高。IPsec 也提供源鉴别和数据完整性服务，常用的算法主要有 MD5、SHA1 和 SHA2，它们的安全级别依次由低到高。

2. IPsec VPN 配置流程

IPsec VPN 的配置可以采用手动方式，这时 AH 协议或者 ESP 协议使用的密钥都是手动进行配置的。通常，为了保证 VPN 的长期安全，这些密钥需要定期修改。为了便于维护，IPsec 可以采用互联网密钥交换（Internet Key Exchange，IKE）协议来实现 SA 的动态建立并完成密钥的动态刷新。为了便于分析 IPsec 的工作原理，这里采用手动方式。

在公用网络连通的情况下，IPsec 手动方式的配置流程如下。

（1）定义需要保护的数据流。只有内部网络的数据流才被 IPsec 保护，可以通过 ACL 来定义需要保护的数据流。

（2）配置 IPsec 安全提议。安全提议中包含传输方式、加密算法和鉴别算法等。

（3）配置 IPsec 安全策略。指定通信双方的全球 IP 地址、安全参数索引（SPI），以及加密算法和鉴别算法采用的密钥等。

（4）应用 IPsec 安全策略。

3. 相关 CLI 命令

（1）定义需要保护的数据流。

利用 ACL 定义需要保护的数据流。示例如下。

```
[R1]acl 3000
[R1-acl-adv-3000]rule permit ip source 192.168.1.0 0.0.0.255 destination 192.168.2.0
```

上述例子中需要保护的数据流为源 IP 地址为 192.168.1.0/24 且目的 IP 地址为 192.168.2.0/24 的数据流。

（2）配置 IPsec 安全提议。

在系统视图下，“ipsec proposal”命令用来创建 IPsec 安全提议，并进入 IPsec 安全提议视图。该命令的格式如下。

```
ipsec proposal proposal-name
```

“undo ipsec proposal”命令用来删除 IPSec 安全提议。该命令的格式如下。

```
undo ipsec proposal proposal-name
```

参数 *proposal-name* 为 IPsec 安全提议的名字。

进入 IPsec 安全提议视图后，执行“encapsulation-mode”命令选择传输方式，可选参数包括 transport 和 tunnel；执行“transform”命令选择使用的协议，可选参数包括 ah 和 esp；执行“ah authentication-algorithm”命令选择 AH 协议使用的鉴别算法，可选参数包括 md5、sha1、sha2-256 等；执行“esp authentication-algorithm”命令选择 ESP 协议使用的鉴别算法，可选参数与 AH 协议相同；执行“esp encryption-algorithm”命令选择 ESP 协议使用的加密算法，可选参数包括 des、3des、aes-128 等。

示例如下。

```
[R1]ipsec proposal pro1
[R1-ipsec-proposal-pro1]encapsulation-mode tunnel
[R1-ipsec-proposal-pro1]transform ah
[R1-ipsec-proposal-pro1]ah authentication-algorithm md5
```

上述例子创建名为 pro1 的 IPsec 安全提议，传输方式为隧道方式，采用 AH 协议并且 AH 协议采用的鉴别算法为 MD5。

（3）配置 IPsec 安全策略。

在系统视图下，“ipsec policy”命令用来创建 IPsec 安全策略，并进入 IPsec 安全策略视图。该命令的格式如下。

```
ipsec policy policy-name seq-number [manual | isakmp [ template template-name ] ]
```

“undo ipsec policy”命令用来删除 IPsec 安全策略。该命令的格式如下。

```
undo ipsec policy policy-name [ seq-number ]
```

参数 *policy-name* 为安全策略的名字；*seq-number* 为安全策略的优先级，值越小优先级越高；manual 表示创建手动方式 IPsec 安全策略；isakmp 表示创建 ISAKMP 方式 IPsec 安全策略；template 表示通过引用 IPsec 安全策略模板创建策略模板方式 IPsec 安全策略。ISAKMP 方式和引用 IPsec 安全策略模板方式是使用 IKE 动态协商密钥方式中的两个可选项来实现的。

对于手动方式 IPsec 安全策略，在进入 IPsec 安全策略视图后，执行“security acl”命令可配置 IPsec 安全策略引用的 ACL；执行“proposal”命令可引用 IPsec 安全提议；执行“tunnel local”命令可配置隧道的本端地址；执行“tunnel remote”命令可配置隧道的对端地址；执行“sa spi”命令可配置 IPsec SA 的 SPI，参数包括 inbound 和 outbound、ah 和 esp；执行“sa string-key”命令可配置 IPsec SA 的密钥，参数包括 inbound 和 outbound、ah 和 esp、simple 和 cipher。

示例如下。

```
[R1]ipsec policy policy2 5 manual
[R1-ipsec-policy-manual-policy2-5]security acl 3000
[R1-ipsec-policy-manual-policy2-5]proposal pro2
[R1-ipsec-policy-manual-policy2-5]tunnel local 20.1.2.2
[R1-ipsec-policy-manual-policy2-5]tunnel remote 20.1.1.1
[R1-ipsec-policy-manual-policy2-5]sa spi inbound esp 345
[R1-ipsec-policy-manual-policy2-5]sa spi outbound esp 543
[R1-ipsec-policy-manual-policy2-5]sa string-key inbound esp cipher huawei345
[R1-ipsec-policy-manual-policy2-5]sa string-key outbound esp cipher huawei543
```

上述例子创建了名为 policy2、优先级为 5 的手动方式 IPsec 安全策略。该策略引用 ACL 3000、安全提议 pro2，隧道本地地址和对端地址分别为 20.1.2.2 和 20.1.1.1，入方向和出方向的 ESP 协议的 SPI 分别为 345 和 543，密钥分别为 huawei345 和 huawei543。

（4）应用 IPsec 安全策略。

在接口视图下，“ipsec policy”命令用来在接口上应用 IPsec 安全策略组。该命令的格式如下。

```
ipsec policy policy-name
```

“undo ipsec policy”命令用来取消上述配置。

示例如下。

```
[R1]int g0/0/0
[R1-GigabitEthernet0/0/0]undo ipsec policy
[R1-GigabitEthernet0/0/0]ipsec policy policy2
```

7.2.2 建立网络拓扑

创建图 7-6 所示的网络拓扑，路由器选择 AR2220，交换机选择 S3700。请按照表 7-2

所示配置各设备的 IP 地址。

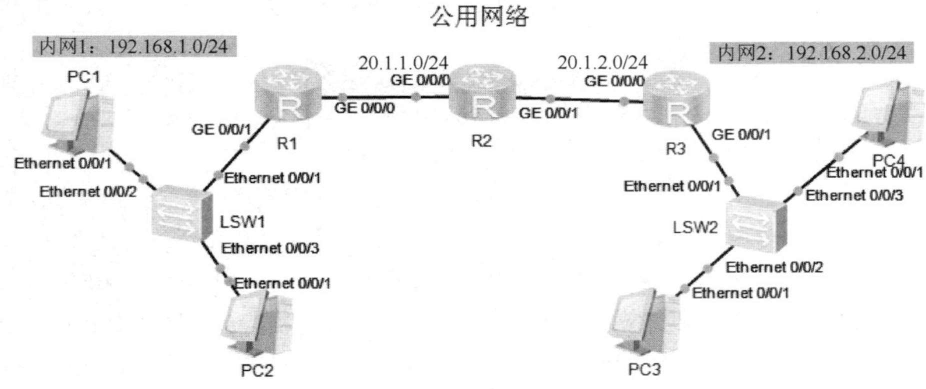

图 7-6　网络拓扑

表 7-2　各设备的 IP 地址配置

设备名称	接口	IP 地址
R1	GE 0/0/0	20.1.1.1/24
	GE 0/0/1	192.168.1.254/24
R2	GE 0/0/0	20.1.1.2/24
	GE 0/0/1	20.1.2.1/24
R3	GE 0/0/0	20.1.2.2/24
	GE 0/0/1	192.168.2.254/24
PC1	Ethernet 0/0/1	192.168.1.1/24
PC2	Ethernet 0/0/1	192.168.1.2/24
PC3	Ethernet 0/0/1	192.168.2.1/24
PC4	Ethernet 0/0/1	192.168.2.2/24

7.2.3　完成路由配置

在路由器上完成 OSPF 的配置。

路由器 R1 的配置命令如下。

```
[R1]ospf 1
[R1-ospf-1]area 0
[R1-ospf-1-area-0.0.0.0]network 20.1.1.0 0.0.0.255
```

路由器 R2 的配置命令如下。

```
[R2]ospf 1
[R2-ospf-1]area 0
[R2-ospf-1-area-0.0.0.0]network 20.1.1.0 0.0.0.255
[R2-ospf-1-area-0.0.0.0]network 20.1.2.0 0.0.0.255
```

路由器 R3 的配置命令如下。

```
[R1]ospf 1
[R1-ospf-1]area 0
[R1-ospf-1-area-0.0.0.0]network 20.1.2.0 0.0.0.255
```

测试 PC1 和 PC3 的连通性，它们可以通信吗？为什么？请验证。

测试 PC1 和 R3 的 GE 0/0/0 接口的连通性，它们可以通信吗？为什么？请验证。

7.2.4 在 IPsec 隧道方式下采用 AH 协议

在路由器 R1 上配置需要保护的数据流，命令如下。

```
[R1]acl 3000
[R1-acl-adv-3000]rule permit ip source 192.168.1.0 0.0.0.255 destination 
192.168.2.0 0.0.0.255
```

在路由器 R1 上配置 IPsec 安全提议，命令如下。

```
[R1-acl-adv-3000]ipsec proposal pro1
[R1-ipsec-proposal-pro1]encapsulation-mode tunnel
[R1-ipsec-proposal-pro1]transform ah
[R1-ipsec-proposal-pro1]ah authentication-algorithm md5
[R1-ipsec-proposal-pro1]quit
```

在路由器 R1 上配置 IPsec 安全策略，命令如下。

```
[R1]ipsec policy policy1 10 manual
[R1-ipsec-policy-manual-policy1-10]security acl 3000
[R1-ipsec-policy-manual-policy1-10]proposal pro1
[R1-ipsec-policy-manual-policy1-10]tunnel local 20.1.1.1
[R1-ipsec-policy-manual-policy1-10]tunnel local 20.1.2.2
[R1-ipsec-policy-manual-policy1-10]sa spi inbound ah 543
[R1-ipsec-policy-manual-policy1-10]sa spi outbound ah 345
[R1-ipsec-policy-manual-policy1-10]sa string-key inbound ah simple huawei543
[R1-ipsec-policy-manual-policy1-10]sa string-key outbound ah simple huawei345
```

在路由器 R1 的 GE 0/0/0 接口上应用 IPsec 安全策略，命令如下。

```
[R1-ipsec-policy-manual-policy1-10]interface g0/0/0
[R1-GigabitEthernet0/0/0]ipsec policy policy1
[R1-GigabitEthernet0/0/0]quit
```

在路由器 R1 上设置静态路由，命令如下。

```
[R1]ip route-static 192.168.2.0 255.255.255.0 20.1.1.2
```

- 测试 PC1 和 PC3 的连通性，它们可以通信吗？请分析并验证。
- PC1 发出的 ICMP 报文能够到达 R3 的 GE 0/0/0 接口吗？请抓包验证结果并分析原因。
- 这时 R1 和 R3 之间的哪个方向的安全关联已经配置完成？

请根据路由器 R1 上的配置完成路由器 R3 的配置，使 IPsec VPN 能够正确建立。

查看路由器 R1 和路由器 R3 上的 IPsec SA，分别如图 7-7、图 7-8 所示。

测试 PC1 和 PC3 之间的连通性，它们能够通信吗？

再次测试 PC1 和 PC3 的连通性并使用 Wireshark 软件在 R1 的 GE 0/0/0 接口抓包，结果如图 7-9 所示。

请根据捕获的报文画出报文的封装示意图，表明 ICMP 报文与捕获报文的封装关系，并回答以下问题。

● IP 报文的源 IP 地址和目的 IP 地址是 PC1 和 PC3 的地址吗？如果不是的话，它们分别是什么？

● R1 的 GE 0/0/0 接口出方向和入方向的 SPI 是多少？你能从捕获的报文中看出 PC1 发送的 ICMP 报文内容吗？为什么？

● 如果在 R3 的 GE 0/0/0 接口上捕获报文，得到的报文的源 IP 地址和目的 IP 地址是什么？

● 如果在 R3 的 GE 0/0/1 接口上捕获报文呢？请通过 Wireshark 抓包分析验证你的结论。

```
[R1]display ipsec sa

===============================
Interface: GigabitEthernet0/0/0
 Path MTU: 1500
===============================

  -----------------------------
  IPSec policy name: "policy1"
  Sequence number  : 10
  Acl Group        : 3000
  Acl rule         : 0
  Mode             : Manual
  -----------------------------
    Encapsulation mode: Tunnel
    Tunnel local      : 20.1.1.1
    Tunnel remote     : 20.1.2.2
    Qos pre-classify  : Disable

    [Outbound AH SAs]
      SPI: 345 (0x159)
      Proposal: AH-SHA1-96
      No duration limit for this SA

    [Inbound AH SAs]
      SPI: 543 (0x21f)
      Proposal: AH-SHA1-96
      No duration limit for this SA
```

图 7-7 隧道方式下采用 AH 协议时 R1 上的 IPsec SA

```
[R3]display ipsec sa

===============================
Interface: GigabitEthernet0/0/0
 Path MTU: 1500
===============================

  -----------------------------
  IPSec policy name: "policy1"
  Sequence number  : 10
  Acl Group        : 3000
  Acl rule         : 0
  Mode             : Manual
  -----------------------------
    Encapsulation mode: Tunnel
    Tunnel local      : 20.1.2.2
    Tunnel remote     : 20.1.1.1
    Qos pre-classify  : Disable

    [Outbound AH SAs]
      SPI: 543 (0x21f)
      Proposal: AH-SHA1-96
      No duration limit for this SA

    [Inbound AH SAs]
      SPI: 345 (0x159)
      Proposal: AH-SHA1-96
      No duration limit for this SA
```

图 7-8 隧道方式下采用 AH 协议时 R3 上的 IPsec SA

```
5 14.9910… 192.168.1.1 192.168.2.1 ICMP 118 Echo (ping) request  id=0x5a
6 16.9880… 192.168.1.1 192.168.2.1 ICMP 118 Echo (ping) request  id=0x5c
7 17.0350… 192.168.2.1 192.168.1.1 ICMP 118 Echo (ping) reply    id=0x5c
8 18.0490… 192.168.1.1 192.168.2.1 ICMP 118 Echo (ping) request  id=0x5d

Frame 6: 118 bytes on wire (944 bits), 118 bytes captured (944 bits) on in
Ethernet II, Src: HuaweiTe_db:7e:d6 (00:e0:fc:db:7e:d6), Dst: HuaweiTe_55:
Internet Protocol Version 4, Src: 20.1.1.1, Dst: 20.1.2.2
Authentication Header
Internet Protocol Version 4, Src: 192.168.1.1, Dst: 192.168.2.1
Internet Control Message Protocol

0000  00 e0 fc 55 39 57 00 e0  fc db 7e d6 08 00 45 00   ···U9W·· ··~···E·
0010  00 68 00 44 40 00 fe 33  51 1a 14 01 01 01 14 01   ·h·D@··3 Q·······
0020  02 02 04 04 00 00 00 00  01 59 44 00 00 00 00 00   ········ ·YD·····
0030  00 00 00 00 00 00 00 00  00 00 45 00 00 3c ae 5b   ········ ··E··<·[
0040  40 00 80 01 c8 12 c0 a8  01 01 c0 a8 02 01 08 00   @······· ········
0050  29 ce 5c ae 00 02 08 09  0a 0b 0c 0d 0e 0f 10 11   )·\····· ········
0060  12 13 14 15 16 17 18 19  1a 1b 1c 1d 1e 1f 20 21   ········ ······ !
0070  22 23 24 25 26 27                                  "#$%&'
```

图 7-9 采用 AH 协议时在 R1 的 GE 0/0/0 接口上捕获的报文

7.2.5 在 IPsec 隧道方式下采用 ESP 协议

在路由器 R1 上配置 IPsec 安全提议，命令如下。

```
[R1]ipsec proposal pro2
[R1-ipsec-proposal-pro2]transform esp
[R1-ipsec-proposal-pro2]encapsulation-mode tunnel
[R1-ipsec-proposal-pro2]esp authentication-algorithm sha1
[R1-ipsec-proposal-pro2]esp encryption-algorithm des
[R1-ipsec-proposal-pro2]quit
```

在路由器 R1 上配置 IPsec 安全策略，命令如下。

```
[R1]ipsec policy policy2 5 manual
[R1-ipsec-policy-manual-policy2-5]security acl 3000
[R1-ipsec-policy-manual-policy2-5]proposal pro2
[R1-ipsec-policy-manual-policy2-5]tunnel local 20.1.1.1
[R1-ipsec-policy-manual-policy2-5]tunnel remote 20.1.2.2
[R1-ipsec-policy-manual-policy2-5]sa spi inbound esp 543
[R1-ipsec-policy-manual-policy2-5]sa spi outbound esp 345
[R1-ipsec-policy-manual-policy2-5]sa string-key inbound esp cipher huawei543
[R1-ipsec-policy-manual-policy2-5]sa string-key outbound esp cipher huawei345
[R1-ipsec-policy-manual-policy2-5]quit
```

在路由器 R1 的 GE 0/0/0 接口上撤销原来应用的 IPsec 安全策略并应用新的 IPsec 安全策略，命令如下。

```
[R1]int g0/0/0
[R1-GigabitEthernet0/0/0]undo ipsec policy
[R1-GigabitEthernet0/0/0]ipsec policy policy2
```

请根据路由器 R1 上的配置完成路由器 R3 的配置，使 IPsec VPN 能够正确建立。

查看路由器 R1 和路由器 R3 上的 IPsec SA，分别如图 7-10、图 7-11 所示。

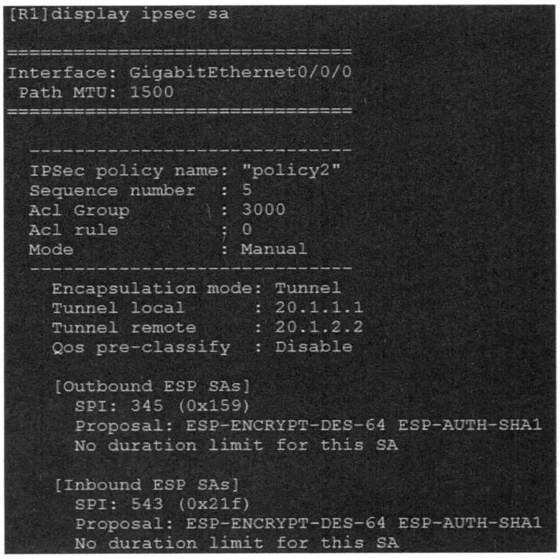

```
[R1]display ipsec sa

===============================
Interface: GigabitEthernet0/0/0
 Path MTU: 1500
===============================

  -----------------------------
  IPSec policy name: "policy2"
  Sequence number  : 5
  Acl Group        : 3000
  Acl rule         : 0
  Mode             : Manual
  -----------------------------
    Encapsulation mode: Tunnel
    Tunnel local      : 20.1.1.1
    Tunnel remote     : 20.1.2.2
    Qos pre-classify  : Disable

    [Outbound ESP SAs]
      SPI: 345 (0x159)
      Proposal: ESP-ENCRYPT-DES-64 ESP-AUTH-SHA1
      No duration limit for this SA

    [Inbound ESP SAs]
      SPI: 543 (0x21f)
      Proposal: ESP-ENCRYPT-DES-64 ESP-AUTH-SHA1
      No duration limit for this SA
```

图 7-10　隧道方式下采用 ESP 协议时 R1 上的 IPsec SA

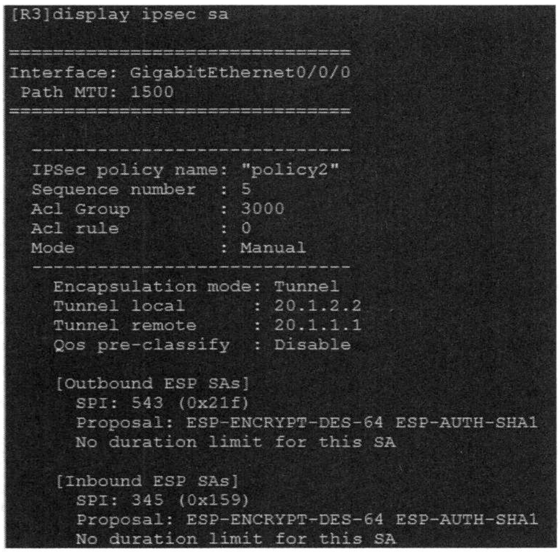

```
[R3]display ipsec sa

===============================
Interface: GigabitEthernet0/0/0
 Path MTU: 1500
===============================

  -----------------------------
  IPSec policy name: "policy2"
  Sequence number  : 5
  Acl Group        : 3000
  Acl rule         : 0
  Mode             : Manual
  -----------------------------
    Encapsulation mode: Tunnel
    Tunnel local      : 20.1.2.2
    Tunnel remote     : 20.1.1.1
    Qos pre-classify  : Disable

    [Outbound ESP SAs]
      SPI: 543 (0x21f)
      Proposal: ESP-ENCRYPT-DES-64 ESP-AUTH-SHA1
      No duration limit for this SA

    [Inbound ESP SAs]
      SPI: 345 (0x159)
      Proposal: ESP-ENCRYPT-DES-64 ESP-AUTH-SHA1
      No duration limit for this SA
```

图 7-11　隧道方式下采用 ESP 协议时 R3 上的 IPsec SA

测试 PC1 和 PC3 的连通性，它们能够通信吗？

再次测试 PC1 和 PC3 的连通性并使用 Wireshark 在 R1 的 GE 0/0/0 接口抓包，结果如

图 7-12 所示。

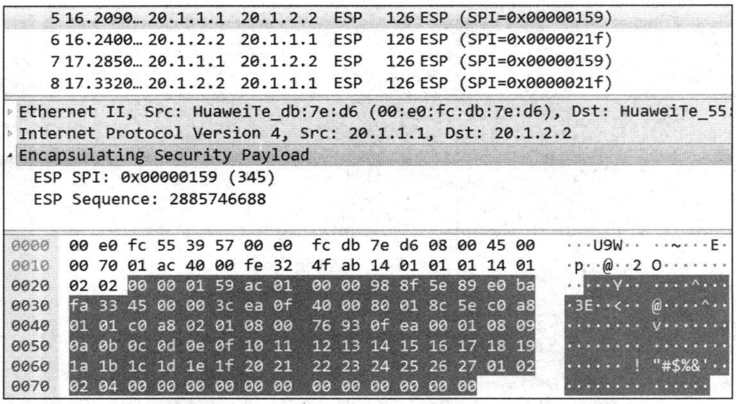

```
5 16.2090… 20.1.1.1  20.1.2.2  ESP   126 ESP (SPI=0x00000159)
6 16.2400… 20.1.2.2  20.1.1.1  ESP   126 ESP (SPI=0x0000021f)
7 17.2850… 20.1.1.1  20.1.2.2  ESP   126 ESP (SPI=0x00000159)
8 17.3320… 20.1.2.2  20.1.1.1  ESP   126 ESP (SPI=0x0000021f)

Ethernet II, Src: HuaweiTe_db:7e:d6 (00:e0:fc:db:7e:d6), Dst: HuaweiTe_55
Internet Protocol Version 4, Src: 20.1.1.1, Dst: 20.1.2.2
Encapsulating Security Payload
  ESP SPI: 0x00000159 (345)
  ESP Sequence: 2885746688

0000  00 e0 fc 55 39 57 00 e0  fc db 7e d6 08 00 45 00   ···U9W·· ··~···E·
0010  00 70 01 ac 40 00 fe 32  4f ab 14 01 01 01 14 01   ·p··@··2 O·······
0020  02 02 00 00 01 59 ac 01  00 00 98 8f 5e 89 e0 ba   ·····Y·· ····^···
0030  fa 33 45 00 00 3c ea 0f  40 00 80 01 8c 5e c0 a8   ·3E··<·· @····^··
0040  01 01 c0 a8 02 01 08 00  76 93 0f ea 00 01 08 09   ········ v·······
0050  0a 0b 0c 0d 0e 0f 10 11  12 13 14 15 16 17 18 19   ········ ········
0060  1a 1b 1c 1d 1e 1f 20 21  22 23 24 25 26 27 01 02   ······ ! "#$%&'··
0070  02 04 00 00 00 00 00 00  00 00 00 00 00 00         ········ ······
```

图 7-12　采用 ESP 协议时在 R1 的 GE 0/0/0 接口上捕获的报文

请根据捕获的报文画出报文的封装示意图，并回答以下问题。

- IP 报文的源 IP 地址和目的 IP 地址是 PC1 和 PC3 的地址吗？如果不是的话，它们分别是什么？
- 你能从捕获的报文中看出 ESP 协议报文中封装的 ICMP 报文吗？为什么？
- 如果在 R3 的 GE 0/0/0 接口上捕获报文,看到的是 ESP 协议报文还是 ICMP 报文？
- 如果在 R3 的 GE 0/0/1 接口上捕获报文呢？请通过 Wireshark 抓包分析验证你的结论。

7.2.6　实验小结

（1）配置 IPsec VPN 首先要确保公网能够正常通信，IPsec VPN 采用 IPsec 的隧道方式配置。

（2）IPsec VNP 手动方式配置流程包括：使用 ACL 定义需要保护的数据流、配置 IPsec 安全提议、配置 IPsec 安全策略、在接口应用 IPsec 安全策略。

（3）IPsec VNP 可使用 AH 协议和 ESP 协议。AH 协议只提供源鉴别和数据完整性服务，在原 IP 报文的基础上增加了 AH 首部和新的 IP 报文首部；ESP 协议同时提供鉴别、数据完整性和机密性服务，不仅增加了 ESP 首部和新的 IP 报文首部，同时对 ESP 报文的载荷进行了加密。

7.2.7　思考题

在手动方式下，隧道两端都需要通过配置安全提议和安全策略来配置 SA，如果隧道中的一端（如 R3）没有配置 SA，另一端（如 R1）能够发现吗？